博士后文库
中国博士后科学基金资助出版

微波光子混频技术

高永胜　著

科学出版社
北京

内 容 简 介

本书系统地介绍了微波光子混频技术的基本原理、实现方法、应用领域和最新研究成果。全书共 10 章，主要内容包括绪论、微波光子混频原理、微波光子混频系统的性能指标、微波光子混频系统的线性优化、微波光子谐波混频、微波光子混频及光纤传输、微波光子 I/Q 解调技术、基于微波光子 I/Q 下变频的镜像抑制接收、微波光子 I/Q 上变频、基于微波光子混频的多普勒频移测量与模拟。

本书可作为高等院校电子信息及相关专业的研究生和高年级本科生的教材，也可供从事微波光子信号处理专业的工程技术人员自学或研究参考。

图书在版编目（CIP）数据

微波光子混频技术 / 高永胜著. —北京：科学出版社，2021.10
（博士后文库）
ISBN 978-7-03-063634-8

Ⅰ. ①微…　Ⅱ. ①高…　Ⅲ. ①微波理论-光电子学-变频技术　Ⅳ. ①TN201

中国版本图书馆 CIP 数据核字（2021）第 200743 号

责任编辑：陈艳峰　郭学雯 / 责任校对：彭珍珍
责任印制：吴兆东 / 封面设计：陈　敬

科 学 出 版 社 出版
北京东黄城根北街 16 号
邮政编码：100717
http://www.sciencep.com

北京九州迅驰传媒文化有限公司 印刷
科学出版社发行　各地新华书店经销

*

2021 年 10 月第 一 版　开本：720×1000　B5
2022 年 1 月第二次印刷　印张：19
字数：370 000
定价：138.00 元

（如有印装质量问题，我社负责调换）

《博士后文库》编委会名单

主　任：李静海

副主任：侯建国　李培林　夏文峰

秘书长：邱春雷

编　委：（按姓氏笔划排序）

王明政　王复明　王恩东　池　建　吴　军　何基报

何雅玲　沈大立　沈建忠　张　学　张建云　邵　峰

罗文光　房建成　袁亚湘　聂建国　高会军　龚旗煌

谢建新　魏后凯

《博士后文库》序言

  1985 年，在李政道先生的倡议和邓小平同志的亲自关怀下，我国建立了博士后制度，同时设立了博士后科学基金。30 多年来，在党和国家的高度重视下，在社会各方面的关心和支持下，博士后制度为我国培养了一大批青年高层次创新人才。在这一过程中，博士后科学基金发挥了不可替代的独特作用。

  博士后科学基金是中国特色博士后制度的重要组成部分，专门用于资助博士后研究人员开展创新探索。博士后科学基金的资助，对正处于独立科研生涯起步阶段的博士后研究人员来说，适逢其时，有利于培养他们独立的科研人格、在选题方面的竞争意识以及负责的精神，是他们独立从事科研工作的"第一桶金"。尽管博士后科学基金资助金额不大，但对博士后青年创新人才的培养和激励作用不可估量。四两拨千斤，博士后科学基金有效地推动了博士后研究人员迅速成长为高水平的研究人才，"小基金发挥了大作用"。

  在博士后科学基金的资助下，博士后研究人员的优秀学术成果不断涌现。2013 年，为提高博士后科学基金的资助效益，中国博士后科学基金会联合科学出版社开展了博士后优秀学术专著出版资助工作，通过专家评审遴选出优秀的博士后学术著作，收入《博士后文库》，由博士后科学基金资助、科学出版社出版。我们希望，借此打造专属于博士后学术创新的旗舰图书品牌，激励博士后研究人员潜心科研，扎实治学，提升博士后优秀学术成果的社会影响力。

  2015 年，国务院办公厅印发了《关于改革完善博士后制度的意见》（国办发〔2015〕87 号），将"实施自然科学、人文社会科学优秀博士后论著出版支持计划"作为"十三五"期间博士后工作的重要内容和提升博士后研究人员培养质量的重要手段，这更加凸显了出版资助工作的意义。我相信，我们提供的这个出版资助平台将对博士后研究人员激发创新智慧、凝聚创新力量发挥独特的作用，促使博士后研究人员的创新成果更好地服务于创新驱动发展战略和创新型国家的建设。

  祝愿广大博士后研究人员在博士后科学基金的资助下早日成长为栋梁之才，为实现中华民族伟大复兴的中国梦做出更大的贡献。

中国博士后科学基金会理事长

前　　言

微波混频器可实现微波信号的频率上变换和下变换，是雷达、卫星、无线通信、电子侦察与对抗、深空探测等射频系统必不可缺的关键模块，也广泛应用于仪器仪表系统，实现矢量信号调制与解调、频谱分析、相位噪声测量、自动相位控制等。随着电子业务量的增加，现代电子系统在向高频段、大带宽、大动态、多功能一体化方向发展。传统微波混频技术面临带宽受限、频率可调性差、隔离度差、电磁干扰严重等电子瓶颈，逐渐难以满足未来电子系统发展需要。微波光子混频系统在光域实现微波混频，具有大带宽、宽频段可调谐、高隔离度、无电磁干扰等显著优势，且与其他微波信号光子学产生、传输、处理系统兼容，在未来电子系统中具有较大的应用前景，近些年来受到广泛的关注和研究。

本书第 1 章针对当前电子系统发展需求，分析微波光子学和微波光子混频的技术优势。第 2 章介绍微波光子混频系统组成和工作原理，梳理了微波光子混频系统中常用的激光器、电光调制器、光纤、光电探测器、光放大器等光电器件。第 3 章介绍了微波光子混频系统的工作频率、变频增益、噪声系数、无杂散动态范围、隔离度等主要性能指标。第 4 章针对微波光子混频的非线性失真问题，研究分析了微波光子链路和微波光子混频系统的非线性抑制方法。第 5 章将微波光子混频与微波本振倍频技术相结合，研究了高效率、低杂散的微波光子谐波混频方法。第 6 章针对微波光子混频系统在光纤传输后面临的周期性功率衰落问题，研究分析了新型的双边带调制方案，以补偿色散引起的周期性功率衰落。第 7 章将微波光子混频与微波光子移相技术相结合，研究了可同时实现微波信号下变频和多通道移相的光子系统，通过构造正交下变频通道，实现宽带矢量信号的 I/Q 解调。第 8 章研究了基于微波光子 I/Q 下变频的镜像抑制接收技术。第 9 章针对单边带上变频和矢量信号调制需求，研究了基于微波光子 I/Q 混频的单边带信号和矢量信号产生方法。第 10 章研究了基于微波光子 I/Q 下变频的多普勒频移测量方法，以及基于微波光子上变频的多普勒频移模拟方法。

本书的主要内容来源于笔者攻读博士学位期间以及博士后工作至今的研究成果。相关研究得到国家自然科学基金、博士后创新人才支持计划、中国博士后科学基金项目的资助。本书的出版也得到西北工业大学精品学术著作培育项目的资助（0201021GH0308）。中国人民解放军海军航空大学何友院士、西安电子科技大学文爱军教授、西北工业大学樊养余教授、西安空间无线电技术研究所谭庆贵研究员给予了悉心的指导。作者指导的博士研究生史芳静、康博超，硕士研究生王瑞琼、王鑫圆、谭佳俊、张京、马博媛、曹彪等参与了部分章节的整理工作。对他们的辛勤付出，作者谨表示衷心的感谢！

  作为新型交叉研究方向，微波光子混频技术涉及微波、电路、光子学、光电器件等多学科领域的基础理论和专业知识。由于作者学识有限，书中难免存在不妥之处，敬请广大读者批评指正。

高永胜

2020 年 10 月于西安

目　　录

第1章 绪 论

本章首先从当前电子系统发展需求出发，阐述微波光子学及微波光子混频技术在带宽、损耗、体积重量、抗电磁干扰等方面的优势和应用意义；其次介绍微波光子混频技术的发展历程和国内外研究现状；最后介绍本书的研究工作，说明章节安排。

1.1 研 究 背 景

1.1.1 电子系统发展需求

随着现代社会发展，宽带无线通信、卫星、雷达、电子战、深空探测等电子系统业务量增加迅速，对信息速率的要求越来越高。常规低频的无线频谱资源已经分配殆尽，要想提高信道带宽，电子系统工作频率需要向更高的微波甚至毫米波段拓展。例如，目前的移动电话和无线局域网（wireless local area network，WLAN）的工作频段在 800MHz～5.8GHz，下一代宽带无线通信系统要扩展到毫米波段，包括 20～40GHz 的本地多点分布式系统（local multipoint distribution system，LMDS）频段，以及免执照的 57～64GHz 频段[1, 2]。我国目前的通信卫星大多采用 C（6/4GHz）、Ku（14/12GHz）频段[3, 4]，Ka（26.5～40GHz）频段卫星还处于研究阶段[5]。国际上极高频（extremely high frequency，EHF）频段军事通信卫星普遍使用 40/20GHz 频段，如美国军事卫星 MILSTAR 的上行频率为 43.5～45.5GHz，下行频率为 20.2～21.2GHz，此外星际链路使用 60GHz 频段；国防卫星 AEHF 作为 MILSTAR 的后继，相控阵天线工作在 44GHz，总通信容量超过 1Gbit/s。另外，在往高段频发展的同时，许多电子系统逐渐采用多频段共用的工作方式来进一步提高系统可用带宽，或使电子系统多功能一体化，同时具备通信、目标识别、跟踪、环境测绘等功能。美国国防部高级研究计划局（Defense Advanced Research Projects Agency，DARPA）对未来军用多功能接收机的性能要求如表 1.1 所示，对工作带宽和瞬时带宽有非常高的要求[6]。

表 1.1   DARPA 对未来军用多功能接收机的主要性能指标要求[6]

指标	数值
工作带宽	>50GHz
瞬时带宽	>5GHz
动态范围	>60dB
接收机灵敏度	<−90dBm

高频率、大带宽、多频段一体化的发展需求对未来电子系统提出巨大挑战。首先，随着工作频率的提高，微波信号时间抖动显著变大[7]，相位噪声恶化[8]，传输线损耗增大[9]、相位漂移愈加严重[10]。其次，大多基于晶体管的微波器件和电路具有明显的频率依赖性，宽带幅频和相频一致性差，不能满足大带宽、多频段一体化的应用需求。例如，在微波 I/Q 混频器中，微波正交耦合器的幅度和相位分配不理想会引起同相和正交两路幅相失衡，导致 I/Q 混频器的镜像抑制能力变差[11, 12]。另外，由于微波电路的宽带局限，一体化电子系统只能采用多个不同工作频段的射频前端相叠加来实现多频段融合，所以射频通道资源严重浪费，系统体积、重量和功耗也相应增大。

1.1.2   微波光子学

微波光子学是微波与光子学相融合的一门新型交叉学科，它利用光子学技术产生、传输和处理微波信号，旨在克服传统微波技术在处理速度和传输带宽等方面的电子瓶颈，大幅度提高微波系统工作性能，或实现传统微波技术无法实现的功能。具体说来，微波光子技术具有以下几个明显的优势。

（1）通道带宽大。标准单模光纤（single mode fiber，SMF）、电光调制器、掺铒光纤放大器（erbium doped fiber amplifier，EDFA）、光电二极管（photodiode）、光耦合器、光滤波器等常用光子学器件在 C 波段（波长 1530～1565nm）内超过 4THz 的带宽内能够保持良好的工作性能。

（2）光电响应带宽大。市场中成熟的电光调制器在直流（DC）～50GHz 频带内有较为一致的调制效率。由 DARPA 赞助的发射和接收优化光子学项目（transmit and receive optimized photonics，TROPHY）研制出的小型化铌酸锂（LiNbO₃）电光调制器的工作带宽可达 110GHz[6]。商用 PD 的 3dB 响应带宽也达到了 110GHz 以上[13]。因此微波光子系统的工作频段可在大带宽内灵活调谐，且对微波信号透明，这非常适合超宽带、多频段一体化的应用。

（3）传输损耗小。射频电缆在 18GHz 频段的传输损耗典型值为 0.72dB/m，而 SMF 在 C 波段传输时损耗小于 0.2dB/km[6]。在天线拉远系统中，由于传输损耗太大，天线接收到的射频信号无法直接传输到中心站，需要在天线站下变频、采样量化为数字信号才能传输。利用微波光子技术，射频信号直接传输到中心站成为可能，这可以大幅度简化天线站结构、降低成本。

（4）体积小，重量轻。美国 Harbour 公司生产的军用级别低损耗同轴电缆的典型重量为 113kg/km；加拿大光缆公司 Optical Fiber Corporation 生产的军用级别光缆的典型重量为 31kg/km，仅为同轴电缆的三分之一[6]。随着集成光电技术的成熟，微波光子系统在体积、重量上将有更大优势[14]。

（5）无电磁干扰。微波信息以光信号的形式传输和处理，因此不受电磁干扰，也不会产生电磁辐射。

传统微波技术和微波光子技术简要对比如表 1.2 所示[6]。

表 1.2　传统微波技术与微波光子技术简要对比

实现方法	工作频率/GHz	通道带宽/GHz	传输损耗/（dB/km）	重量/（kg/km）	电磁干扰
传统微波技术	分频段，最高 300GHz	<140	720@18GHz	113	严重
微波光子技术	DC 至 110GHz 连续	4000	0.2	31	无

由于微波光子技术的以上显著优势，其在未来卫星、雷达、电子战等电子系统中具有较大的应用潜力，目前在以下几个方面得到广泛的研究。

（1）宽带微波信号的光子学产生。其中包括微波本振信号[15]、任意波形信号[16-20]、线性调频信号[21]、相位编码信号[22-24]、超宽带（ultra wide band，UWB）信号[25]等的光子学产生及光子学数模转换[26]。

（2）微波信号的光纤传输。包括时钟信号光纤同步[27,28]，本振信号的多路光纤馈送[29]，天线光纤拉远[30]，基于波分复用（wavelength division multiplexer，WDM）、偏振复用、多芯复用的多通道射频信号传输[31]等。

（3）微波信号的光子学处理[32]。宽带微波信号的光子学混频[33]、滤波[34]、延迟[35,36]、移相[37]、信道化[38-40]、通道交换[41]、光子学采样量化及模数转换[42]。

（4）微波信号参量的光子学测量[43,44]。测角测向[45,46]、实时频谱分析[47-49]、瞬时频率测量[50,51]、多普勒频移测量[52]、相位噪声测量[53]等。

1.1.3　微波光子混频

微波混频器是电子系统中的关键部件，主要可实现的功能包括。

（1）频率变换。在射频收发机中，中频信号需要利用混频器上变频到适合无线传输的电磁频段，天线接收到的射频信号需要利用混频器下变频到中频或基带进行信号处理[54]。频谱分析仪等电子仪器内部也需要混频器完成频率变换的功能[55]。

（2）矢量信号调制与解调。在矢量信号调制解调模块或零中频收发机时，需要一组正交混频器实现矢量信号的 I/Q 调制与解调[56, 57]。

（3）鉴频鉴相。在锁相环、自动相位控制、测频、测向、相位噪声测量系统中，需要混频器实现鉴频/鉴相功能[58-60]。

（4）频率合成。在多频段一体化、跳频等电子系统中，往往需要结合直接数字频率合成与锁相环，以混频的方式得到高频段、低相噪、频率快速可调谐的微波本振源[61]。

现代电子系统对宽频段、高隔离度、大动态的微波混频器的要求与日俱增。例如，在多功能一体化系统中，信号工作带宽非常大，其至覆盖 1～20GHz[62]，这要求混频器能够同时在多频段良好地工作。在零中频接收机中，要求有较高的本振（local oscillator, LO）与射频（radio frequency, RF）隔离度，避免 LO 泄漏引起基带信息直流偏差[63]。在电子战系统中，由于环境及敌方干扰强烈，要求接收机有较大的动态范围，进而也对混频器的线性度有较高的要求。

微波光子混频继承了微波光子技术大带宽、频率可调谐、高隔离度、无电磁干扰等优点，在上述电子系统应用中，相比传统微波混频具有固有的技术优势。表 1.3 是宽带微波混频器与微波光子混频系统的典型指标的汇总。其中宽带微波混频器采用的是美国军用微波器件制造商 L-3 Narda-MITEQ 公司生产的超宽带平衡混频器（DB0250LW1）[64]，微波光子混频数据来源于本课题组公开报道的研究成果[65, 66]及本书第 4 章内容。

表 1.3　宽带微波混频器与微波光子混频系统的典型指标对比

典型指标	宽带微波混频器[64]	微波光子混频系统[65, 66]
RF, LO 频率范围	2～50GHz	DC～40GHz
IF 频率范围	DC～2GHz	DC～40GHz
LO 功率	13～17dBm	6～15dBm
变频损耗	10～15dB	10～15dB
输入三阶截止点	15dBm	>22dBm
LO-RF 隔离度	18～20dB	∞
RF-IF, LO-IF 隔离度	20dB	>30dB

由表 1.3 对比数据可以看到，由于微波器件固有的电子瓶颈，即使是宽带微

波混频器，其 RF、LO 和中频（intermediate frequency，IF）信号的工作频率也均有一定限制，而较低的隔离度则源于电磁泄漏。微波光子混频系统在工作频率、隔离度等指标方面有明显优势，RF、LO 与 IF 端口的带宽只与电光调制器和 PD 的带宽有关，如果采用 110GHz 带宽的调制器和 PD，工作频率范围可以进一步拓宽。另外，微波光子混频系统中一般采用 RF 与 LO 物理分离的调制模式，光信号不会引起电磁干扰，进而 RF 与 LO 隔离度可以无限大，此特点使微波光子混频系统非常适合应用在零中频收发机、多通道共用 LO 的收发系统中。

此外，微波光子混频系统的另一优点是可以与其他光子学系统兼容。与光子学微波本振倍频系统结合，可以构成微波光子谐波混频系统[67]；与微波光子滤波系统相结合，可以提高混频信号的频谱纯度[68]；与微波光子移相相结合，在实现微波频率变换的同时可以实现混频信号的移相，应用于测向[59]、波束形成[69]、相位噪声测量[53]、矢量信号调制与解调系统[70-72]；与模拟光链路相结合，可以实现射频信号或混频信号的长距离光纤传输[66, 73, 74]。

图 1.1 是一种基于微波光子技术的宽带转发器，旨在通过微波光子技术构建多频段一体化收发前端，解决目前卫星有效载荷面临的射频前端通用性差、瞬时带宽受限、交换容量受限、电磁干扰严重等难题。该系统以微波光子频率变换为核心，相比传统微波技术方案具有以下显著特点。

（1）多频段通用一体化。由于现代无线通信业务显著增多，要求卫星转发器能够同时适用于多频段工作（L、S、C、Ku、Ka 等频段）。传统微波技术中，混频器、滤波器等一般具有明显的频率依赖性，各频段通用性差。微波光子混频系统由于在 40GHz 甚至 100GHz 带宽内具有平坦的响应，因此非常适合应用于未来多频段一体化的卫星转发器。

（2）大瞬时带宽。在多频段同时工作时，系统瞬时带宽可能在 10GHz 以上。传统的微波技术采用信道化机实现，宽带微波信号先后经过不同信道的滤波、下变频后，在中频进行交换和处理。然而随着信道数量的增加，该信道化机会变得非常笨重复杂。在图 1.1 所示的方案中，接收到的宽带信号通过线性电光调制加载到光波上，然后在光域实现信道划分，经过全光透明转发或柔性转发后，光电转换得到变频后的微波信号，最终被天线发射出去。柔性转发模式中，各信道信号通过微波光子信道化同中频下变频实现接收；全光透明转发模式中，只需要一次全光变频，接收到的微波信号便转换为另一频段直接转发。

（3）全光一体化。该系统以微波光子变频为核心，在一个光链路中有机结合光学本振生成与馈送、线性度优化、光学信道划分、全光透明转发、转发模式切换等功能，形成全光一体化转发系统，极大地简化了系统复杂度，降低了电磁干扰，系统体积重量、功耗等也有望得到降低。

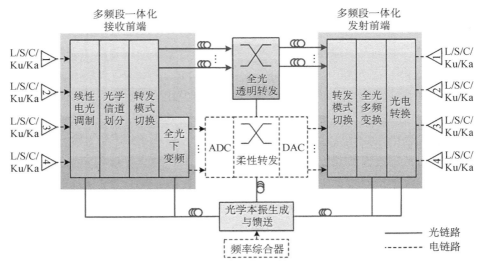

图 1.1　微波光子多频段一体化转发器原理图

　　综上所述，研究微波光子混频技术，并研究与其他光子学系统结合后存在的关键技术问题，对于实现微波光子技术在电子系统中的广泛应用，推动电子系统发展，具有重要意义。

1.2　各章节安排

　　本书分为 10 章，后续的章节内容安排如下。

　　第 2 章，介绍微波光子混频系统的工作原理、常见结构模型以及激光器、电光调制器、光纤、光电探测器和光放大器等关键器件。

　　第 3 章，介绍微波光子混频系统的工作频率、变频增益、噪声系数、无杂散动态范围、隔离度等主要性能参数。

　　第 4 章，针对微波光子混频中的非线性失真，研究分析微波光子链路和微波光子混频系统中的非线性抑制方法，并分别进行理论分析、仿真和实验验证。

　　第 5 章，研究频率可调谐、低相噪的高频微波本振信号的光学产生技术，通过微波本振信号光子学倍频系统，实现高变频增益的微波光子谐波混频系统，并进行理论分析、仿真和实验验证。

第 6 章，针对微波光子混频系统在光纤传输后面临的周期性功率衰落问题，研究分析了新型的双边带调制方案以补偿色散引起的周期性功率衰落，实现无衰落传输的高效率混频。

第 7 章，研究可同时实现微波信号下变频和多通道移相的光子系统，并构造正交下变频通道，实现宽带矢量信号的 I/Q 解调。

第 8 章，根据镜像抑制接收机的需求，通过理论分析和实验手段，研究基于微波光子 I/Q 下变频的宽带、高镜像抑制接收技术。

第 9 章，针对单边带上变频和矢量信号调制需求，研究基于微波光子 I/Q 混频的单边带信号和矢量信号产生方法，提出两种实现方案并进行理论分析和实验验证。

第 10 章，研究基于微波光子 I/Q 下变频的多普勒频移测量方法，以及基于微波光子上变频的多普勒频移模拟方法，分别提出响应的实现方案并进行实验论证。

参 考 文 献

[1] Rappaport T S，Ben-Dor E，Murdock J N，et al. 38GHz and 60GHz angle-dependent propagation for cellular & peer-to-peer wireless communications[C]. 2012 IEEE International Conference on Communications（ICC），2012：4568-4573.

[2] Azar Y，Wong G N，Wang K，et al. 28 GHz propagation measurements for outdoor cellular communications using steerable beam antennas in New York city[C]. 2013 IEEE International Conference on Communications（ICC），2013：5143-5147.

[3] 黄齐波，陈建荣，马美霞. 基于 LTCC 技术的 C 频段星载接收机混频器[J]. 微波学报，2010，26（1）：50-53.

[4] 李亚卓，安建平，马薇薇. Ku 波段通信卫星模拟转发器设计中的关键问题[J]. 电讯技术，2003，43（4）：77-80.

[5] 谢丰奕. 蓬勃发展中的 Ka 波段宽带卫星通信[J]. 卫星电视与宽带多媒体，2010，（20）：16-19.

[6] Ridgway R W，Dohrman C L，Conway J A. Microwave photonics programs at DARPA[J]. Journal of Lightwave Technology，2014，32（20）：3428-3439.

[7] Khan M H，Shen H，Xuan Y，et al. Ultrabroad-bandwidth arbitrary radiofrequency waveform generation with a silicon photonic chip-based spectral shaper[J]. Nature Photonics，2010，4（2）：117-122.

[8]李长生，王文骐，詹福春. 射频应用的压控振荡器相位噪声的研究[C]. 2003 全国微波毫米波会议论文集，2003：56-61.

[9]刘彩. 毫米波低损耗传输线结构的研究[D]. 南京：南京邮电大学，2014.

[10]Calhoun M，Huang S，Tjoelker R L. Stable photonic links for frequency and time transfer in the deep-space network and antenna arrays[J]. Proceedings of the IEEE，2007，95（10）：1931-1946.

[11]Clark T R，Connor S R O，Dennis M L. A phase-modulation i/q-demodulation microwave-to-digital photonic link[J]. IEEE Transactions on Microwave Theory & Techniques，2010，58（11）：3039-3058.

[12]张凤梅，王福生，冯来. 宽频带正交混频器设计[J]. 遥测遥控，2011，32（3）：59-63.

[13]Finisar corporation. 100 GHz Single High-speed Photodetector[DB/OL]. https：//www.finisar.com/optical-components/xpdv412xr，2016.

[14]周治平. 硅基光电子学[M]. 北京：北京大学出版社，2012.

[15]Li W. Photonic generation of microwave and millimeter wave signals[D]. Ottawa：University of Ottawa，2013.

[16]Ippen E，Benedick A，Birge J，et al. Optical arbitrary waveform generation[J]. Nature Photonics，2010，4（11）：1，2.

[17]Khan M H，Shen H，Xuan Y，et al. Ultrabroad-bandwidth arbitrary radiofrequency waveform generation with a silicon photonic chip-based spectral shaper[J]. Nature Photonics，2010，4（2）：117-122.

[18]Gao Y，Wen A，Zheng H，et al. Photonic microwave waveform generation based on phase modulation and tunable dispersion[J]. Optics Express，2016，24（12）：12524-12533.

[19]Gao Y，Jiang W，Wen A，et al. Photonic versatile waveform generation based on phase modulation in Sagnac loop[J]. Electronics Letters，2016，52（7）：550，551.

[20]Gao Y，Wen A，Liu W，et al. Photonic generation of triangular pulses based on phase modulation and spectrum manipulation[J]. IEEE Photonics Journal，2016，8（1）：7801609.

[21]Gao H，Lei C，Chen M，et al. A simple photonic generation of linearly chirped microwave pulse with large time-bandwidth product and high compression ratio[J]. Optics Express，2013，21（20）：23107-23115.

[22]Liu S. Photonic generation of phase-coded microwave signal with large frequency tunability[J]. Acta Optica Sinica，2013，23（11）：712-714.

[23]Chen Y，Wen A，Chen Y，et al. Photonic generation of binary and quaternary phase-coded microwave waveforms with an ultra-wide frequency tunable range[J]. Optics Express，2014，22（13）：15618-15625.

[24]Chen W，Wen A，Gao Y，et al. Photonic generation of binary and quaternary phase-coded

microwave waveforms with frequency quadrupling[J]. IEEE Photonics Journal，2016，8（2）：5500808.

[25]Yao J，Zeng F，Wang Q. Photonic generation of ultrawideband signals[J]. Journal of Lightwave Technology，2007，25（11）：3219-3235.

[26]Yacoubian A，Das P K. Digital-to-analog conversion using electrooptic modulators[J]. IEEE Photonics Technology Letters，2003，15（1）：117-119.

[27]Cantrell B，Graaf J D，Leibowitz L，et al. Development of a digital array radar（DAR）[J]. IEEE Aerospace & Electronic Systems Magazine，2002，17（3）：157-162.

[28]蔚保国，王正勇，王崇阳，等. 一种基于光载无线网络的卫星地面站高精度时间同步方法[P]. 河北省：CN110518964A，2019-11-29.

[29]Quadri G，Onillon B，Martinez-Reyes H，et al. Low phase noise optical links for microwave and RF frequency distribution[C]. Microwave and Terahertz Photonics. Microwave and Terahertz Photonics，2004：34-43.

[30]Roman J E，Nichols L T，Wiliams K J，et al. Fiber-optic remoting of an ultrahigh dynamic range radar[J]. IEEE Transactions on Microwave Theory & Techniques，1999，46（12）：2317-2323.

[31]Wake D，Nkansah A，Gomes N J，et al. A comparison of radio over fiber link types for the support of wideband radio channels[J]. Journal of Lightwave Technology，2010，28（16）：2416-2422.

[32]Minasian R A，Chan E H，Yi X. Microwave photonic signal processing[J]. Optics Express，2013，21（19）：22918-22936.

[33]Minasian R A. Photonic signal processing of microwave signals[J]. IEEE Transactions on Microwave Theory & Techniques，2006，54（2）：832-846.

[34]Jia G，Fok M P. Passband switchable microwave photonic multiband filter[J]. Scientific Reports，2015，5：15882.

[35]Yin Y，Chen A，Zhang W，et al. Multichannel single-shot transient signal measurements with a fiber delay line loop[J]. Nuclear Instruments & Methods in Physics Research，2004，517(1-3)：343-348.

[36]Jung B M，Shin J D，Kim B G. Optical true time-delay for two-dimensional X-band phased array antennas[J]. IEEE Photonics Technology Letters，2007，19（12）：877-879.

[37]Li W，Zhang W，Yao J. A wideband 360° photonic-assisted microwave phase shifter using a polarization modulator and a polarization-maintaining fiber Bragg grating[J]. Optics Express，2012，20（28）：29838-29843.

[38]Bres C S，Zlatanovic S，Wiberg A O J，et al. Parametric photonic channelized rf receiver[J]. IEEE Photonics Technology Letters，2011，23（6）：344-346.

[39] Wiberg A O J，Esman D J，Liu L，et al. Coherent filterless wideband microwave/millimeter-wave channelizer based on broadband parametric mixers[J]. Journal of Lightwave Technology，2014，32（20）：3609-3617.

[40] Xie X，Dai Y，Xu K，et al. Broadband photonic RF channelization based on coherent optical frequency combs and I/Q demodulators[J]. IEEE Photonics Journal，2012，4（4）：1196-1202.

[41] Tavik G C，Hilterbrick C L，Evins J B，et al. The advanced multifunction RF concept[J]. IEEE Transactions on Microwave Theory & Techniques，2005，53（3）：1009-1020.

[42] Han Y，Boyraz O，Jalali B. Ultrawide-band photonic time-stretch a/D converter employing phase diversity[J]. IEEE Transactions on Microwave Theory & Techniques，2005，53（4）：1404-1408.

[43] Pan S，Yao J. Photonics-based broadband microwave measurement[J]. Journal of Lightwave Technology，2016，DOI：10.1109/JLT.2016.2587580.

[44] Zou X，Lu B，Pan W，et al. Photonics for microwave measurements[J]. Laser and Photonics Reviews，2016：1-24.

[45] Vidal B，Piqueras M A，Marti J. Direction-of-arrival estimation of broadband microwave signals in phased-array antennas using photonic techniques[J]. Journal of Lightwave Technology，2006，24（7）：2741-2745.

[46] Biernacki P D，Ward A，Nichols L T，et al. Microwave phase detection for angle of arrival detection using a 4-channel optical downconverter[C]. IEEE International Topical Meeting on Microwave Photonics，1998：137-140.

[47] Li M，Yao J. All-optical short-time fourier transform based on a temporal pulse-shaping system incorporating an array of cascaded linearly chirped fiber bragg gratings[J]. IEEE Photonics Technology Letters，2011，23（20）：1439-1441.

[48] 王昀. 光子微波信号频谱分析技术研究[D]. 杭州：浙江大学，2012.

[49] Berger P，Attal Y，Schwarz M，et al. RF spectrum analyzer for pulsed signals：ultra-wide instantaneous bandwidth，high sensitivity and high time-resolution[J]. Journal of Lightwave Technology，2016，DOI：10.1109/JLT.2016.2556008.

[50] Lu B，Pan W，Zou X，et al. Photonic frequency measurement and signal separation for pulsed/cw microwave signals[J]. IEEE Photonics Technology Letters，2013，25（5）：500-503.

[51] Jiang H，Marpaung D，Pagani M，et al. Wide-range，high-precision multiple microwave frequency measurement using a chip-based photonic Brillouin filter[J]. Optica，2016，3（1）：30-34.

[52] Zou X，Li W，Lu B，et al. Photonic approach to wide-frequency-range high-resolution microwave/millimeter-wave doppler frequency shift estimation[J]. IEEE Transactions on

Microwave Theory & Techniques，2015，63（4）：1421-1430.

[53] Zhu D，Zhang F，Zhou P，et al. Phase noise measurement of wideband microwave sources based on a microwave photonic frequency down-converter.[J]. Optics Letters，2015，40（7）：1326-1329.

[54] Cabon B，Guennec Y L，Lourdiane M，et al. Photonic mixing in rf modulated optical links[C]. Lasers and Electro-Optics Society，Leos 2006，Meeting of the IEEE. 2006：408，409.

[55] 刘祖深. 频谱分析仪全数字中频设计研究与实现[J]. 电子测量与仪器学报，2009，23（2）：39-45.

[56] Emami H，Sarkhosh N，Bui L A，et al. Wideband RF photonic in-phase and quadrature-phase generation[J]. Optics Letters，2008，33（2）：98-100.

[57] Ismail A，Abidi A A. A 3.1-to 8.2-GHz zero-IF receiver and direct frequency synthesizer in 0.18-μm SiGe BiCMOS for mode-2 MB-OFDM UWB communication[J]. IEEE Journal of Solid-State Circuits，2005，40（12）：2573-2582.

[58] 王斌. 微波鉴相器及其应用系统[J]. 上海航天，2001，18（4）：48-53.

[59] Biernacki P D，Nichols L T，Enders D G，et al. A two-channel optical downconverter for phase detection[J]. IEEE Transactions on Microwave Theory & Techniques，1998，46（11）：1784-1787.

[60] Zhu D，Zhang F，Zhou P，et al. Wideband phase noise measurement using a multifunctional microwave photonic processor[J]. IEEE Photonics Technology Letters，2014，26（24）：2434-2437.

[61] 张龙. X波段跳频微波接收机的设计[J]. 舰船电子工程，2012，32（11）：141-143.

[62] Hughes P K，Choe J Y. Overview of advanced multifunction RF system（AMRFS）[C]. IEEE International Conference on Phased Array Systems and Technology，2000：21-24.

[63] 张报明，刘永红，杨晴龙，等. 宽带无线通信系统的零中频接收机设计[J]. 电信科学，2010，26（12）：144-148.

[64] L-3 Narda-MITEQ. Narda-MITEQ Model DB0250LW1[DB/OL]. http：//www.miteq.com/viewmodel.php？model=DB0250LW1，2016.

[65] Gao Y，Wen A，Zhang H，et al. An efficient photonic mixer with frequency doubling based on a dual-parallel MZM[J]. Optics Communications，2014，321（12）：11-15.

[66] Gao Y，Wen A，Wu X，et al. Efficient photonic microwave mixer with compensation of the chromatic dispersion-induced power fading[J]. Journal of Lightwave Technology，2016，34（14）：3440-3448.

[67] Ho K P，Liaw S K，Lin C. Efficient photonic mixer with frequency doubling[J]. IEEE Photonics Technology Letters，1997，9（4）：511-513.

[68]Zeng F，Yao J. All-optical microwave mixing and bandpass filtering in a radio-over-fiber link[J]. IEEE Photonics Technology Letters，2005，17（4）：899-901.

[69]Tang Z，Pan S. A Microwave photonic system for simultaneous frequency mixing and phase shifting[C]. IEEE International Topical Meeting on Microwave Photonics，2015.

[70]Emami H，Sarkhosh N. Reconfigurable microwave photonic in-phase and quadrature detector for frequency agile radar.[J]. Journal of the Optical Society of America A Optics Image Science & Vision，2014，31（6）：1320-1325.

[71]Piqueras M A，Vidal B，Corral J L，et al. Photonic vector demodulation architecture for remote detection of M-QAM signals[C]. IEEE International Topical Meeting on Microwave Photonics，2005：103-106.

[72]Piqueras M A，Vidal B，Corral J L，et al. Photonic vector modulation Tx/Rx architecture for generation，remote delivery and detection of m-QAM signals[C]. IEEE MTT-S International Microwave Symposium Digest，2005.

[73]Yang B，Jin X，Chen Y，et al. Photonic microwave up-conversion of vector signals based on an optoelectronic oscillator[J]. IEEE Photonics Technology Letters，2013，25（18）：1758-1761.

[74]Zhu D，Liu S，Pan S. Multichannel up-conversion based on polarization-modulated optoelectronic oscillator[J]. IEEE Photonics Technology Letters，2014，26（6）：544-547.

第2章　微波光子混频原理

本章主要阐述微波光子混频系统的基本组成和工作原理,介绍基于直调激光器、外部调制器、光电探测器及其他非线性效应等四种常见的微波光子混频结构;介绍激光器、电光调制器、光纤、光电探测器和光放大器等微波光子混频系统中的关键组成器件。细致讨论铌酸锂马赫-曾德尔调制器及其衍生形式,着重分析基于外部调制器的微波光子混频方案。

2.1　微波光子混频系统组成及工作原理

微波混频器是现代电子系统的重要组成部分之一,其广泛应用于无线接收机、发射机、雷达、电子战等系统中,主要作用是将信号频率以固定频率差向上或向下搬移。例如,在电子通信系统的射频前端,接收天线接收到信号后,需要借助混频器将其下变频到合适的中频段,再进行后续的相关处理;同理,本地的已调中频信号也需要借助混频器上变频到合适的射频段后,再通过天线向外发射。除了简单的频率变换之外,混频器还可以用来进行矢量信号的 I/Q 调制和解调[1]、镜像干扰信号抑制[2]和鉴频鉴相[3, 4]等。

由于传统微波射频器件的频率依赖性和电子系统中的电磁干扰,传统的微波混频器经常存在带宽窄、频率依赖性强、隔离度差、本振泄漏严重和动态范围小等问题。微波光子学兴起以后,微波光子混频技术也应运而生。

微波光子混频技术实质上是一种谐波频率变换技术,射频(radio frequency,RF)信号和本振(local oscillator,LO)信号同时被调制到光载波上,经过耦合和光电探测,即可分别得到上变频信号和下变频的中频(intermediate frequency,IF)信号。微波光子混频系统的结构示意图如图 2.1 所示。

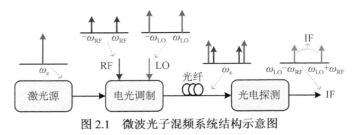

图 2.1　微波光子混频系统结构示意图

如图 2.1 所示，激光源、电光调制、光纤和光电探测等模块是微波光子混频系统中的关键组成部分。

1）激光源

激光源提供光载波。其中半导体激光器由于具有体积小、寿命长、输出功率大、线宽窄和容易集成等优点，是微波光子系统中的首选光源。根据是否能够实现调制作用，半导体激光器可以分为直调激光器和外调激光器两种，均可以应用于微波光子混频系统。

2）电光调制

电光调制器实现电信号对光载波的调制。根据材料可分为铌酸锂电光调制器和电吸收调制器两种类型。根据激光器和调制器的关系，电光调制可分为激光器内部调制（直接调制）和外部调制两种。根据调制方式的不同，可分为相位调制、强度调制及偏振调制。以上几种调制方式均常用于微波光子混频系统。

3）光纤

光纤是实现光信号传输的有效介质。光纤种类较多，但由于其他光纤通信器件多工作在 C（包括 L）光波段，而标准单模光纤在该波段传输损耗小、带宽大，且价格低廉，因此相比于多模光纤，单模光纤在微波光子领域中的应用更广泛。

4）光电探测

光电探测器实现光信号的平方律检测，将电信号从已调光信号中解调出来。目前实现光电解调的方案包括光电探测器的直接检测和相干检测。

2.2　常见的微波光子混频模型

近些年来，微波光子混频技术无论在理论研究上还是在实验实现方面都有较大进展。加拿大渥太华大学，澳大利亚墨尔本大学、悉尼大学，美国马里兰大学光子研究实验室、加州大学圣巴巴拉分校、海军研究实验室、L-3 光子实验室，法国的 Cabon 课题组，中国科学院半导体研究所、清华大学、华中科技大学、北京邮电大学、西南交通大学、南京航空航天大学、上海交通大学、东南大学、西安电子科技大学、西北工业大学、中国台湾交通大学光子系统中心等在该领域均取得了重要成果。

总的来说，目前存在基于直调激光器、外部调制器、其他非线性效应、光电探测器（photodetector，PD）等四种微波光子混频模型。

1）基于直调激光器的微波光子混频模型

基于直调激光器（directly modulated laser，DML）的微波光子混频系统结构示意图如图 2.2 所示，这种方案直接将 RF 信号和 LO 信号注入激光器，调制激光器的输出光信号，经过光纤传输后利用 PD 进行光解调，实现频率转换，得到 IF 信号。

图 2.2 基于 DML 的微波光子混频方案

早在 1990 年，Pan 等将 RF 和 LO 信号耦合，注入一个 GaAlAs 单模激光器中调制激光信号，由 PD 拍频后实现了 RF 信号的频率变换[5]；2009 年，Chen 等用注入锁定分布反馈式（distributed feedback，DFB）激光器实验证明了一种新的光子下变频方法[6]；同样，2010 年，Fu 等用普通的 2.5Gbit/s 级 1550nm 单模 DFB 激光器实现微波光子上变频[7]；2013 年，Liu 等用双光束光学注入半导体激光器实现数据调制，RF 频率可以通过注入束的频率来调谐[8]。基于 DML 的变频方法简单、所用器件少、成本低，但是 DML 的调制速率低、调制带宽有限（一般<15GHz），同时存在不需要的相位调制（啁啾效应），产生的杂散和谐波较多，线性度差，因此该方案并不经常使用，近几年内的研究报道较少。

2）基于外部调制器的微波光子混频模型

该方案借助独立的电光调制器进行 RF 和 LO 信号的调制，耦合得到的已调光信号在 PD 中拍频，探测得到 IF 信号。该方案是目前研究成果最多的微波光子混频方案，三种典型的基于外部调制器（external modulator，EM）的微波光子混频方案分别如图 2.3 中（a）～（c）所示。

图 2.3（a）表示可以借助电耦合器耦合将 RF 和 LO 信号耦合成一路，注入调制器进行调制。为了减少 RF 与 LO 之间的泄漏，后来的研究倾向于采用 RF 和 LO 单独调制的方式。如可以将 RF 信号通过直调方式调制到光载波，然后将 LO

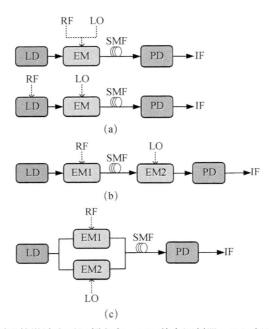

图2.3 基于外部调制器的微波光子混频方案：（a）单个调制器；（b）级联形式；（c）并联形式

信号通过外部调制器实现混频[9, 10]，该方案可以实现 RF 与 LO 物理上的分离，隔离度无限大。但激光二极管（laser diode，LD）有限的调制带宽，使该混频结构只适合于 RF 频率较低的上变频应用。2014 年，南京航空航天大学潘时龙课题组实验验证了用一个偏振调制器（polarization modulator，PolM）进行下变频的方案[11]；2019 年，该课题组利用单个马赫-曾德尔调制器（Mach-Zehnder modulator，MZM）配合光注入半导体激光器实现了具有较高工作频率和灵活可调谐性的微波光子下变频器[12]；2015 年，悉尼大学的仪晓可课题组提出一种使用相位调制器（phase modulator，PM）和光滤波器同时实现频率变换和选择的方案[13]。

图 2.3（b）所示结构泛指使用级联调制器形式的微波光子混频方案，RF 信号和 LO 信号分别使用不同的调制器进行调制，这样在提高 RF 和 LO 隔离度的同时，工作带宽也非常大，是微波光子混频技术的典型方案[14, 15]。2013 年，Erwin 和 Minasian 等提出一种基于 Sagnac 环和级联 PM 的宽带微波光子下变频方法，在 5～20GHz 工作频率范围内，转换效率比传统级联 PM 方案提高了 26dB[16]；2014 年，Zheng 等实验证明了一种改进的布里渊辅助光子微波下变频器，其结构简单，频率可调范围宽[17]；2018 年，刘丽莉等采用两个级联的 MZM 进行信号调制，配合低偏置技术和光滤波，实现了变频[18]。该混频结构尤其适合天线拉远系统，远端天线单元（remoting antenna unit，RAU）接收的 RF 信号调制到光载波

上，通过光纤传输到中心站（center office，CO）后，在中心站调制 LO 信号完成下变频。然而链路损耗大、变频效率较低是该方案显著的特点。近十多年来，研究者提出了许多提高变频效率的技术，如光功率放大[19, 20]、LO 过载调制[21]、低偏置[22]、载波抑制[23-26]、载边比优化[27]等技术，然而优化能力有限，且这些技术大多会引起非线性加剧等问题。

图 2.3（c）所示结构中，RF 和 LO 信号分别由两个并联的调制器调制，后端耦合后再经由 PD 拍频后得到 IF 信号，由于链路损耗显著降低，该方案的变频效率与 EM 串联方案相比提高约 15dB[28]。然而采用离散器件的并联结构中，两光路由于环境干扰导致光程差不稳定，因此在耦合时不能稳定相干，需要反馈电路控制。近几年的研究者对该结构的混频系统进行了跟进研究，通过一些集成的并行结构调制器，如双电极马赫-曾德尔调制器（dual-electrode Mach-Zehnder modulator，DEMZM)[29, 30]、双平行马赫-曾德尔调制器（dual parallel Mach-Zehnder modulator，DPMZM）[31-33]、双偏振马赫-曾德尔调制器（dual polarization Mach-Zehnder modulator，DPol-MZM）[34]、双极化双驱动马赫-曾德尔调制器（dual-polarization dual-drive Mach-Zehnder modulator，DPol-DMZM）[35]、偏振复用双平行马赫-曾德尔调制器（polarization division multiplexing dual-parallel Mach-Zehnder modulator，PDM-DPMZM）[36-38]等。同时发现，在并联结构的混频方案中，参与混频的只是 RF 和 LO 调制的一阶光边带，光载波及其他谐波不对混频信号产生贡献，因此可以采用光滤波[30, 39]、偏置点优化[11, 40, 41]、调制指数优化[40]、受激布里渊散射（stimulated brillouin scattering，SBS）[17, 24]、萨格奈克（Sagnac）环[16, 42]，消除无用光谱分量，一方面提高混频信号的频谱纯度，另一方面在防止 PD 光功率饱和的前提下，对有益光边带进行充分放大，从而提高变频效率。

特别地，在上述集成化器件的使用基础上，除了变频以外还实现了很多其他功能，例如，Jiang 等分别利用 MZM、PDM-DPMZM 和 DPMZM，在宽带镜像抑制混频器[43]和适用于零中频接收机的上、下 I/Q 变频器[44, 45]方面做了大量的研究工作；潘时龙等实现了可重构微波光子混频器[34, 46]和 IF 信号的 90°相移[35]；姚建平等在上/下变频的同时，实现了 IF 信号 360°的连续相移[47]等。

并联结构混频系统的一个主要缺点是 RF 和 LO 在同一位置调制，由于电缆线电磁干扰的影响，RF 和 LO 之间的隔离度不如分离调制高。另外，在光纤天线拉远系统中，LO 和 RF 信号均在 RAU 调制，混频后的光信号通过光纤传输到 CO 解调得到 IF 信号，这在一定程度上增加了 RAU 的复杂度。在信号发射的过程则不受此影响，无论是串联结构还是并联结构，IF 和 LO 信号均在 CO 调制，混频后的光信号通过光纤传输到 RAU 后解调得到待发射的 RF 信号。

3）基于其他非线性效应的微波光子混频模型

基于其他非线性效应的混频方案中，一般借助半导体光放大器（semiconductor optical amplifier，SOA）、布里渊光纤激光器、FBG 等半导体光学器件和非线性光纤的各种非线性效应，如交叉增益调制（cross gain modulation，XGM）[48]、交叉相位调制（cross phase modulation，XPM）[49]、四波混频（four wave mixing，FWM）[50, 51]、交叉极化调制（cross polarization modulation，XPolM）[52]和布里渊散射[24]等实现信号的频率转换。各类非线性效应实现的混频方案特性不尽相同，其优缺点如表 2.1 所示。

表 2.1　各类非线性效应实现的微波光子混频方案优缺点对比[53]

特点	优点	缺点
XGM	结构简单	消光比低，失真严重
XPM	消光比高	需要进行 PM-IM 转换
FWM	转换带宽大	变频效率低，具有偏振依赖性
XPolM	消光比高	需要进行 PM-IM 转换，具有偏振依赖性

一种在 WDM-RoF 系统中使用 SOA 的 FWM 效应的全光下变频方案如图 2.4 所示[50]。

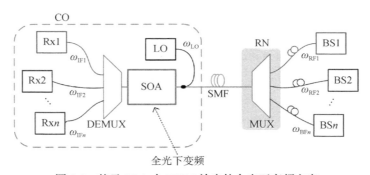

图 2.4　基于 SOA 中 FWM 效应的全光下变频方案

4）基于光电探测器的微波光子混频模型

基于光电探测器的微波光子混频方案结构示意图如图 2.5 所示，该方案使用一个 PD 同时实现光电转换和频率变换两个功能，系统结构简单，成本低。2013 年，Gu 等采用高速 PD 实现了一种基于直调 RoF 技术的微波光子上变频系统[54]；2016 年，Xu 等提出一种用开关模式单行载流子光电二极管（uni traveling carrier-photodiode，UTC-PD）的下变频方案，该方案具有线性度良好，适用于光子集成等优点[55]；2017 年，Cheng 等提出一种基于非线性石墨烯光电探测器的混频器，鉴于石墨烯材料具有光吸收带宽、饱和吸收强、载流子迁移率高和光生载流子寿命短等优点，其在毫米波频率变换方面具有极大的应用潜力[56]。

图 2.5　基于光电探测器的微波光子混频方案

2.3　微波光子混频系统的主要构成

2.3.1　激光器

激光器是光通信系统中的光源，产生适当波长的激光信号作为光载波，搭载调制信号进行传输。依据工作介质的不同，主要有固体激光器、液体激光器、气体激光器和半导体激光器等类型。由于具有体积小、寿命长、输出功率大、线宽窄和容易集成等优点，半导体激光器成为现阶段光通信系统中最常用的激光器之一。

常见的半导体激光器有法布里-珀罗（Fabry-Perot，F-P）谐振腔激光器、DFB 激光器和垂直腔面发射激光器（vertical-cavity surface-emitting laser，VCSEL）三种。其中，F-P 激光器结构简单，但线宽较宽，波长的温度漂移也较大，不适合高速光通信系统[57]；DFB 激光器的线宽较窄，波长随温度漂移特性较小，因此较适合长距离、高速和高质量通信要求的通信系统，不足之处在于相比 F-P 激光器而言，结构稍复杂，且工作在 1550nm 波段时容易产生频率啁啾（chirp）现象；相比于 F-P 和 DFB，VCSEL 是一种较新类型的半导体激光器，目前在短程光互联市场如机器视觉、人脸识别、3D 感测和虚拟现实等领域中极具应用价值。VCSEL 具有线宽窄、波长温度漂移小、阈值功率低、电光转换效率高、可高频调制和容易二维集成等优势，其中，850nm 和 940nm 的 VCSEL 已经实现商用，如欧司朗光电半导体公司的 PLPVCQ 850、PLPVCQ 940[58, 59]。但是由于长波长（1310nm、1550nm）的 VCSEL 输出功率低，结构及制造工艺复杂，因此目前还未能得到大规模应用[60]。

图 2.6（a）～（c）分别为美国 Thorlabs 公司的 F-P 激光器、美国 EM4 公司的 DFB 激光器和德国欧司朗光电半导体公司的 VCSEL 激光器。

(a)　　　　　　(b)　　　　　　(c)

图 2.6　（a）Thorlabs F-P 激光器；（b）EM4 DFB 激光器；（c）欧司朗 VCSEL 激光器

根据上文所述，相比于 F-P 激光器和 VCSEL 激光器，DFB 激光器的输出功率较大、线宽较窄、波长随温度漂移适中，即波长稳定性较好，并能保持动态单纵模输出，因此，其在高性能的光纤通信系统中应用更为广泛。

根据调制信号与激光器作用形式的不同，大致上可以将激光器分为直调激光器和外调激光器两种，下面分别介绍这两种激光器。

1）直调激光器

直调激光器同时具备光源产生和信号调制两个功能。调制信号直接注入直调激光器中，调制激光器的驱动电流，从而使输出信号带有强度和相位调制信息。

直调激光器的输出调制光功率与输入射频电流的变化关系如图 2.7 所示。图中，I_{th} 表示阈值电流，是激光器自发辐射和受激辐射的界限。当驱动电流 $I < I_{th}$ 时，激光器以自发辐射过程为主，输出光功率较小，产生荧光；当驱动电流 $I > I_{th}$ 时，激光器以受激辐射为主，输出光功率迅速增大，此时产生的是激光。I_b 为偏置电流，决定了激光器的工作点；P_{th} 为阈值功率。为了确保激光器工作在线性区，通常将 I_b 设置在 $P\text{-}I$ 曲线的线性工作点处。

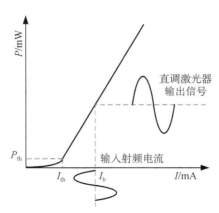

图 2.7　直调激光器输出调制光功率随输入射频电流的变化曲线

如图 2.7 所示，在曲线的线性区内，直调激光器的输出光功率与输入电流成正比变化，即

$$P_{\text{DML}}(t) = S_1(I_b - I_{\text{th}} + i_{\text{RF}}) \tag{2-1}$$

式中，$i_{\text{RF}}(t) = I_{\text{RF}} \cos \omega_{\text{RF}} t$ 为输入的驱动（或调制）电流；S_1 为斜率效率，表示电-光转换效率。

根据式（2-1）可得直调激光器的输出光功率和光场幅度，如下所示

$$P_{\text{DML}}(t) = P_0(1 + m \cdot \cos(\omega_{\text{RF}} t)) \tag{2-2}$$

$$E_{\text{DML}}(t) = E_0 \sqrt{(1 + m \cdot \cos(\omega_{\text{RF}} t))} \times e^{j\omega_c t} \tag{2-3}$$

式中，$P_0 = S_1(I_b - I_{\text{th}})$ 为激光器的平均输出光功率；$m = I_{\text{RF}}/(I_b - I_{\text{th}})$ 表示强度调制指数；E_0 表示直调激光器的平均输出光场幅度；ω_c 为激光信号的角频率。

实际上，激光器在输出激光信号时，往往伴随着强度和相位上的随机波动，产生强度噪声和相位噪声。驱动电流注入调制器后，改变了器件内部的载流子浓度，影响了材料的折射率，致使激光信号相位不稳定，输出的光信号的中心频率就会发生频偏，即频率啁啾[61]。在光通信应用领域，频率啁啾会展宽脉冲信号，与光纤色散相互作用以后，加剧噪声和系统的非线性，严重限制了系统的传输距离，制约光通信领域的发展[62]。

考虑到激光器的强度和相位噪声，则式（2-3）可以进一步表示为

$$E_{\text{DML}}(t) = \begin{cases} \left[E_0 \sqrt{(1 + m \cdot \cos \omega_{\text{RF}} t)} + E_{\text{RIN}}(t) \right] \times e^{j\left[\omega_c t + \Phi_0(t) + \Phi_{\text{chirp}}(t) \right]}, & I > I_{\text{th}} \\ \sqrt{P_{\text{th}}}, & I \leq I_{\text{th}} \end{cases} \tag{2-4}$$

其中，$E_{\text{RIN}}(t)$ 表示激光的强度波动，即相对强度噪声；$\Phi_0(t)$ 表示与线宽相关的相位抖动，即基本相位噪声；$\Phi_{\text{chirp}}(t)$ 表示由频率啁啾引起的相位抖动。

由于器件成本较低、尺寸小、易于实现集成，所以直调激光器在中短距离光纤通信系统中更具有优势，也是目前电光调制模块中常用的光源和调制模块，特别是在数字光纤通信中得到了广泛应用[63]。但是具有调制带宽小，调制速率低（一般<10GHz）等缺点，并且在幅度调制的同时存在频率啁啾效应，使得信号脉冲被拓宽，缩短了系统的最大可传输距离。特别地，严重的频率啁啾经过光纤色散作用后还会加剧系统噪声。

2）外调激光器

与直调激光器不同，外调激光器只作为光源，产生系统中所需要的光载波，而不进行调制使用。因此，除了提供工作点的偏置电流以外，外调激光器不需要输入额外的射频驱动电流。

根据图 2.7 中的激光器 P-I 曲线，当输入的偏置电流大于阈值电流时，激光器外微分量子效率表达式为

$$\eta_{d} = \frac{(P_{EML} - P_{th})/hf_c}{(I_b - I_{th})/q} \tag{2-5}$$

式中，hf_c 表示单个光子的能量；$q = 1.6 \times 10^{-19} C$ 表示电子电荷量。外微分量子效率与直调激光器中的斜率类似，同样描述了激光器电-光转换的效率。一般外调激光器的输出光功率可以用如下形式表示

$$P_{EML} = P_{th} + \frac{\eta_d hf_c}{q}(I_b - I_{th}) \tag{2-6}$$

由于外调激光器不作为电光调制使用，所以不存在射频信号直接调制激光的情况，因此，可以认为外调激光器不存在啁啾现象，或者啁啾很小，以致可以忽略。如此一来，我们仅考虑其常规的相位噪声和相对强度噪声即可，激光信号的强度可以表示为

$$E_{EML}(t) = \begin{cases} \left[\sqrt{P_{th} + \frac{\eta_d hf_c}{e}(I_b - I_{th})} + E_{RIN}(t)\right] \times e^{j[\omega_c t + \Phi_0(t)]}, & I > I_{th} \\ \sqrt{P_{th}}, & I \leq I_{th} \end{cases} \tag{2-7}$$

与直调激光器相比，外调激光器具有输出光功率大、谱线窄、光谱纯净、无啁啾效应等优势，是目前长距离、高速率光通信系统的首选光源。

2.3.2　电光调制器

电光调制是利用电信号调制激光信号的调制方法，其中电信号携带调制信息，光信号作为载波。根据已调信号形式的不同，电光调制可以分为电光相位调制和电光强度调制两种。在相位调制信号频谱中，光电探测器的强度检测无法产生有用信号，因此相位调制通常配合相干检测。相比之下，强度调制-光电探测器的直接检测方式更为简单，因此，大部分光纤通信系统使用强度调制-直接探测方式实现信号的调制解调。

目前常用的电光调制器有以铌酸锂（LiNbO₃）调制器为代表的电光折射型和以半导体电吸收调制器（electro-absorption modulator，EAM）为代表的电吸收型两种。

1）铌酸锂调制器

铌酸锂晶体是电光调制器和其他非线性光学应用的重要材料。当晶体受到电场作用时，电光效应导致晶体折射率改变，继而引起晶体中传输光信号的额外相位变化，从而达到调制光波的目的。

相位调制器（PM）是最简单的铌酸锂调制器，在含有铌酸锂晶体的电极上

施加电信号，即可通过电光效应改变材料的折射率，进而实现对光信号的相位调制。图 2.8 为 PM 结构示意图。

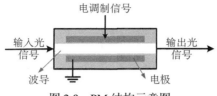

图 2.8　PM 结构示意图

假设输入的激光信号和调制电信号分别表示为

$$E_{\mathrm{c}}(t) = E_{\mathrm{c}} \exp(\mathrm{j}\omega_{\mathrm{c}}t) \qquad (2\text{-}8)$$

$$V(t) = V_{\mathrm{RF}} \cos(\omega_{\mathrm{RF}}t) \qquad (2\text{-}9)$$

式中，E_{c} 是输入激光信号的幅度；ω_{c} 是光信号的角频率；V_{RF} 是调制信号的幅度；ω_{RF} 是调制信号的角频率。

此时相位调制器的输出信号可以表示为

$$E_{\mathrm{PM}}(t) = E_{\mathrm{c}}(t) \exp(\mathrm{j}m\cos(\omega_{\mathrm{RF}}t) + \mathrm{j}\varphi) \qquad (2\text{-}10)$$

式中，φ 为激光信号在相位调制器内传输引入的固定相移；$m = \pi V_{\mathrm{RF}}/V_{\pi}$ 为调制指数，V_{π} 为相位调制器的半波电压，描述器件的调制效率，V_{π} 越小，电光调制效率越高。实际中，大部分商用电光调制器的半波电压在 1～7V 不等。

观察式（2-10）可以发现，相位调制器的作用就是对输入的激光信号增加了一部分携带信号的相位项，而电光强度调制器则就是在相位调制器的基础上额外增加了一路相位调制，并通过设置合理的直流偏置点将相位调制转化成强度调制。需要注意的是，相位调制器不需要直流偏置，也不会受到直流漂移的困扰。

（1）MZM。

MZM 是一种基于马赫-曾德尔干涉仪（Mach-Zehnder interferometer，MZI）结构的强度调制器。如图 2.9 所示，MZM 具有两条平行的光支路，每条支路材料的折射率都随外部施加的电信号变化，进而导致信号相位发生变化。当两个支路信号在调制器输出端再次结合在一起时，合成的光信号将是一个强度大小变化的干涉信号，实现了光强度的调制。

实际中，根据所加电极的数量不同，MZM 具有单臂驱动和双臂驱动两种形式，相比前者而言，双臂驱动形式的 MZM 可以实现更为复杂的调制功能，应用更加广泛。除此之外，为了实现零啁啾、单边带调制等复杂功能，通常也需要适当调整其直流偏置电压。

以双臂驱动形式的 MZM 为例，图 2.9 给出了简单的器件结构示意图。

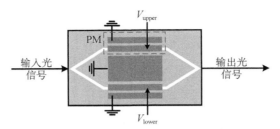

图 2.9 MZM 结构示意图

假设输入 MZM 的激光信号如公式（2-8）所示，暂不考虑器件损耗，则 MZM 的输出表达式为

$$
\begin{aligned}
E_{\text{MZM}}(t) &= \frac{E_{\text{c}}(t)}{2}\left[e^{j\frac{\pi V_{\text{upper}}(t)}{V_\pi}} + e^{j\frac{\pi V_{\text{lower}}(t)}{V_\pi}} \right] \\
&= \frac{E_{\text{c}}(t)}{2} e^{j\frac{\pi\left[V_{\text{upper}}(t)+V_{\text{lower}}(t)\right]}{2V_\pi}} \left[e^{j\frac{\pi\left[V_{\text{upper}}(t)-V_{\text{lower}}(t)\right]}{2V_\pi}} + e^{-j\frac{\pi\left[V_{\text{upper}}(t)-V_{\text{lower}}(t)\right]}{2V_\pi}} \right] \quad (2\text{-}11) \\
&= E_{\text{c}}(t)\cos\left[\frac{\pi\left[V_{\text{upper}}(t)-V_{\text{lower}}(t)\right]}{2V_\pi} \right] e^{j\frac{\pi\left[V_{\text{upper}}(t)+V_{\text{lower}}(t)\right]}{2V_\pi}}
\end{aligned}
$$

式中，

$$
V_{\text{upper}}(t) = V_{\text{RF1}}\cos(\omega_{\text{RF1}}t) + V_{\text{DC1}} \quad (2\text{-}12)
$$

$$
V_{\text{lower}}(t) = V_{\text{RF2}}\cos(\omega_{\text{RF2}}t) + V_{\text{DC2}} \quad (2\text{-}13)
$$

分别为调制器上、下两臂所加的调制信号。V_{DC1} 和 V_{DC2} 为直流偏压，用来调整调制器的工作点；V_π 表示调制器的半波电压。

观察式（2-11），当 $V_{\text{upper}}(t) = V_{\text{lower}}(t)$ 时，输出信号为 $E_{\text{c}}(t)\exp(j\pi V_{\text{upper}}(t)/V_\pi)$，此时，信号幅度项为常数，相当于只进行了相位调制；当 $V_{\text{upper}}(t) = -V_{\text{lower}}(t)$ 时，输出信号为 $E_{\text{c}}(t)\cos\left[\pi V_{\text{upper}}(t)/V_\pi\right]$，仅存在幅度项，相当于仅仅实现了强度调制。在除此以外的其他情况下，MZM 可同时实现相位调制和强度调制。

实际中通常令 $V_{\text{upper}}(t) = -V_{\text{lower}}(t) = V_{\text{RF}}\cos(\omega_{\text{RF}}t) + V_{\text{DC}}$，即 MZM 工作在推挽模式，在此基础上可以推导 MZM 的输出光场和光功率，表达式如下所示

$$
E_{\text{MZM}}(t) = E_{\text{c}}(t)\cos\left[\frac{\pi V_{\text{RF}}\cos(\omega_{\text{RF}}t)}{V_\pi} + \frac{\pi V_{\text{DC}}}{V_\pi} \right] \quad (2\text{-}14)
$$

$$
P_{\text{MZM}}(t) = \frac{P_0}{2}\left[1 + \cos(2m\cos\omega_{\text{RF}}t + \theta) \right] \quad (2\text{-}15)
$$

这里，$P_0 = E_0^2$ 为激光器的平均输出光功率；$m = \pi V_{\text{RF}}/V_\pi$ 表示强度调制指数；$\theta = \pi V_{\text{DC}}/V_\pi$ 为直流偏置角。

根据式（2-15）可以发现，在固定射频信号调制的情况下，MZM 的输出光功率与直流偏置角呈余弦函数形式变化，如图 2.10 所示

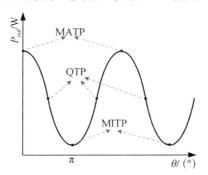

图 2.10　MZM 输出光功率与直流偏置角关系示意图

图 2.10 中所示曲线上的不同点表示了 MZM 不同的工作状态，这里标记出了三个典型工作点：$\theta = 0°$ 定义为最大传输点（maximum transmission point，MATP），$\theta = 90°$（或 270°）定义为正交传输点（quadrature transmission point，QTP）或线性传输点，$\theta = 180°$ 定义为最小传输点（minimum transmission point，MITP）。当 MZM 在 MATP 处工作时，输出信号中的偶数阶分量和光载波较大，奇数阶分量最小；当 MZM 工作在 QTP 处时，输出信号中的奇、偶数阶分量都出现；当 MZM 工作在 MITP 处时，调制信号的奇数阶分量最大，光载波和偶数阶分量最小。需要注意的是，MZM 的工作点极其不稳定，容易被温度和振动等环境因素干扰产生直流偏移，进而影响 MZM 的实际工作状态。

图 2.11、图 2.12 和图 2.13 依次为 MZM 三个典型工作点处的输出光谱示意图。

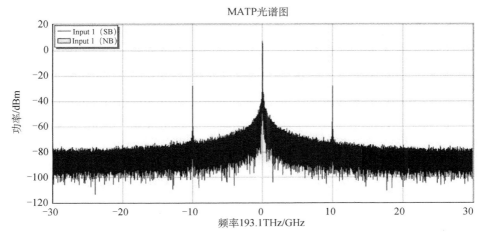

图 2.11　MZM 工作在最大点时输出光谱图

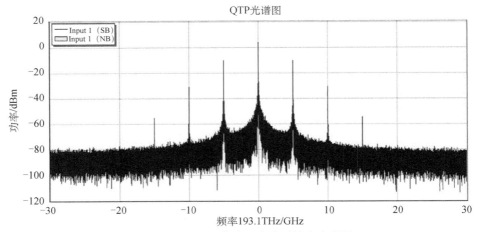

图 2.12　MZM 工作在正交点时输出光谱图

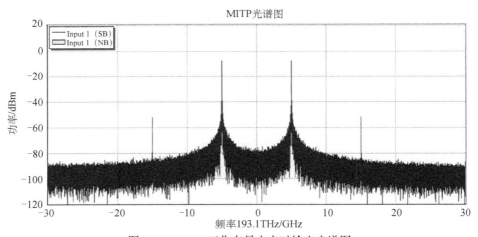

图 2.13　MZM 工作在最小点时输出光谱图

目前，高速率的电光强度调制器已经在光通信领域中普及。众多国内外光电科技公司均已推出 40Gbit/s 的电光强度调制器进行商用，如法国的 iXblue（原Photline）、美国的 Thorlab 和 Eospace、英国的 Oclaro、日本的 Fujitsu 和北京康冠等，其中，Fujitsu 和 Oclaro 在普通强度调制器的基础上，研发并推出了高达 100Gbit/s的 I/Q 电光调制器[64, 65]。

图 2.14 分别为 iXblue 和 Eospace 的 40Gbit/s 的强度调制器。

（a）　　　　　　　　　　　（b）

图 2.14　（a）iXblue MX-LN-40；（b）Eospace AX-0MVS-40

除了单臂驱动 MZM 和双臂驱动 MZM 之外，目前还存在更为复杂、功能更为强大的集成化铌酸锂强度调制器用于商用。如 DPMZM、偏振复用马赫-曾德尔调制器（polarization division multiplexing Mach-Zehnder modulator，PDM-MZM）和 PDM-DPMZM 等。

（2）DPMZM。

典型的双臂 DPMZM 结构如图 2.15 所示，一般具有四个射频输入口和三个直流输入口。器件主要由两个子 MZM（MZM_X 和 MZM_Y）和一个主 MZM 组成，主 MZM 的两条臂上分别嵌入 MZM_X 和 MZM_Y。激光信号输入 DPMZM以后被第一个 Y 型分支器等分成两路，作为光载波分别输入 MZM_X 和 MZM_Y中，被调制信号调制。除此之外，主 MZM 的一个臂上存在调制电极，用来加载直流信号，调整该臂输出信号的相位。最终，两条臂上的输出信号在第二个 Y 型分支器处耦合输出。需要注意的是，DPMZM 的每个子 MZM 都工作在强度调制状态。

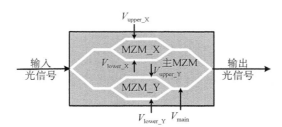

图 2.15　典型的双臂 DPMZM 结构示意图

常规的 DPMZM 具有两个独立射频输入口，即内置 MZM 均为工作在推挽模式的双臂结构，该类型的调制器实际中更常用，因此，接下来简单介绍单臂驱动DPMZM 的工作原理。

假如输入 DPMZM 的光信号如式（2-8）所示，输入上、下两个子 MZM 的电信号分别表示如式（2-12）和（2-13）所示，$V_{DC1}/2$ 和 $V_{DC2}/2$ 分别为其直流偏压。结合式（2-14），DPMZM 的输出表达式为

$$E_{DPMZM}(t) = \frac{E_c(t)}{2}\left\{\cos\left[m_{RF1}\cos(\omega_{RF1}t) + \frac{\pi V_{DC1}}{2V_\pi}\right] + \cos\left[m_{RF2}\cos(\omega_{RF2}t)\right.\right.$$
$$\left.\left. + \frac{\pi V_{DC2}}{2V_\pi}\right]\exp\left(j\frac{\pi V_{DC3}}{V_\pi}\right)\right\} \tag{2-16}$$

其中，$m_{RFi} = \pi V_{RFi}/V_\pi (i=1,2)$ 为调制指数；V_{DC3} 为主 MZM 上的直流偏置电压。

如果设置两个子 MZM 均偏置在 MITP（$V_{DC1}=V_\pi$，$V_{DC2}=-V_\pi$），主 MZM 偏置在 QTP（$V_{DC3}=V_\pi/2$），则上式可以化简为

$$E_{DPMZM}(t)=\frac{E_c(t)}{2}\left\{-\sin\left[m_{RF1}\cos(\omega_{RF1}t)\right]+\sin\left[m_{RF2}\cos(\omega_{RF2}t)\right]\right. \\ \left. \times\exp\left(j\frac{\pi}{2}\right)\right\}$$

(2-17)

观察式（2-17）可以发现，频率分别为 ω_{RF1} 和 ω_{RF2} 的两路输入信号被调制在一堆相差为 90°的正交光载波上，实现了正交调制。因此，DPMZM 也常被称为 I/Q 调制器。

图 2.16（a）和（b）分别为 iXblue 公司和 Fujitsu 公司的 40Gbit/s I/Q 强度调制器。

(a)   (b)

图 2.16　（a）iXblue MXIQ-LN-40；（b）Fujitsu FTM7962EP

通常，可以借助 DPMZM 实现高倍频因子的倍频系统[66]、在光域实现数字通信中常用的正交调制[67]、抑制载波单边带调制[68]等。

（3）PDM-MZM。

为了进一步提高光纤通信系统的传输容量和实际频率利用率，人们将目光转向了不同类型的复用技术，如时分复用（time division multiplexing，TDM）、波分复用（wavelength division multiplexing，WDM）和偏振复用（polarization division multiplexing，PDM）技术等。其中，研究人员以早期无线通信以及卫星通信中使用过极化波复用技术为基础，结合光纤的传输原理，将极化波复用引入至光纤通信系统，并称之为偏振复用。

偏振复用技术是指利用光的两个正交偏振态分别作为载波携带调制信号，并在光纤中进行传输。由于在光纤传输过程中，每个偏振态都是独立的信道，所以使得光纤的信息传输能力提高一倍且不需要增加额外的频带资源。偏振复用技术目前在高速光通信系统中的信息处理领域具有广泛应用[69]。

PDM-MZM 是以 MZM 为基础，融合偏振复用技术的一种集成化电光调制器，具有两个射频输入口和两个直流输入口。如图 2.17 所示，PDM-MZM 由两个独立的 MZM（MZM_X 和 MZM_Y）、一个偏振旋转器（polarization rotator，PR）

和一个偏振合束器（polarizing beam combiner，PBC）构成。激光信号输入
PDM-MZM 后，被 Y 分支器分为功率相等的两路，分别输入 MZM_X 和 MZM_Y
中进行强度调制，其中，MZM_Y 的输出信号经过 PR 进行 90°的偏振态旋转后，
与 MZM_X 的输出信号偏振态正交。最终，两路信号经 PBC 耦合为一路输出，
该输出信号为偏振复用信号，同时包含两个正交偏振态。

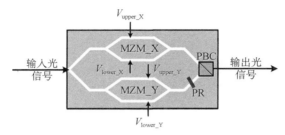

图 2.17　PDM-MZM 结构示意图

图 2.17 给出了双臂驱动的 PDM-MZM 结构，与 DPMZM 相同，实际中双臂
驱动的推挽模式更为常用，因此，接下来也以该形式为例，给出具体的工作原理。

假设输入 PDM-MZM 的激光信号和加载到 MZM_X、MZM_Y 的电信号分别
如式（2-8）、式（2-12）和式（2-13）所示，则 PDM-MZM 的输出表达式为

$$
\begin{aligned}
E_{\mathrm{PDM-MZM}}(t) &= \begin{bmatrix} E_{\mathrm{MZM\_X}}(t) \cdot \boldsymbol{e}_{\mathrm{TE}} \\ E_{\mathrm{MZM\_Y}}(t) \cdot \boldsymbol{e}_{\mathrm{TM}} \end{bmatrix} \\
&= \frac{E_{\mathrm{c}}(t)}{2} \begin{bmatrix} \cos\left[m_{\mathrm{RF1}} \cos(\omega_{\mathrm{RF1}} t) + \dfrac{\pi V_{\mathrm{DC1}}}{2V_{\pi}} \right] \cdot \boldsymbol{e}_{\mathrm{TE}} \\ \cos\left[m_{\mathrm{RF2}} \cos(\omega_{\mathrm{RF2}} t) + \dfrac{\pi V_{\mathrm{DC2}}}{2V_{\pi}} \right] \cdot \boldsymbol{e}_{\mathrm{TM}} \end{bmatrix}
\end{aligned} \tag{2-18}
$$

在含有偏振复用调制器的系统中，通常配合偏振光分束器（polarizing beam
splitter，PBS）、起偏器（polarizer）和 BPD 使用。PDM-MZM 可以用来实现信号
的多路变频[70]、镜像抑制[71]和光频梳产生[72]等多种功能。

（4）PDM-DPMZM。

PDM-DPMZM 是一种更复杂的强度调制器，它同时结合了 DPMZM 和
PDM-MZM 两种结构的特点，具有四个射频输入口和六个直流输入口。如图 2.18
所示，PDM-DPMZM 主要由两个 DPMZM（DPMZM_X 和 DPMZM_Y）、一个 PR
和一个 PBC 构成。与 PDM-MZM 的工作原理相同，输入 PDM-DPMZM 的光信号
被等分为两路，分别输入 DPMZM_X 和 DPMZM_Y 作为光载波，被射频信号调制。

其中，DPMZM_Y 的输出信号经过 PR 进行 90°的偏振态旋转，与 DPMZM_X 的输出信号偏振态正交。最终，两路输出信号经过 PBC 耦合为一路偏振复用信号输出。

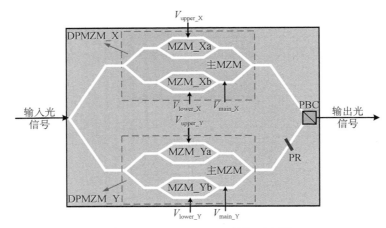

图 2.18　PDM-DPMZM 结构示意图

假设输入激光信号如式（2-8）所示，则 DPMZM_X 和 DPMZM_Y 的输出信号表达式分别为

$$E_{\text{DPMZM\_X}}(t)=\frac{E_{\text{c}}(t)}{2\sqrt{2}}\left\{\cos\left[\frac{\pi V_{\text{upper\_X}}(t)}{V_{\pi}}\right]+\cos\left[\frac{\pi V_{\text{lower\_X}}(t)}{V_{\pi}}\right]\exp\left(j\frac{\pi V_{\text{main\_X}}}{V_{\pi}}\right)\right\} \quad （2\text{-}19）$$

$$E_{\text{DPMZM\_Y}}(t)=\frac{E_{\text{c}}(t)}{2\sqrt{2}}\left\{\cos\left[\frac{\pi V_{\text{upper\_Y}}(t)}{V_{\pi}}\right]+\cos\left[\frac{\pi V_{\text{lower\_Y}}(t)}{V_{\pi}}\right]\exp\left(j\frac{\pi V_{\text{main\_Y}}}{V_{\pi}}\right)\right\} \quad （2\text{-}20）$$

则 PDM-DPMZM 的输出表达式为

$$
\begin{aligned}
E_{\text{PDM-DPMZM}}(t)&=\begin{bmatrix} E_{\text{DPMZM\_X}}(t)\cdot \boldsymbol{e}_{\text{TE}} \\ E_{\text{DPMZM\_Y}}(t)\cdot \boldsymbol{e}_{\text{TM}} \end{bmatrix} \\[2mm]
&=\frac{E_{\text{c}}(t)}{2\sqrt{2}}\begin{bmatrix} \left\{\cos\left[\frac{\pi V_{\text{upper\_Y}}(t)}{V_{\pi}}\right]+\cos\left[\frac{\pi V_{\text{lower\_Y}}(t)}{V_{\pi}}\right]\right. \\ \left. \exp\left(j\frac{\pi V_{\text{main\_Y}}}{V_{\pi}}\right)\right\}\cdot \boldsymbol{e}_{\text{TE}} \\[3mm] \left\{\cos\left[\frac{\pi V_{\text{upper\_Y}}(t)}{V_{\pi}}\right]+\cos\left[\frac{\pi V_{\text{lower\_Y}}(t)}{V_{\pi}}\right]\right. \\ \left. \exp\left(j\frac{\pi V_{\text{main\_Y}}}{V_{\pi}}\right)\right\}\cdot \boldsymbol{e}_{\text{TM}} \end{bmatrix}
\end{aligned}
\quad （2\text{-}21）
$$

同样地，PDM-DPMZM 也能实现相位编码[73]、光生毫米波倍频[74]、I/Q 变频[37]、线性度优化[75]等多种功能。

2）EAM

EAM 是一种 PIN 结构的半导体调制器，其基本工作原理是半导体材料中的激子吸收效应，即半导体材料对入射光的吸收系数随外加电场的不同而产生变化，利用光信号的衰减常数及相位常数与调制电压之间的非线性关系实现对光信号的调制。

图 2.19 中，纵向为光信号，不同偏置电压下半导体材料对光的吸收程度不一样，通过控制 PIN 偏置电流的大小，进一步控制材料对光的吸收程度，这样就能实现信号的调制。

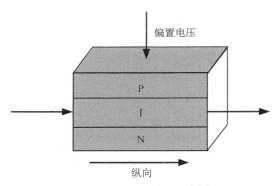

图 2.19　EAM 原理示意图

EAM 的结构特点与激光器非常相似，因此可以在同一磷化铟（InP）衬底上制作光子集成回路，实现激光器与调制器的单片集成——电吸收调制 DFB 激光器（EML）[76]，这样不仅可以降低成本，减小耦合损耗，而且尺寸减小后，可以采用目前流行的 DFB 激光器的管壳进行封装，方便地实现激光器的换代和升级。同样地，EAM 还可以与半导体光放大器（semiconductor optical amplifier，SOA）进行集成[77]。

作为现代光纤通信系统中重要的光学器件之一，EAM 具有体积小、结构紧凑、响应速度快、功耗低易集成和高非线性吸收率等优点，常被用来实现波长变换[78]、超短脉冲产生[79]、快速全光逻辑门[80]、时钟提取[81]等功能。

与基于电折射率原理的铌酸锂电光调制器相比，EAM 半波电压更低、调制效率更高、更容易实现与激光器的集成。但是不足之处在于具有输出功率较低、损耗大、调制带宽不够、啁啾严重且受外界环境影响较大等诸多问题。

图 2.20 为美国 Optilab 公司 12Gbit/s 的电吸收直调激光器。

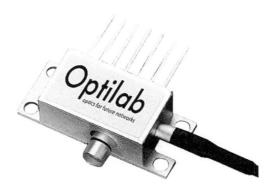

图 2.20　Optilab DFB-EAM-1550-12

2.3.3　光纤

光纤是一种由玻璃或塑料制成的纤维，可作为光传导工具，是光纤链路中的信号传输通道，传输原理是光的全反射。基本构造示意图和实体图示如图 2.21 所示。

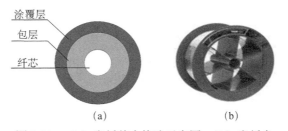

图 2.21　（a）光纤基本构造示意图；（b）光纤盘

依据光纤内传输光信号模式的数量不同，可以将其分为单模光纤（single-mode fiber，SMF）和多模光纤（multi-mode fiber，MMF）两种。随着通信领域技术的发展，多模光纤逐渐朝着单模光纤过渡，目前的实际应用中也以单模光纤居多。

光纤的传输特性主要由损耗和色散两个参数决定，下面分别对这两个参数进行介绍。

1）光纤损耗

由于所用材料、加工工艺和外界因素的影响，光纤中传输的信号光功率会随着传输距离的增加呈指数形式衰减。因此，光纤的损耗在很大程度上决定了系统的传输距离。

利用数学公式，可以将光纤的损耗表示为

$$\alpha_{\text{SMF}} = -\frac{10}{L} \lg \left(\frac{P_{\text{in,SMF}}}{P_{\text{out,SMF}}} \right) (\text{dB / km}) \qquad (2\text{-}22)$$

其中，α_{SMF} 为光纤的衰减系数；L 为光纤传输长度；$P_{\text{in,SMF}}$ 为光纤的输入光功率；$P_{\text{out,SMF}}$ 为光纤的输出光功率。

一般情况下，可以将产生光纤损耗的原因概括为两大类，一类是光纤本身的传输损耗，如吸收损耗（本征吸收、杂质吸收、原子缺陷吸收）、散射损耗（线性散射损耗和非线性散射损耗）；另一类是光纤实际使用时引起的传输损耗，如弯曲损耗（宏弯和微弯）、连接损耗（固定和活动）。理论分析中，人们更多的是考虑光纤本身的传输损耗。

众所周知，光纤损耗与传输信号光的波长有关，在短波长区域，光纤损耗大大增加。在光纤通信系统常用的 1310nm 和 1550nm 波段附近，光纤损耗分别为 0.5dB/km 和 0.2dB/km 左右[82]

2）光纤色散

光纤色散是指由于材料对不同频率的信号分量具有不同的折射率，其在光纤中以不同的传播速度传输，因此最终到达光纤终端的时间存在差别，造成的脉冲展宽或线宽拓宽效应。该效应会给系统带来严重的码间干扰，形成传输码的失误，同时影响传输容量和传输距离[83]。特别地，在强度调制-直接探测形式的长距离光纤通信系统中，光纤色散会与激光器的相位噪声、频率啁啾相互作用，将其转化为强度噪声输出[84]，加剧系统噪声，恶化信噪比和线性度。

光纤色散主要有材料色散、波导色散和模式色散（或模间色散）三种。

（1）材料色散：由光纤材料自身特性造成的色散，其特点为不同波长的光，折射率不同。

（2）波导色散：由于波导结构参数与波长有关而引起的色散，其特点为不同波长的光，相位常数和群速度不同。

（3）模式色散：由于多模分量传输时，同一波长分量的各种传导模式的相位常数不同、群速度不同引起的色散，模式色散也称为模间色散。

2.3.4 光电探测器

光电探测器是一种常见的半导体光电子器件，在光纤通信系统中用作光电解调。其基本原理是光电效应，作用是对接收到的已调光信号进行包络检测，最终恢复出原始调制电信号。响应度高、响应速度快、噪声低和线性度好是对光电探测器使用时的基本要求。

目前常用的半导体光电探测器有两种：PIN 光电二极管和雪崩光电二极管（avalanche photodiode，APD）。其中前者的优点在于响应速度快、响应度高、工作频率高（可高达 100GHz）、频带宽、所需工作电压低、工作状态相对稳定；后者具有内部增益，其灵敏度高、响应快，但其所需的工作电压大、噪声严重。相比之下，PIN 光电二极管工作状态基本不受温度影响，噪声低、所需供电电压小、能够用于大部分场合，因此 PIN 光电二极管目前广泛应用于各类电子系统。

根据器件特性，可得光电探测器输出光电流的表达式为

$$i_{\mathrm{PD}}(t) = \eta \left| E_{\mathrm{PD,in}}(t) \right|^2 \tag{2-23}$$

其中，η 为光电探测器的响应度，单位为 W/A，表示探测器光电转换效率。由上述两式可以看出，光电探测器为一非线性器件。

光电探测器的输出光电流–入射光功率（I-P）曲线如图 2.22 所示。

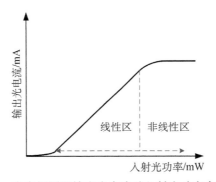

图 2.22　光电探测器输出光电流随入射光功率变化曲线

根据图 2.22 所示，当入射光功率较小时，达不到产生光生电荷的要求，输出光电流非常小，可以忽略不计；当入射光功率逐渐增加时，在一定范围内，输出光电流与输入光功率成正比，该范围即为工作线性区域，此段曲线的斜率即为响应度；当入射光功率超过饱和光功率后，光电探测器的输出光电流随入射光功率增加的速度变缓，最终趋于定值。需要注意的是，实际中光电探测器的饱和光功率较小，在超过饱和功率的情况下工作容易造成器件损坏。

除了常规的光电探测器之外，平衡光电探测器（balanced photodetector，BPD）也是光纤通信系统中常用的探测器件。它采用两个特性完全接近的光电探测器实现光电转换，其中一路加延迟线，调整相位反偏。后端使用差分放大器放大输出，放大差模信号，抑制共模信号。它相比于单个光电探测器的优势是：一方面消除

了信号中的直流分量，便于信号处理；另一方面交流分量的幅值比单个光电探测器输出电流幅值提高一倍。除此之外，由于其大幅度抑制共模噪声，因此还可以提高输出信号的信噪比[85]。

图 2.23（a）和（b）给出了美国 Discovery Semiconductors 公司 50GHz 的 PIN 光电探测器和 40G/100G 平衡探测器的实物图。

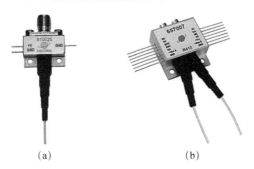

（a）　　　　　　　　　　　　　（b）

图 2.23　（a）Discovery Semiconductors DSC20H；（b）Discovery Semiconductors DSC-R412

2.3.5　光放大器

对于长距离光纤通信系统来说，链路损耗不可忽视，需要增加光放大器进行功率补偿，确保接收端有足够大的待检测光功率。半导体光放大器（SOA）、拉曼光纤放大器（raman fiber amplifier，RFA）和掺铒光纤放大器（erbium-doped fiber amplifier，EDFA）是三种典型的光放大器。其中，SOA 是利用半导体材料制作的光放大器，工作原理与半导体激光器类似，也是利用能级间受激跃迁而出现粒子数反转的现象进行光放大[86]。SOA 能够同时在 1310nm 和 1550nm 窗口使用，具有体积小、结构简单、成本低、功耗小和易集成等优点，缺点是与光纤的耦合较大、噪声和串扰较大、易受环境温度影响，稳定性较差且是偏振敏感器件。RFA 是基于光纤非线性效应（受激拉曼散射）的非线性光纤放大器，由于增益介质为传输光纤本身，因此理论上能够进行全波长放大，增益带宽大（可达 THz），实现长距离的无中继传输，同时具有较低的噪声指数[87]。但是，受激拉曼散射效应需要很强的光才能激发，所以 RFA 的泵浦激光器功率非常大，且增益较低，在 15dB 左右，是偏振敏感器件。EDFA 是一种稀土掺杂光纤放大器，工作频带处于光纤损耗最低处（1525~1565nm），一般具有大于 30dB 的增益，并且与光纤系统兼容，属于偏振不敏感器件，所需泵浦功率低，是现阶段广泛使用的光放大器。

表 2.2 是三种光放大器的基本对比情况。

表 2.2   SOA、RFA 和 EDFA 基本情况对比

类型	工作原理	激励方式	噪声特性	与光纤熔接	是否偏振相关	稳定性
SOA	粒子数反转	电	差	很难	是	差
RFA	光学非线性	光	好	容易	是	好
EDFA	粒子数反转	光	好	容易	否	好

根据上述分析，EDFA 以其独有的优势被广泛应用于各类大容量、高速、长距离的光通信系统[88,89]、光纤用户接入网系统[90]、波分复用系统[91]、光纤 CATV 系统[92]中。

实际中，根据放大器在光链路中的位置和具体作用，EDFA 有前置放大、功率放大和线路放大三种类型，分别位于光接收机之前、光发射机之后和光纤链路中间。

图 2.24 为美国 THORLABS 公司的 EDFA。

图 2.24   美国 THORLABS DUAL EDFA（1520～1577nm，C 波段，增益≤20dB）

2.4   本 章 小 结

本章系统性论述了微波光子混频系统的工作原理及四种常见结构形式，其中，重点介绍了基于外部调制器的微波光子混频方案，详细对比了单个调制器、串联调制器和并联调制器三种形式的优缺点。另外，本章还对激光器、电光调制器、光纤、光电探测器和光放大器等微波光子混频系统的关键组成器件进行了原理介绍和性能分析，其中，重点介绍了 DFB 半导体激光器和 MZM、DPMZM、PDM-MZM 和 PDM-DPMZM 等几种铌酸锂电光调制器，并给出了部分器件的输入-输出理论表达式。

参 考 文 献

［1］Blaakmeer S，Klumperink E，Leenaerts D，et al. A Wideband Balun LNA I/Q-Mixer combination in 65nm CMOS［C］. Solid-State Circuits Conference，2008：326，327，617.

［2］Archer J W，Granlund J，Mauzy R E. A broad-band VHF mixer exhibiting high image rejection over a multidecade baseband frequency range［J］. IEEE Journal of Solid-State Circuits，1981，16（4）：385-392.

［3］张君直，陈产源. 基于取样鉴相器的谐波混频低相噪 PDRO 设计［J］. 固体电子学研究与进展，2016，36（4）：279-283.

［4］Frankle J T，Klapper J，Atkinson P. Phase-locked and frequency-feedback systems［J］. IEEE Transactions on Systems Man and Cybernetics，1972，9（7）：402，403.

［5］Pan J J. Laser mixer for microwave fiber optics［J］. Proceedings of SPIE-The International Society for Optical Engineering，1990，1217（1）：46-58.

［6］Chen Y S，Zhang C，Hong C，et al. Optical frequency down-conversion from millimeter-wave to IF-band using an injection locked distributed feedback laser［C］. OptoElectronics and Communications Conference，2009：1，2.

［7］Fu X L，Cui C，Chan S C. Optically injected semiconductor laser for photonic microwave frequency mixing in radio-over-fiber［J］. Journal of Electromagnetic Waves and Applications，2010，24（7）：849-860.

［8］Liu Y P，Qi X Q，Xie L. Dual-beam optically injected semiconductor laser for radio-over-fiber downlink transmission with tunable microwave subcarrier frequency［J］. Optics Communications，2013，292：117-122.

［9］Uttamchandani D，Al-Raweshidy H S. Integrated optical mixer for RF applications［J］. Electronics Letters，1991，27（1）：70，71.

［10］Le Guennec Y，Maury G，Yao J P，et al. New Optical microwave up-conversion solution in radio-over-fiber networks for 60-GHz wireless applications［J］. Journal of Lightwave Technology，2006，24（3）：1277-1282.

［11］Zhang T T，Zhang F Z，Chen X F，et al. A simple microwave photonic downconverter with high conversion efficiency based on a polarization modulator［C］. Asia Communications and Photonics Conference，2014，2014：1-3.

［12］Zhou P，Li N Q，Pan S L. Photonic microwave harmonic down-converter based on stabilized period-one nonlinear dynamics of semiconductor lasers［J］. Optics Letters，2019，44（19）：4869-4872.

［13］Yi X K，Chen T，Huang T X H，et al. Microwave frequency up-conversion based on simultaneous mixing and frequency selection[C]. 2015 14th International Conference on Optical Communications and Networks（ICOCN），2015：1-3.

[14]Sun C K，Orazi R J，Pappert S A，et al. A photonic-link millimeter-wa ve mixer using cascaded optical modulators and harmonic carrier generation[J]. Photonics Technology Letters IEEE，1996，8（9）：1166-1168.

[15]Pagán V R，Haas B M，Murphy T E. Linearized electrooptic microwave downconversion using phase modulation and optical filtering[J]. Optics Express，2011，19（2）：883-895.

[16]Chan E H W，Minasian R A. Microwave photonic downconversion using phase modulators in a sagnac loop interferometer[J]. IEEE Journal of Selected Topics in Quantum Electronics，2013，19（6）：211-218.

[17]Zheng D，Yan L S，Zhang W L，et al. Microwave photonic down-conversion based on phase modulation and Brillouin-assisted notch-filtering[C]. Real-time Photonic Measurements，Data Management，& Processing，2014，9279：927914-927914-6.

[18]刘丽莉，赵文红，杨力，等. 基于级联调制器的微波光子变频的优化技术[J]. 控制工程，2018，25（1）：160-164.

[19]Williams K J，Esman R D. Optically amplified downconverting link with shot-noise-limited performance[J]. IEEE Photonics Technology Letters，1996，8（1）：148-150.

[20]Helkey R，Twichell J C，Cox C. A down-conversion optical link with RF gain[J]. Journal of Lightwave Technology，1997，15（6）：956-961.

[21]Sun C K，Orazi R J，Pappert S A. Efficient microwave frequency conversion using photonic link signal mixing[J]. IEEE Photonics Technology Letters，1996，8（1）：154-156.

[22]Howerton M M，Moeller R P，Gopalakrishnan G K，et al. Low-biased fiber-optic link for microwave downconversion[J]. IEEE Photonics Technology Letters，1996，8（12）：1692-1694.

[23]Yu J J，Jia Z S，Yi L L，et al. Optical millimeter-wave generation or up-conversion using external modulators[J]. IEEE Photonics Technology Letters，2006，18（1）：265-267.

[24]Li P X，Pan W，Zou X H，et al. High-efficiency photonic microwave down-conversion with full-frequency-range coverage[J]. IEEE Photonics Journal，2015，7（4）：5500907.

[25]Chan E H W，Minasian R A. High conversion efficiency microwave photonic mixer based on stimulated Brillouin scattering carrier suppression technique[J]. Optics Letters，2013，38（24）：5292-5295.

[26]Li X，Zhao S H，Zhang W，et al. Research on inter-satellite microwave photonic frequency down conversion based on optical carrier suppression modulation[J]. Journal of Optoelectronics Laser，2013，24（7）：1322-1327.

[27]Lim C，Attygalle M，Nirmalathas A，et al. Analysis of optical carrier-to-sideband ratio for

improving transmission performance in fiber-radio links[J]. IEEE Transactions on Microwave Theory & Techniques, 2006, 54 (5): 2181-2187.

[28] Gallo J T, Godshall J K. Comparison of series and parallel optical modulators for microwave down-conversion[J]. IEEE Photonics Technology Letters, 1998, 10 (11): 1623-1625.

[29] Tang Z Z, Zhang F Z, Pan S L. Photonic microwave downconverter based on an optoelectronic oscillator using a single dual-drive Mach-Zehnder modulator[J]. Optics Express, 2014, 22(1): 305-310.

[30] Tang Z Z, Pan S L. Microwave photonic mixer with suppression of mixing spurs[C]. 2015 14th International Conference on Optical Communications and Networks (ICOCN), 2015: 1-3.

[31] Gao Y S, Wen A J, Jiang W, et al. Wideband photonic microwave SSB up-converter and I/Q modulator[J]. Journal of Lightwave Technology, 2017, 35 (18): 4023-4032.

[32] Wang Y X, Li J N, Zhou T, et al. All-optical microwave photonic downconverter with tunable phase shift[J]. IEEE Photonics Journal, 2017, 9 (6): 1-8.

[33] Li H L, Wang Y X, Wang D Y, et al. High dynamic range microwave photonic down-conversion based on dual-parallel Mach-Zehnder modulator[C]. International Symposium on Optoelectronic Technology & Application, 2016, 10158: 1015812-1015812-6.

[34] Tang Z Z, Pan S L. Reconfigurable microwave photonic mixer with minimized path separation and large suppression of mixing spurs[J]. Optics Letters, 2017, 42 (1): 33-36.

[35] Li J, Zhang Y C, Yu S, et al. Third-order intermodulation distortion elimination of microwave photonics link based on integrated dual-drive dual-parallel Mach–Zehnder modulator[J]. Optics Letters, 2013, 38 (21): 4285-4287.

[36] Li J N, Wang Y X, Wang D Y, et al. A microwave photonic mixer using a frequency doubled local oscillator[J]. IEEE Photonics Journal, 2018, 10 (3): 1-10.

[37] Gao Y S, Wen A J, Jiang W, et al. Fundamental/subharmonic photonic microwave I/Q up-converter for single sideband and vector signal generation[J]. IEEE Transactions on Microwave Theory and Techniques, 2018, 66 (9): 4282-4292.

[38] Chen Y, Pan S L. Simultaneous wideband radio-frequency self-interference cancellation and frequency downconversion for in-band full-duplex radio-over-fiber systems[J]. Optics Letters, 2018, 43 (13): 3124-3127.

[39] Tang Z Z, Pan S L. Image-reject mixer with large suppression of mixing spurs based on a photonic microwave phase shifter[J]. Journal of Lightwave Technology, 2016, 34 (20): 4729-4735.

[40] Gao Y S, Wen A J, Zhang H X, et al. An efficient photonic mixer with frequency doubling based on a dual-parallel MZM[J]. Optics Communications, 2014, 321 (12): 11-15.

[41] Tang Z Z, Zhang F Z, Zhu D, et al. A photonic frequency downconverter based on a single dual-drive Mach-Zehnder modulator[C]. 2013 IEEE International Topical Meeting on Microwave Photonics, 2013: 150-153.

[42] Gao Y S, Wen A J, Wu X H, et al. Efficient photonic microwave mixer with compensation of the chromatic dispersion-induced power fading[J]. Journal of Lightwave Technology, 2016, 34 (14): 3440-3448.

[43] Jiang W, Zhao S H, Tan Q G, et al. Wideband photonic microwave channelization and image-reject down-conversion[J]. Optics Communications, 2019, 445: 41-49.

[44] Gao Y S, Wen A J, Jiang W, et al. All-optical and broadband microwave fundamental/ sub-harmonic I/Q down-converters[J]. Optics Express, 2018, 26 (6): 7336-7350.

[45] Gao Y S, Wen A J, Zhang W, et al. Ultra-wideband photonic microwave I/Q mixer for zero-IF receiver[J]. IEEE Transactions on Microwave Theory and Techniques, 2017, 65 (11): 4513-4525.

[46] Tang Z Z, Pan S L. A reconfigurable photonic microwave mixer using a 90° optical hybrid[J]. IEEE Transactions on Microwave Theory and Techniques, 2016, 64 (9): 3017-3025.

[47] Li T, Chan E H W, Wang X D, et al. Broadband photonic microwave signal processor with frequency up/down Conversion and phase shifting capability[J]. IEEE Photonics Journal, 2018, 10 (1): 1-12.

[48] Bohémond C, Rampone T, Sharaiha A. Performances of a photonic microwave mixer based on cross-gain modulation in a semiconductor optical amplifier[J]. Journal of Lightwave Technology, 2011, 29 (16): 2402-2409.

[49] Termos H, Rampone T, Sharaiha A, et al. All-optical radiofrequency sampling mixer based on a semiconductor optical amplifier Mach–Zehnder interferometer using a standard and a differential configuration[J]. Journal of Lightwave Technology, 2016, 30 (20): 4688-4695.

[50] Kim H J, Song J I. All-optical frequency downconversion technique utilizing a four-wave mixing effect in a single semiconductor optical amplifier for wavelength division multiplexing radio-over-fiber applications[J]. Optics Express, 2012, 20 (7): 8047-8054.

[51] Zou X H, Zhang S J, Wang H, et al. Microwave photonic harmonic down-conversion based on cascaded four-wave mixing in a semiconductor optical amplifier[J]. IEEE Photonics Journal, 2018, 10 (1): 1-8.

[52] Lee S H, Kim H J, Song J I. Broadband photonic single sideband frequency up-converter based on the cross-polarization modulation effect in a semiconductor optical amplifier for radio-over-fiber systems[J]. Optics Express, 2014, 22 (1): 183-192.

[53] Tang Z Z, Li Y F, Yao J P, et al. Photonics-based microwave frequency mixing: methodology

and applications[J]. Laser & Photonics Reviews，2020，14（1）：1800350.

[54]Gu Y Y，Sun D D，Hu J J，et al. Simple frequency up-conversion based on nonlinear photodetection scheme of PD in direct modulation radio over fiber system[J]. Optics & Laser Technology，2013，54：339-342.

[55]Xu L T，Jin S L，Li Y F. Frequency down-conversion using photodiode sampling[C]. Microwave Photonics（MWP），2016 IEEE International Topical Meeting on. IEEE，2016：114-117.

[56]Cheng C T，Huang B J，Mao X R，et al. Frequency conversion with nonlinear graphene photodetectors[J]. Nanoscale，2017，9（12）：4082-4089.

[57]李宜峰. 两段式 DFB 半导体激光器模式及双稳特性研究[D]. 成都：西南交通大学，2005.

[58]王晓明，王志功，苗澎，等. 10Gbit/s 甚短距离并行光传输模块研究[J]. 电路与系统学报，2004，9（4）：1-4，137.

[59]Osram，Inc. 欧司朗携两款新 VCSEL 进入 3D 传感市场[DB/OL]. https：//www.osram.com.cn/os/press/press-releases/osram-enters-the-3d-sensing-market-with-two-new-vcsels-plpvcq-850-and-plpvcq-940.jsp，2018.

[60]Miller M，Grabherr M，King R，et al. Improved output performance of high-power VCSELs[J]. IEEE Journal of Selected Topics in Quantum Electronics，2001，7（2）：210-216.

[61]Krehlik P. Characterization of semiconductor laser frequency chirp based on signal distortion in dispersive optical fiber[J]. Opto-Electronics Review，14（2）：119-124.

[62]阎敏辉，陈建平，李欣，等. 单量子阱激光器小信号调制时的啁啾噪声[J]. 光通信技术，2001，（2）：143-146.

[63]Timofeev F N，Bayvel P，Mikhailov V，et al. Low-chirp，2.5Gbit/s directly modulated fiber grating laser for WDM networks[C]. Optical Fiber Communication. IEEE，1997：296.

[64]Fujitsu，Inc. 100G/400G LN Modulator[DB/OL]. https：//www.fujitsu.com/jp/group/foc/en/products/optical-devices/100gln/，2019.

[65]Lumentum，Inc. Modulator，100G/200G DP-QPMZ[DB/OL]. https：//www.lumentum.cn/zh/products/modulator-100g-200g-dp-qpmz，2014.

[66]Lin C T，Shih P T，Jiang W J，et al. A continuously tunable and filterless optical millimeter-wave generation via frequency octupling[J]. Optics Express，2009，17（22）：19749-19756.

[67]Jiang W J，Lin C T，Ho C H，et al. Photonic vector signal generation employing a novel optical direct-detection in-phase/quadrature-phase upconversion[J]. Optics Letters，2010，35（23）：4069-4071.

[68]Kawanishi T，Izutsu M. Linear single-sideband modulation for high-SNR wavelength conversion[J]. IEEE Photonics Technology Letters，2004，16（6）：1534-1536.

[69]辛语晴. 高速光纤通信系统中偏振复用技术研究[D]. 长春：长春理工大学，2014.

[70]Gao Y S，Wen A J，Zhang W，et al. Photonic microwave and mm-wave mixer for multi-channel fiber transmission[J]. Journal of Lightwave Technology，2017，35（9）：1566-1574.

[71]Zhang W，Wen A J，Gao Y S，et al. Large bandwidth photonic microwave image rejection mixer with high conversion efficiency[J]. IEEE Photonics Journal，2017，9（3）：1-8.

[72]Shang L，Li Y N，Wu F P. Optical frequency comb generation using a polarization division multiplexing Mach–Zehnder modulator[J]. Journal of Optics，2019 48（5）：60-64.

[73]Zhang Y M，Zhang F Z，Pan S L. Generation of frequency-multiplied and phase-coded signal using an optical polarization division multiplexing modulator[J]. IEEE Transactions on Microwave Theory and Techniques，2017，65（2）：651-660.

[74]王军. 光生毫米波倍频技术与传输性能研究[D]. 西安：西安电子科技大学，2017.

[75]张永倩. 微波光子下变频增益及动态范围优化方法研究[D]. 西安：西安电子科技大学，2018.

[76]OEQuest，Inc. EAM DFB Laser Diode，12GHz，5mW[DB/OL]. https://www.oequest.com/getproduct/20400/cat/0/page/1，2016.

[77]邵永波. 电吸收调制器及其与半导体光放大器的集成研究[D]. 北京：中国科学院研究生院，2012.

[78]Dahdah N E ，Coquille R ，Charbonnier B ，et al. All-optical wavelength conversion by EAM with shifted bandpass filter for high bit-rate networks[J]. IEEE Photonics Technology Letters，2006，18（1）：61-63.

[79]张帆，伍剑，林金桐. 基于电吸收调制晶体（EAM）的超短光脉冲特性研究[J]. 光子学报，2000，29（7）：615-620.

[80]Awad E S，Cho P S，Goldhar J. An all-optical AND gate using nonlinear transmission of electroabsorption modulator[C]. Conference on Lasers & Electro-optics. 2001：92，93.

[81]Awad E S，Cho P S，Richardson C，et al. Optical 3R regeneration using a single EAM for all-optical timing extraction with simultaneous reshaping and wavelength conversion[J]. IEEE Photonics Technology Letters，2002，14（9）：1378-1380.

[82]徐予生. 国外单模光纤的近期发展概况[J]. 传输线技术，1982，（3）：23-29.

[83]粟小玲，朱春祥. 光纤色散对光纤通信系统中继距离主要影响分析[J]. 信息通信，2008，（2）：15，16，23.

[84]Krehlik P，Śliwczyński Ł. Precise method of estimation of semiconductor laser phase-noise-to-intensity-noise conversion in dispersive fiber[J]. Measurement，2015，65：54-60.

[85]刘宏阳，张燕革，艾勇，等. 用于相干光通信的平衡探测器的设计与实现[J]. 激光与光电子学进展，2014，51（7）：27-33.

[86]江涛，陈艳. 半导体光放大器[J]. 激光与光电子学进展，2000，37（8）：40-45.

[87]马永红，谢世钟. 宽带光纤拉曼放大器的优化设计与分析[J]. 光学学报，2004，24（1）：42-47.

[88]Giles C R，Desurvire E，Zyskind J L，et al. Erbium-doped fiber amplifiers for high-speed fiber-optic communication systems[J]. Proceedings of SPIE-The International Society for Optical Engineering，1990，1171：318-327.

[89]Kumar A，Sharma A，Sharma V K. Optical amplifier: a key element of high speed optical network[C]. International Conference on Issues & Challenges in Intelligent Computing Techniques（ICICT）. IEEE，2014：450-452.

[90]Aldouri M Y，Aljunid S A，Anuar M S，et al. One EDFA loop in 16 channels spectrum slicing WDM for FTTH access network[C]. 2010 International Conference on Photonics，IEEE，2010：1-5.

[91]Verma D，Meena S. Flattening the gain in 16 channel EDFA-WDM System by gain flattening filter[C]. 2014 International Conference on Computational Intelligence & Communication Networks，IEEE，2014：174-177.

[92]郭金生. EDFA 在模拟 CATV 中的应用及其对系统性能的影响[J]. 电视技术，2000，（7）：36-38.

第 3 章　微波光子混频系统的性能指标

3.1　微波光子混频系统的主要性能指标

3.1.1　工作频率

混频器的工作带宽可细分为射频（radio frequency，RF）、本振（local oscillator，LO）及中频（intermediate frequency，IF）的工作带宽。RF 和 LO 的带宽一般由调制器决定，IF 作为混频项，其带宽一般由光电探测器（PD）决定。考虑到当前商用调制器和 PD 的带宽水平，微波光子混频系统 RF、LO 和 IF 的工作频率一般可从低频到 40GHz[1, 2]。

3.1.2　变频增益

微波光子混频系统的增益（gain，G）定义为链路输出端解调出的电信号功率 P_{out} 和输入端注入的电信号功率 P_{in} 之比，或者输出 IF 信号功率和输入 RF 信号功率之比，数学表达式如下所示

$$G = \frac{P_{\text{out}}}{P_{\text{in}}} \quad \text{或} \quad G = \frac{P_{\text{IF}}}{P_{\text{RF}}} \tag{3-1}$$

根据链路的实际组成，P_{out} 可以进一步表示为

$$P_{\text{RF,out}} = I_{\text{PD}}^2 \cdot R_{\text{L}} = \left(\eta P_{\text{PD,in}} \right)^2 \cdot R_{\text{L}} \tag{3-2}$$

其中 $P_{\text{PD,in}}$ 为入射至光电探测器（photodetector，PD）上的光功率；R_{L} 为输出端负载阻抗，通常为 50Ω。此时，链路的变频增益的一般表达式可以写为

$$G = \frac{\left(\eta P_{\text{PD,in}} \right)^2 \cdot R_{\text{L}}}{P_{\text{in}}} \tag{3-3}$$

通常情况下，增益用 dB 来描述，即

$$G(\text{dB}) = 10 \times \lg(G) \tag{3-4}$$

需要说明的是，由于器件材料及制作工艺水平的限制，链路中电光转换和光电转换的效率都较低，因此链路增益一般都很小，基本在 0dB 以下。可以通过提高输入链路的光功率来提高链路增益，实际中也常用光放大器作为中继光放大器

模块，补偿链路中的损耗。常用的光放大器有掺铒光纤放大器（erbium doped fiber amplifier，EDFA）和半导体光放大器。

在微波光子混频系统中，LO 驱动功率需要从链路整体的功率预算进行考虑选择。

3.1.3　噪声系数

噪声系数（noise figure，NF）是系统内部噪声大小的度量，描述信号经过系统传输后信噪比的恶化程度。NF 可以由变频增益 G 和光链路引入的噪声决定[3]

$$\mathrm{NF} = 174 - G + N_{\mathrm{out}} \tag{3-5}$$

其中，N_{out} 为链路的底噪。

研究表明，光电探测是平方律检测，因而光链路输出的电信号功率与进入 PD 的光功率呈二阶规律变化[4]。光电探测后总噪声包括激光源引入的相对强度噪声（relative intensity noise，RIN）、EDFA 放大自发辐射（amplified spontaneous emission，ASE）噪声（可以等效为 RIN 噪声）、光电探测器引入的散弹噪声、热噪声[5]

$$N_{\mathrm{out}} = N_{\mathrm{RIN}} + N_{\mathrm{shot}} + N_{\mathrm{th}} \tag{3-6}$$

1）热噪声

热噪声也称为电阻热噪声，是射频电路系统中的基本噪声，其功率谱在 1THz 左右范围内是平坦的，因此可以视为白噪声。微波光子系统在材料绝对温度 $T = 290\mathrm{K}$ 下的噪声功率为

$$N_{\mathrm{th}} = (1+G)k_{\mathrm{B}}TB \tag{3-7}$$

其中，k_{B} 为玻尔兹曼常量，取值为 $1.38 \times 10^{-23}\mathrm{J/K}$；$B$ 为等效噪声带宽。上式表明：热噪声一般较低（链路增益 G 一般小于 1），且与进入 PD 的光功率无关。实际测试中，一般将热噪声的功率谱密度（−174dBm/Hz）视为理想的系统底噪。

2）散弹噪声

散弹噪声多存在于半导体器件中，在微波光子混频链路中主要是由光电探测器产生。与热噪声相同，散弹噪声的功率谱也是平坦的，属于白噪声，其电流值均方为

$$\left\langle i_{\mathrm{shot}}^{2}(t) \right\rangle = 2qI_{\mathrm{PD}}B \tag{3-8}$$

假设负载电阻为 R_{L}，则散弹噪声的功率为

$$N_{\mathrm{shot}} = \left\langle i_{\mathrm{shot}}^{2}(t) \right\rangle R_{\mathrm{L}} = q\eta P_{\mathrm{PD,in}} R_{\mathrm{L}} B / 2 \tag{3-9}$$

其中，$q = 1.6 \times 10^{-19}\mathrm{C}$ 为电子电荷量。散弹噪声随 PD 光功率呈线性变化。

3）RIN 噪声

激光器的相对强度噪声主要来源于激光器自发辐射的随机性，表现为光强随时间的随机波动，定义为 1Hz 频带宽度内噪声强度与输出光强的比值，描述的是激光器的量子噪声特性，常用 dBc/Hz 作单位。

实际情况下，激光器输出光强度的波动常借助光电探测器在电域上进行测量，光电探测器将激光输出光的波动转换成探测器电流的随机波动。激光器 RIN 可以用其电域上光电流的方差表示

$$\left\langle i_{\mathrm{RIN}}^2(t) \right\rangle = \mathrm{rin} \cdot I_{\mathrm{PD}}^2 B \tag{3-10}$$

其中，$\mathrm{rin}(\omega)$ 为相对功率波动的功率谱密度，可以表示为 dB 形式，即记作

$$\mathrm{RIN} = 10 \times \lg\left[\mathrm{rin}(\omega)\right] \tag{3-11}$$

则

$$\left\langle i_{\mathrm{RIN}}^2(t) \right\rangle = 10^{\mathrm{RIN}/10} \cdot I_{\mathrm{PD}}^2 B \tag{3-12}$$

此时，RIN 噪声的功率可以表示为

$$N_{\mathrm{RIN}} = \left\langle i_{\mathrm{RIN}}^2(t) \right\rangle R_{\mathrm{L}} = 10^{\mathrm{RIN}/10} \left(\eta P_{\mathrm{PD,in}}\right)^2 R_{\mathrm{L}} B / 4 \tag{3-13}$$

上式表明：RIN 噪声功率随 PD 光功率呈二次变化。

综上，将式（3-7）、（3-9）、（3-13）代入式（3-5）中可得微波光子系统噪声系数的具体数学表达式。

除此之外，在输入信号只有热噪声的假设下，还可以根据 NF 的数学基本定义得到表达式，如下所示

$$\mathrm{NF} = 10\lg\left(\frac{P_{\mathrm{in}} N_{\mathrm{out}}}{kTB P_{\mathrm{out}}}\right) = 10\lg\left(\frac{N_{\mathrm{out}}}{GkTB}\right) \tag{3-14}$$

其中 $N_{\mathrm{in}} = kTB$。

需要注意的是，对一个典型的微波光子系统，热噪声是系统噪声下限（进入 PD 光功率较低）。当进入 PD 的光功率逐渐增加时，散弹噪声和 RIN 噪声是系统噪声的主要来源，此时总噪声随光功率增长速率介于一次与二次之间，电功率增长速度快于总噪声，噪声系数随光功率增加而下降。因此许多研究致力于研制低 RIN、高输出功率的激光器[6, 7]，低损耗的电光调制器，以及高饱和电流的 PD[8-10]。

目前取得显著研究成果的是 DARPA 资助的超宽带多功能光子收发模块（ultra-wideband multifunction photonic transmit/receive module，ULTRA-T/R）项目组及 TROPHY 项目组，其所研制的分布反馈式（distributed feedback，DFB）激光器在输出功率 200mW 的情况下 RIN 低达−165dB/Hz[7, 11]，基于磷化铟/铟镓砷

（InP/InGaAs）的改进型单传输载流子光电探测器（modified unitraveling carrier-photodetector，MUTC-PD）则可在 3dB 带宽 50GHz 和 65GHz 下饱和电流分别达到 95mA 和 65mA[9, 11]。然而以上前沿器件尚未商用，针对目前激光器功率小、调制器损耗大的客观现实，一般在光链路中采用 EDFA 或 SOA 进行光功率补偿。但电光调制后不携带信息的光载波较大，较大的光载波导致 PD 响应电流容易过载。针对这一问题，研究者提出了低偏置[12-17]、滤除光载波[18-25]等载边比优化技术[26]。考虑到光滤波方法需要使用外置的高稳定窄带滤波器，低偏置技术更加简单实用。然而相对于正交点偏置，调制器在低偏置时会出现偶次阶失真，这导致多倍频程应用时动态范围急剧恶化。

3.1.4　无杂散动态范围

无杂散动态范围（spurious-free dynamic range，SFDR）是微波光子系统中衡量系统非线性性能的重要指标，它反映了输入链路中射频信号的有效工作范围。可以将其定义为允许输入的最大可接收射频信号和最小可检测射频信号功率之比。接下来以单纯的微波光子链路（即输入 RF 信号不经过变频直接 PD 检测）来说明系统 SFDR，引入 LO 信号进行变频后的 SFDR 类似。

当输入信号功率过大时，会引起非线性效应，导致系统产生额外的频率分量。两个或两个以上频率的信号经过非线性的系统传输之后，相互影响，产生了其他频率的干扰信号。由图 3.1 可见，频率分别为 f_1 和 f_2 的双音信号，经过非线性系统后产生了一系列交调分量，其中频率为 $2f_2-f_1$、$2f_1-f_2$ 的三阶交调失真（third-order intermodulation distortion，IMD3）分量幅度最大、距离主频信号最近，影响也最大，因此 IMD3 成为微波光子系统中交调失真的主要考虑项，也是衡量微波光子混频系统非线性的重要指标。

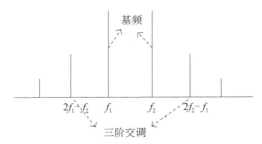

图 3.1　非线性微波光子混频系统输出的电谱示意图

图 3.2 给出了非线性系统中输出功率随输入功率的变化曲线。其中，基频信

号功率曲线斜率为 1,反映了链路的输出射频信号功率随输入射频功率的变化关系,即增益。IMD3 分量曲线斜率为 3,其增长速度是基频信号的 3 倍。两条曲线的相交点称为三阶交调截止点(third-order intercept point,IP3),此时相对应的输入射频功率称为输入三阶交调截止点(input third-order intercept point,IIP3),输出功率称为输出三阶交调截止点(output third-order intercept point,OIP3)。

当工作在线性条件下时,混频器的变频损耗是个常数,以下变频为例,即如果输入 RF 信号增大 1dB,则输出 IF 信号亦增大 1dB;反之亦然。但是当 RF 信号太大时这种增长关系将不能维系,1dB 压缩点就是用来描述混频器的这种线性特性的,其定义为使实际变频增益比理论值低 1dB 时输入的 RF 信号功率[27],如图 3.2 所示。

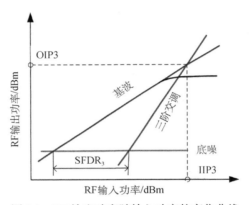

图 3.2   RF 输出功率随输入功率的变化曲线

输入 RF 信号较小时,输出的基频信号被淹没在噪声中,以至于输出端无法检测到有用信号。当输入射频信号增大到一定程度时,IMD3 分量越过噪声,此时将会对有用信号的检测带来严重影响。

微波光子混频系统的动态范围由噪声系数和非线性决定,主要包括线性动态范围和各阶 SFDR。其中 SFDR 由于可以表征宽带射频信号响应范围而更受关注。n 阶 SFDR(SFDR$_n$)的下限取决于噪声系数,上限取决于 n 阶输入截止点(input intercept point,IIPn)[28]。由于调制器和光电探测器固有的非线性,一定带宽的射频信号经过光链路后会出现各阶交调失真,谐波和失真强度随阶数增加而降低,因此一般只考虑二阶和三阶交调失真。

在以三阶交调失真为主要非线性来源的光子链路中,可以根据图 3.3 所示得到 SFDR$_3$ 的通用表达式,过程如下所示

$$x = \frac{\text{OIP3} - p_n}{3} \tag{3-15}$$

$$x + \text{SFDR}_3 = \text{OIP3} - p_n \tag{3-16}$$

则

$$\text{SFDR}_3 = \frac{2}{3}\left(\text{OIP3} - p_n\right) \tag{3-17}$$

将式（3-5）代入后即可得

$$\text{SFDR}_3 = \frac{2}{3}\left(\text{OIP3} - \text{NF} - G + 174\right)\left(\text{dB} \cdot \text{Hz}^{\frac{2}{3}}\right) \tag{3-18}$$

由于 OIP3 和 IIP3 存在以下关系

$$\text{OIP3} = \text{IIP3} + G \tag{3-19}$$

因此有

$$\text{SFDR}_3 = \frac{2}{3}\left(\text{IIP3} - \text{NF} + 174\right)\left(\text{dB} \cdot \text{Hz}^{\frac{2}{3}}\right) \tag{3-20}$$

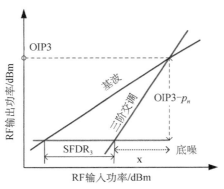

图 3.3　SFDR 计算示意图

　　同理可以得到以 n 阶交调失真为主要非线性来源的微波光子系统的动态范围为

$$\text{SFDR}_n = \frac{n-1}{n}\left(\text{IIP}n - \text{NF} + 174\right)\left(\text{dB} \cdot \text{Hz}^{\frac{n-1}{n}}\right) \tag{3-21}$$

　　通过表达式（3-21）可以看出，微波光子系统中 SFDR 的大小与链路噪声和三阶交调失真有关，因此，可以从抑制噪声和三阶交调失真两个方面入手来提高系统的 SFDR。

3.1.5　隔离度

　　隔离度表示从器件一个端口泄漏到另一个端口功率的大小，定义为输入某端口信号功率与从该输入信号泄漏至另一端口的功率之比，单位为 dB。隔离度越高，意味着各端口之间泄漏的信号越少。

混频器的隔离度包括 RF 至 IF，LO 至 IF 以及 LO 至 RF 的隔离度，分别表示从 RF 输入端口泄漏至 IF 端口、从 LO 端口泄漏至 IF 端口和从 LO 端口泄漏至 RF 端口信号功率的大小。其中，在 IF 端口处，LO 和 RF 信号引起的泄漏可能会在后续链路中产生其他杂散信号，并在足够强的时候可使得后端 IF 放大器进入饱和状态。相比之下，由于 LO 端口的功率最大，因此 LO 信号带来的问题通常比其他两种信号强得多。混频器可以被视为一个三端口器件，通过这些端口的耦合、泄漏和隔离可以使用 S 参数进行分析，如图 3.4 所示。

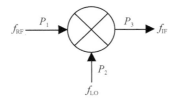

图 3.4 混频器视作三端口器件示意图

隔离参数矩阵充分表征并定义了混频器，可以表示为这种形式

$$I = \begin{bmatrix} I_{11} & I_{12} & I_{13} \\ I_{21} & I_{22} & I_{23} \\ I_{31} & I_{32} & I_{33} \end{bmatrix} \tag{3-22}$$

端口 1，2 和 3 分别代表 RF，LO 和 IF 端口，其相应的信号在频谱上工作在不同的频率。使用上面的隔离参数，端口至端口隔离方程可以导出如下形式

$$\begin{aligned} \mathrm{RF} - \mathrm{IF} &= \left| 20\log_{10} \left| I_{31}\left(f_{\mathrm{RF}}\right) \right| \right\| \\ \mathrm{LO} - \mathrm{IF} &= \left| 20\log_{10} \left| I_{32}\left(f_{\mathrm{LO}}\right) \right| \right\| \\ \mathrm{LO} - \mathrm{RF} &= \left| 20\log_{10} \left| I_{21}\left(f_{\mathrm{LO}}\right) \right| \right\| \end{aligned} \tag{3-23}$$

实际上，在微波光子混频系统中，电光调制器消光比有限，Y 型分支器不理想，即使通过调整直流偏置使得调制器工作在最小点，也很难做到光载波的完全抑制。这样一来，LO 信号的边带会和残余的光载波进行拍频，最终在接收端造成 LO 泄漏问题。高功率的 LO 信号泄漏到 RF 端，经过反射后在 LO 端进行混频，以及 LO 信号边带自身之间的拍频，都会产生很大的直流分量。在零中频接收机中，LO 泄漏会直接恶化发射信号信噪比，影响终端接收信号的 EVM，或者使后端放大器或 ADC 饱和。

由于微波光子混频系统中一般采用 RF 与 LO 物理分离的调制模式，光信号不会引起电磁干扰，进而 LO 与 RF 端口之间的隔离度理论上可以做到无限大，此特点使微波光子混频系统非常适合应用在零中频收发机、多通道共用 LO 的收发系统中。

3.2　微波混频器与微波光子混频器性能对比

传统微波混频器和微波光子混频器之间的性能比较结果如表 3.1 所示[29]。

表 3.1　传统微波 I/Q 混频器与微波光子 I/Q 混频器的性能比较

指标	电子 I/Q 混频器[30]	微波光子 I/Q 混频器
RF，LO 频率/GHz	18～45	10～40
LO 驱动/dBm	11～18	4～14 10（典型值）
转换损耗/dB	9～13	0.4～3.7
I/Q 幅度平衡/dB	0.11（典型值）	0.5（最大值）
I/Q 正交相位平衡/(°)	5（典型值）	0.9（最大值）
噪声系数/dB	Conversion Loss +0.5	31.7～40.4
IIP3/dBm	12～20	24.3（26GHz）
LO-RF 隔离度/dB	<−30	<−30

作为一个典型示例，选择超宽带双平衡 I/Q 混频器（Marki，MLIQ-1845）[30]进行比较。从表 3.1 中可以看出，微波光子 I/Q 混频器具有更宽的工作频率，更低的 LO 驱动电平，更低的转换损耗，更精确的 I/Q 相位平衡和更大的 IIP3。微波光子 I/Q 混频器的主要缺点是 NF 较高，这是有源光子微波混频器中的常见问题。使用具有较高功率、较低 RIN 和较窄线宽的激光源，具有较低插入损耗和半波电压的调制器以及具有较大饱和功率的 BPD[11]，可以将系统噪声降低到散粒噪声限值（−160～−170dBm/Hz）[3, 11, 31]，并且预期可以使 NF 降低 20～30dB。

3.3　本章小结

本章首先介绍了微波光子混频系统的主要性能指标，包括 RF、LO 和 IF 的工作频率、系统的变频增益、噪声系数、动态范围和隔离度，给出了相应的原理说明及公式推导。然后对常规微波混频器和微波光子混频器在工作频率、转换损耗、幅/相平衡、IIP3 和隔离度等方面进行了比较，阐述了微波光子混频器的优点、存在的问题以及相应的解决方案。为后续章节提供了重要的知识储备和理论基础。

参 考 文 献

[1] Gao Y S，Wen A J，Zhang H X，et al. An efficient photonic mixer with frequency doubling based on a dual-parallel MZM [J]. Optics Communications，2014，321（12）：11-15.

[2] Gao Y S，Wen A J，Wu X H，et al. Efficient photonic microwave mixer with compensation of the chromatic dispersion-induced power fading[J]. Journal of Lightwave Technology，2016，34（14）：3440-3448.

[3] Marpaung D. High dynamic range analog photonic links：design and implementation[J]. University of Twente，2009.

[4] Middleton C，Borbath M，Wyatt J，et al. Measurement of SFDR and noise in EDF amplified analog RF links using all-optical down-conversion and balanced receivers[J]. Proceedings of SPIE-The International Society for Optical Engineering，2008：69750Q-12.

[5] Cox C H. Analog Optical Links：Theory and Practice[M]. New York：Cambridge University Press，2004.

[6] Juodawlkis P W，Plant J J，Loh W，et al. High-power，low-noise 1.5-μm slab-coupled optical waveguide（SCOW）emitters：physics，devices，and applications[J]. IEEE Journal of Selected Topics in Quantum Electronics，2011，17（6）：1698-1714.

[7] Zhao Y G，Luo X N，Tran D，et al. High-power and low-noise DFB semiconductor lasers for RF photonic links[C]. IEEE Avionics，Fiber-Optics and Photonics Digest CD. 2012：271-285.

[8] Campbell J C，Beling A，Piels M，et al. High-power，high-linearity photodiodes for RF photonics[C]. International Conference on Indium Phosphide and Related Materials，2014：1-2.

[9] Zhou Q G，Cross A S，Beling A，et al. High-power v-band InGaAs/InP photodiodes[J]. IEEE Photonics Technology Letters，2013，25（10）：907-909.

[10] Zhou Q G，Cross A S，Fu Y，et al. Balanced InP/InGaAs photodiodes with 1.5-W output power[J]. IEEE Photonics Journal，2013，5（3）：6800307.

[11] Ridgway R W，Dohrman C L，Conway J A. Microwave photonics programs at DARPA[J]. Journal of Lightwave Technology，2014，32（20）：3428-3439.

[12] Howerton M M，Moeller R P，Gopalakrishnan G K，et al. Low-biased fiber-optic link for microwave downconversion[J]. IEEE Photonics Technology Letters，1996，8（12）：1692-1694.

[13] Farwell M L，Chang W S C，Huber D R. Increased linear dynamic range by low biasing the

Mach-Zehnder modulator[J]. IEEE Photonics Technology Letters, 1993, 5 (7): 779-782.

[14] Ackerman E I, Betts G E, Burns W K, et al. Signal-to-noise performance of two analog photonic links using different noise reduction techniques[J]. IEEE MTT-S International Microwave Symposium digest. IEEE MTT-S International Microwave Symposium, 2007: 51-54.

[15] Urick V J, Godinez M E, Devgan P S, et al. Analysis of an analog fiber-optic link employing a low-biased Mach–Zehnder modulator followed by an Erbium-Doped fiber amplifier[J]. Journal of Lightwave Technology, 2009, 27 (12): 2013-2019.

[16] Devenport J, Karim A. Optimization of an externally modulated rf photonic link[J]. Fiber & Integrated Optics, 2007, 27 (1): 7-14.

[17] Betts G E, Donnelly J P, Walpole J N, et al. Semiconductor laser sources for externally modulated microwave analog links[J]. IEEE Transactions on Microwave Theory & Techniques, 1997, 45 (8): 1280-1287.

[18] Yu J J, Jia Z S, Yi L L, et al. Optical millimeter-wave generation or up-conversion using external modulators[J]. IEEE Photonics Technology Letters, 2006, 18 (1): 265-267.

[19] Pagán V R, Haas B M, Murphy T E. Linearized electrooptic microwave downconversion using phase modulation and optical filtering[J]. Optics Express, 2011, 19 (2): 883-895.

[20] Chan E H W, Minasian R A. Microwave photonic downconversion using phase modulators in a sagnac loop interferometer[J]. IEEE Journal of Selected Topics in Quantum Electronics, 2013, 19 (6): 211-218.

[21] Chan E H W, Minasian R A. High conversion efficiency microwave photonic mixer based on stimulated Brillouin scattering carrier suppression technique[J]. Optics Letters, 2013, 38 (24): 5292-5295.

[22] Zheng D, Pan W, Yan L, et al. Microwave photonic down-conversion based on phase modulation and Brillouin-assisted notch-filtering[C]. SPIE 9279, Real-time Photonic Measurements, Data Management, and Processing, 2014: 927914-927916.

[23] Lim C, Attygalle M, Nirmalathas A, et al. Analysis of optical carrier-to-sideband ratio for improving transmission performance in fiber-radio links[J]. IEEE Transactions on Microwave Theory & Techniques, 2006, 54 (5): 2181-2187.

[24] LaGasse M J, Charczenko W, Hamilton M C, et al. Optical carrier filtering for high dynamic range fibre optic links[J]. Electronics Letters, 1994, 30 (25): 2157-2158.

[25] Esman R D, Williams K J. Wideband efficiency improvement of fiber optic systems by carrier subtraction[J]. IEEE Photonics Technology Letters, 1995, 7 (2): 218-220.

[26] Hraimel B, Zhang X P, Pei Y Q, et al. Optical single-sideband modulation with tunable optical carrier to sideband ratio in radio over fiber systems[J]. Journal of Lightwave Technology,

2011，29（5）：775-781.

[27] Mixers [EB/OL]，www.microwaves101.com，P-N Designs，Inc.

[28] Biernacki P D，Nichols L T，Enders D G，et al. A two-channel optical downconverter for phase detection [J]. IEEE Transactions on Microwave Theory & Techniques，1998，46（11）：1784-1787.

[29] Gao Y S，Wen A J，Zhang W，et al. Ultra-wideband photonic microwave I/Q mixer for zero-IF receiver [J]. IEEE Transactions on Microwave Theory and Techniques，2017，65（11）：4513-4525.

[30] Marki，IRW-1845 Image Reject Mixer，[Online]. Available：http：//www.markimicrowave.com/MLIQ-1845-P757.aspx.

[31] Marpaung D，Roeloffzen C，Leinse A，et al. A photonic chip based frequency discriminator for a high performance microwave photonic link [J]. Optics Express. 2010，18（26）：27359-27370.

第4章 微波光子混频系统的线性优化

除了激光器和光电探测器（photodetector，PD）自身难以量化的非线性失真情况之外，微波光子混频系统中电光调制与解调的正弦传输函数也会在输入射频（radio frequency，RF）幅度较大时产生谐波与交调失真。根据第3章分析，要提高微波光子混频系统动态范围，一般可以从降低噪声系数、优化线性度两个方面入手。本章首先简单介绍二阶交调失真（second-order intermodulation distortion，IMD2）和三阶交调失真（third-order intermodulation distortion，IMD3）的抑制方法，接着以模拟光域的线性度优化入手，系统性地介绍两种模拟光链路线性度优化方案和一种微波光子混频系统线性度优化方案，以提高系统的动态范围。

4.1 IMD2 及 IMD3 抑制方法简介

4.1.1 IMD2 分量抑制方法

如图4.1所示，对于多倍频程的宽带射频信号，IMD2 分量会落到信号带宽内，无法用滤波器滤除，是限制动态范围的主要成分。IMD2 分量的抑制可以从两方面入手：一是通过将电光调制器设置在正交点；二是通过平衡探测方法。

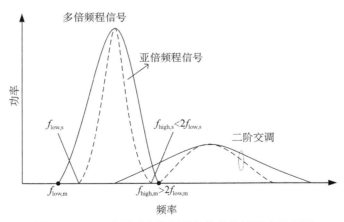

图 4.1 IMD2 分量对多倍频程宽带信号的影响示意图

平衡探测技术是抑制偶次阶失真的有效手段，同时，对于微波光子链路来说，相对强度噪声（relative intensity noise，RIN）和放大自发辐射（amplified spontaneous emission，ASE）噪声均属于共模噪声，也可以方便地通过平衡探测方法进行消除[1]，进一步提高系统动态范围。

Madjar 首次提出了基于单路调制的平衡探测结构，如图 4.2（a）所示，但调制信息只存在一路中，该结构只能降低 RIN 噪声，不能抵消偶次阶失真[2]。双输出外部调制器（dual output external modulator，DO-EM）能够输出两路互补的调制信号，可以进行平衡探测，如图 4.2（b）所示，但调制器必须工作在正交点，不能发挥低偏置优势[3]。Burns 等提出了推挽式 AB 类（Class-AB）调制模式[4]，如图 4.2（c）所示，两路分别在最小点两侧对称点调制，然后平衡探测，可以在抑制共模噪声[5]、降低噪声系数的同时，消除二阶交调失真。Bull 等又提出基于单个偏振调制器（polarization modulator，PolM）的 Class-AB 调制方式，如图 4.2（d）所示，可以进一步简化光链路结构[6]。现今高饱和电流、大带宽的平衡探测器（balanced photodetector，BPD）已经商用，例如 Discovery 生产的适用于模拟光链路应用的 InGaAs PIN 平衡探测器带宽可达 40GHz，允许输入光功率为 13dBm 以上，共模抑制比为 35dB[7, 8]，非常适合应用于平衡探测光链路。

以下平衡探测技术可通过加入 LO 再调制模块，应用于微波光子混频系统，实现微波光子混频系统噪声系数的优化。图 4.2（e）是 Williams 等提出的基于平衡探测的微波光子下变频系统，该系统中，通过保偏掺铒光纤放大器（polarization maintaining erbium doped fiber amplifier，PM EDFA）实现光信号的放大，以提高变频效率。另外通过双输出调制器和平衡探测器，实现光源 RIN 噪声和 EDFA 噪声的抑制，进而降低噪声系数。

4.1.2　IMD3 分量抑制方法

对于亚倍频程的窄带射频信号，IMD2 离信号频率较远，可以通过滤波器滤掉，此时限制动态范围的主要成分是 IMD3。作为奇数阶失真，IMD3 与基波信号有相似的变化特征，不能通过平衡探测方法抑制。

近些年有较多抑制 IMD3 的研究工作，主要包括电域非线性数字信号处理（digital signal processing，DSP）技术[9-13]、光域非线性处理技术[14]、双调制器非线性抵消技术[15-22]、新载波优化技术[23-26]、光滤波优化技术等[27-29]。电域 DSP

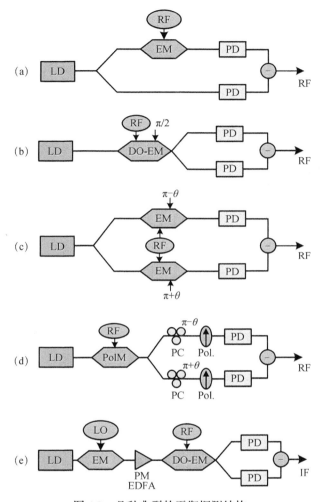

图 4.2　几种典型的平衡探测结构

方法在电域完成线性补偿，如图 4.3（a）所示[18, 30]，虽然结构简单，但当射频信号载频或带宽太大时对模数转换器和 DSP 有过高要求，失去了光子学的大带宽特点。

光域非线性处理技术如图 4.3（b）所示，通过光学非线性器件，如反射型任意波形发生器，对调制的光谱进行处理以抵消非线性[14]，但光学频谱处理常存在频率分辨率低、结构庞大复杂等缺点。

双调制器非线性抵消技术采用两个工作在不同偏置点的调制器对射频信号进行调制，最后在保留基波信号的情况下抵消 IMD3，其中基于并联 PolM 线性度优化的方案如图 4.3（c）所示[16]。此类优化技术中 RF 信号通常要分两路进行调制，且对每路调制指数也有特殊要求，因此结构稍微复杂，存在一定的不稳定性。

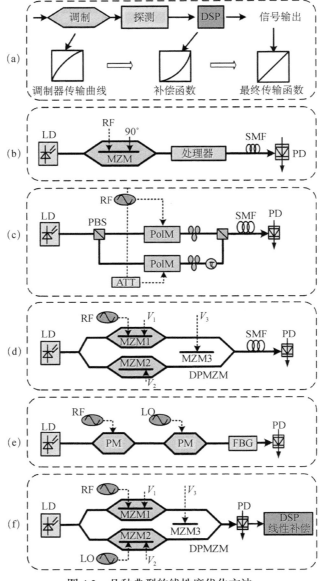

图 4.3　几种典型的线性度优化方法

清华大学郑小平课题组提出了一种基于集成双平行马赫-曾德尔调制器（dual parallel Mach-Zehnder modulator，DPMZM）的线性度优化技术[23]，如图 4.3（d）所示。虽然该集成的调制器包含两个并行的子调制器，但原理与双调制器非线性抵消技术不同。该方案中 RF 只驱动一个子调制器，另一个子调制器空载，集成调制器输出一个加载新载波的强度调制信号。该方案中 DPMZM 的三个偏压点不在常规的最大、最小或正交点，这给偏压控制带来较大难题。后来的学者采用一个调制器加 Sagnac 环[25]结构实现类似原理，然而面临偏振不稳定的问题。

　　光滤波也是一种补偿线性度的优化方法，在滤除或抑制光载波[26]、光边带[29]的基础上，通过优化调制器工作点、调制指数等方式实现 IMD3 的抑制。图 4.3（e）所示的方案中，利用级联 PM 实现 RF 和本振的调制，然后通过窄带光纤布拉格光栅（fiber Bragg grating，FBG）滤掉光载波，再通过优化本振（local oscillator，LO）调制指数，实现中频（intermediate frequency，IF）信号中 IMD3 的抑制，提高动态范围。

　　在下变频系统中，由于 IF 信号频率较低，一般需要模数转换（analog-digital conversion，ADC）后进行数字化处理，此时适合采用电域 DSP 线性度补偿的方法。由前文可知，并联形式的变频系统具有高效率优势，因此并联形式的变频系统结合 DSP 线性度补偿方案，有利于提高变频效率，抑制交调失真，提高动态范围，如图 4.3（f）所示。

　　以上线性度优化方案，均能够实现 IMD3 的显著抑制，亚倍频程系统归一化带宽的 SFDR 一般能提高 10～20dB。然而，几乎上述所有方案都在抑制 IMD3 的同时，降低了基波信号的功率，增加了系统损耗。另外，由于 IMD3 抑制后，五阶交调失真（fifth-order intermodulation distortion，IMD5）成为非线性的主要成分，在瞬时带宽较大的应用中，交调失真大于噪声时 IMD5 增加较快，导致动态范围优化量不再明显。

　　现阶段已经有商用的微波光子链路模块得到初步的应用。由于稳定高效的线性度优化方法还是一个难题，目前商用的微波光子链路模块，一般通过采用高性能的激光器和探测器等改善链路增益、噪声系数，以提高系统动态范围。但到目前为止还没有发现通过抑制 IMD3 进行线性度优化的商用模块。

4.2　微波光子链路线性度优化方法

　　本节以模拟光域的线性度优化方法为基础，针对现存线性度优化方案存在的结构复杂、频率分辨率低、任意偏置角调节困难等问题，设计了两种线性化方案。

　　（1）基于 FBG 和光纤色散的线性度优化技术，通过合理地选择光纤长度，光电解调后由不同边带产生的 IMD3 可以相互抵消。

　　（2）基于双电极马赫-曾德尔调制器（dual-electrode Mach-Zehnder modulator，

DEMZM）和色散光纤的线性度优化技术。通过选择调制器的直流偏置和光纤长度，从不同边带产生的 IMD3 可以相互抵消。提出的链路具有结构简单、成本低廉的优点。此外，用作链路线性化的低损耗单模光纤还可以用作传输介质。

4.2.1　基于 FBG 和光纤色散的线性度优化

本节提出一种基于 FBG 和光纤色散的线性度优化技术[31]，用来提高模拟光链路的无杂散动态范围（spurious-free dynamic range，SFDR）。RF 信号通过一个 MZM 双边带调制光载波，然后用一个窄带 FBG 来抑制一部分光载波，同时单模光纤（single mode fiber，SMF）对各个光边带引入不同的相移。通过合理地选择光纤长度，光电解调后由不同边带产生的 IMD3 可以相互抵消。

1）方案原理

基于 FBG 和光纤色散的线性度优化方案原理图如图 4.4 所示。常规的强度调制直接探测（intensity modulation direct detection，IMDD）光链路通常由激光二极管（laser diode，LD）、MZM、EDFA 以及 PD 构成。在该光链路中，MZM 后面增加了一个窄带 FBG 和一段具有特定长度的 SMF。LD 输出的光信号为 $E_c(t) = E_c \exp(\mathrm{j}\omega_c t)$，其中 E_c 和 ω_c 分别为光载波的幅度和角频率。半波电压为 V_π 的 MZM 在推挽模式下将 RF 信号调制到光载波上。射频信号表示为 $V_{RF} \sin(\omega_{RF} t)$，其中 V_{RF} 和 ω_{RF} 分别为其幅度和角频率。MZM 的偏置点相移可以通过直流偏压来控制。假设 MZM 具有理想的消光比并忽略插入损耗，MZM 输出的光信号可以表示为

$$
\begin{aligned}
E(t) &= \frac{E_c}{2} \mathrm{e}^{\mathrm{j}\omega_c t} \left[\mathrm{e}^{\mathrm{j}m\sin\omega_{RF} t} + \mathrm{e}^{-\mathrm{j}m\sin\omega_{RF} t} \mathrm{e}^{\mathrm{j}\theta} \right] \\
&= \frac{E_c}{2} \mathrm{e}^{\mathrm{j}\omega_c t} \sum_n J_n(m) \mathrm{e}^{\mathrm{j}n\omega_{RF} t} \left[1 + (-1)^n \mathrm{e}^{\mathrm{j}\theta} \right]
\end{aligned}
\tag{4-1}
$$

这里，$J_n(\cdot)$ 表示第一类的 n 阶贝塞尔函数，$m = \pi V_{RF} / (2V_\pi)$ 为调制指数，θ 是 MZM 的直流偏置角。

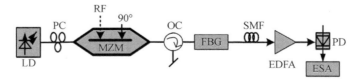

图 4.4　基于 FBG 和光纤色散的线性度优化方案

MZM 后面的窄带 FBG 反射率较小，用于抑制部分光载波，光载波在经过 FBG 前后的幅度比可以表示为 ζ（$0 < \zeta < 1$）。则经过 FBG 后的光信号可以表示为

$$E(t) = \frac{E_c}{2} e^{j\omega_c t} \left\{ \sum_{n \neq 0} J_n(m) e^{jn\omega_{RF}t} \left[1 + (-1)^n e^{j\theta} \right] + \zeta J_0(m) \left[1 + e^{j\theta} \right] \right\} \quad (4\text{-}2)$$

考虑到光纤色散，经过 SMF 传输后，光载波和边带得到不同的相移。由色散光纤引入的相移可以表示为 βL，其中 β 为传输常数，L 为光纤长度。β 可以展开为泰勒级数 $\beta = \beta(\omega_c) + \beta_1(\omega_c)(\omega - \omega_c) + \beta_2(\omega_c)(\omega - \omega_c)^2 / 2 + \cdots$，其中 ω_c 为光载波的角频率，$\beta_1(\omega_c)$ 和 $\beta_2(\omega_c)$ 为 β 的一阶和二阶导数，忽略 β 的三阶及更高阶导数，经 SMF 传输后的光信号可以表示为

$$E_{SMF}(t) = \frac{E_c}{2} e^{j\left[\omega_c t + \beta(\omega_c)L\right]} \left\{ \sum_{n \neq 0} J_n(m) e^{jn\omega_{RF}t} \left[1 + (-1)^n e^{j\theta} \right] \times e^{j\left[\beta_1(\omega_c)n\omega_{RF} + \beta_2(\omega_c)(n\omega_{RF})^2/2\right]L} \right.$$
$$\left. + \zeta J_0(m) \left[1 + e^{j\theta} \right] \right\} \quad (4\text{-}3)$$

PD 的响应度为 η，忽略高阶贝塞尔函数（$n > 3$），检测出来的直流电流可以表示为

$$
\begin{aligned}
i_{RF}(t) &= \eta \left| E(t)_{SMF} \right|^2 \\
&\approx \eta E_c^2 \sin\theta \sin\left[\omega_{RF}t + \beta_1(\omega_c)\omega_{RF}L \right] \\
&\quad \times \left[\mu J_0(m) J_1(m)\cos\varphi - J_1(m)J_2(m)\cos(3\varphi) \right. \\
&\quad \left. + J_2(m)J_3(m)\cos(5\varphi) \right]
\end{aligned} \quad (4\text{-}4)
$$

其中 $\varphi = \beta_2(\omega_c)\omega_{RF}^2 L / 2$ 是光纤色散对一阶光边带引入的相移。考虑到 m 一般较小，上式可重新表示为

$$
\begin{aligned}
i_{RF}(t) &\approx \frac{1}{2} \eta E_c^2 \sin\theta \sin\left[\omega_{RF}t + \beta_1(\omega_c)\omega_{RF}L \right] \\
&\quad \times \left\{ m\zeta\cos(\varphi) - \frac{1}{8}m^3 \left[3\zeta\cos(\varphi) + \cos(3\varphi) \right] \right\}
\end{aligned} \quad (4\text{-}5)
$$

调制器偏置在正交传输点（$\theta = 90°$），以获得最大的光电流。RF 信号的失真是由调制器和 PD 的非线性引起的。即使在单音情况下，在电流中三阶失真项 m^3 依然存在。在式（4-5）中等号右边的第一项表示恢复的基波射频信号，第二项会引起三阶失真。基波信号电功率的系数 C_1 和三阶失真的系数 C_3 可以分别表示为

$$
\begin{cases}
C_1 \propto \left[\zeta\cos(\varphi) \right]^2 \\
C_3 \propto \left[3\zeta\cos(\varphi) + \cos(3\varphi) \right]^2
\end{cases} \quad (4\text{-}6)
$$

如果光载波没有被抑制，即 $\zeta = 1$，基波（m）和三阶失真项（m^3）的相对功率与色散引起的相移 φ 的理论关系如图 4.5（a）所示。可以看出基波和三阶失真项的功率都以相同的趋势变化，并且都在 $\varphi = 90°$ 处衰减。在笔者所提出的链路优化方案中，FBG 被用来抑制一部分载波，并且扰乱了基波和三阶失真项的功率变化曲线。图 4.5（b）载波抑制比为 6dB，即 $\zeta = 0.5$ 时，基波和三阶失真的相对功率随色散相移 φ 的变化关系。忽略在 $\varphi = 90°$ 处的同时抑制，在 $\varphi = 52°$ 处基波功率较大的情况下，同时实现三阶失真项的有效抑制。如果采用其他不同反射率的 FBG，三阶失真项将会在另外的 φ 处被抑制。对于一个给定频率 ω_{RF} 的射频信号，始终可以通过选择满足以下条件的 FBG 和色散光纤来优化光链路：

$$C_1 \neq 0, \quad C_3 = 0 \tag{4-7}$$

对比图 4.5（a）和（b）还可以发现，在有 FBG 的色散相移最优点附近，虽然三阶失真项未得到完全消除，但相比无 FBG 的情况，三阶失真项仍有较大的抑制。这表明该线性度优化系统对色散相移有一定误差容忍度，即在光纤色散固定的情况下，最优频点附近一定带宽内的信号均可得到明显优化；或在工作频率固定情况下，一定范围内的光纤长度或色散值也能够提高系统的线性度。

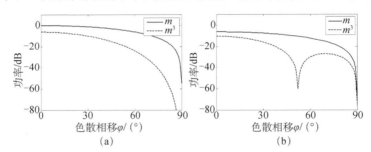

图 4.5　基波与三阶失真相对功率随色散相移的关系：（a）无 FBG；（b）有 FBG

另外，链路增益，即经过 PD 拍频后恢复的基波信号的功率与进入到调制器的射频信号的功率比，也是光链路的重要性能指标。与常规的没有 FBG 和 SMF 的双边带调制链路相比（$\zeta = 1$ 且 $\varphi = 0$），经过线性度优化后链路增益的增加量为（忽略光纤的插入损耗）

$$\begin{aligned}\Delta \mathrm{Gain} &= 10\lg\left[\zeta\cos\varphi\right]^2 \\ &= 10\lg\cos^2\varphi + 10\lg\zeta^2 \ (\mathrm{dB})\end{aligned} \tag{4-8}$$

公式等号右边第一项代表由色散相移引起的链路增益的变化，第二项是由光载波的衰减导致的链路增益的改变。由于两项均为负值，所以线性度优化后光链路的增益有所降低，这在图 4.5（b）基波信号的变化曲线中也可以看得出来。但光载波的衰减也会引起 PD 入射光功率的下降,这样减少了 RIN 噪声和散弹噪声。如文献[32]所述,抑制光载波后,系统噪声一般比 RF 信号下降快,所以噪声系数也会降低,进而提高三阶 SFDR。

为了提高链路增益,一般使用光放大器如 EDFA 来增加进入 PD 的光功率。考虑到 PD 光功率处理能力有限,PD 之前的 EDFA 通常是工作在自动功率控制(automatic power control,APC)模式下,具有固定的输出功率。在强度调制的光链路中,调制器工作在正交偏置点,输入 RF 信号的功率通常比较小,调制后信号的光载波比较大,这限制了链路增益的提高。光载波经过 FBG 后功率有 $-10\lg\zeta^2$ (dB) 的抑制。为了保证输入 PD 的光功率保持不变,EDFA 的增益因此提高 $-10\lg\zeta^2$ (dB),所以经过 PD 拍频后,射频信号的功率会增加 $-20\lg\zeta^2$ (dB)。结合式(4-8),总的来说,经过线性度优化后,链路增益变化量为

$$\Delta\mathrm{Gain} \approx 10\lg\cos^2\varphi - 10\lg\zeta^2 \text{ (dB)} \qquad (4\text{-}9)$$

因此由 FBG 引起的光载波衰减不仅可以抑制三阶失真,也可以优化光载波和边带的功率比[33],结合 EDFA 来提高光链路增益。

2)实验结果与分析

参考图 4.4 进行实验配置。采用可调激光器(Yokogawa,AQ2200-136)产生功率为 7dBm、RIN 为 -150dB/Hz、线宽为 1MHz 的光载波,通过一个偏振控制器(polarization controller,PC)将光载波调整为慢轴对准的线偏振光后,输入一个单驱动推挽模式的 MZM(Sumitomo,T.MXH1.5DP-40)中。调制器插入损耗为 4dB,半波电压约为 3.5V,3dB 带宽大于 30GHz,通过直流稳压源使之工作在正交点。由两个射频源(Agilent,N5183A MXG;Anritsu,MG3694C)分别产生两个频率的射频信号,通过电耦合器耦合在一起,形成一个双音信号,驱动调制器进行双音测试。所采用的 FBG 的 3dB 带宽为 0.06nm(7.5GHz),用来抑制一部分光载波。FBG 和 MZM 之间的光学环形器(optical circulator,OC)用来导出在 FBG 中反射出来的光信号。从 FBG 透射的光信号进入长度为 4km、色散系数为 16ps/(nm·km) 的 SMF 中进行传输。经过光纤传输后的光信号被噪声系数为 4dB 的 EDFA 放大。EDFA 设置在 APC 模式下工作,并具有 7dBm 的固定输出功率。然后采用 3dB 带宽为 35GHz、响应度为 0.6A/W 的 PD 检测出电信号,并由电谱分析仪进行测量分析。

调节激光器波长,使之对准 FBG 的中心波长 1549.83nm。FBG 前后的双边带调制(double sideband modulation,DSB)光信号的光谱如图 4.6 所示。由此可以看出,光载波在经过 FBG 后被抑制了 7.3dB,对应于 $\zeta = 0.432$。根据上文的分析,预期三阶失真项会在 $\varphi = -49°$ 处被抑制。根据 SMF 的长度,计算出 RF 的

频率为 23GHz 左右时线性度将会得到最佳的优化。

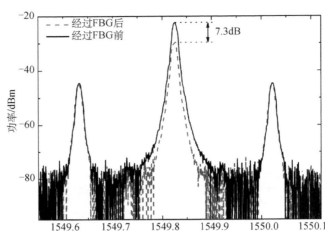

图 4.6　FBG 前后的光谱图对比

在实验中采用频率间隔 100MHz 的双音信号测试线性度优化效果。为了便于比较，在实验中也对常规 DSB 调制光链路（对照组）进行了测试。表 4.1 是优化前与优化后的系统参数设置汇总。优化前系统作为对照组，与优化后相比所有器件参数均相同，但没有 FBG 和 SMF。

表 4.1　优化前后的系统参数设置对比

参数	优化前（对照组）	优化后
激光器功率	7dBm	7dBm
激光器 RIN	−150dB/Hz	−150dB/Hz
激光器线宽	1MHz	1MHz
调制器半波电压	3.5V	3.5V
调制器差损	4dBm	4dBm
调制器工作点	正交点	正交点
FBG	无	3dB 带宽 0.06nm，抑制比 7.3dB
SMF	无	长度 4km，损耗 0.8dB 色散系数 16ps/nm/km
EDFA 输出功率	7dBm	7dBm
EDFA 噪声系数	4dB	4dB
PD 响应度	0.6A/W	0.6A/W

当输入双音信号的功率为 3dBm 时，光电探测输出的电信号频谱如图 4.7（a）

所示，可以观察到有较强的 IMD3 的成分。然后将 FBG 和 SMF 连入到链路中，恢复后的电信号频谱如图 4.7（b）所示。从这两个图中可以看出，当双音信号的频率接近 24GHz 时，IMD3 会被很显著地抑制。与常规的强度调制相比，线性度优化后 IMD3 分量被抑制了 24.8dB。同时从这两个电谱图还可以看出，线性度优化后基波信号得到了些许提高。

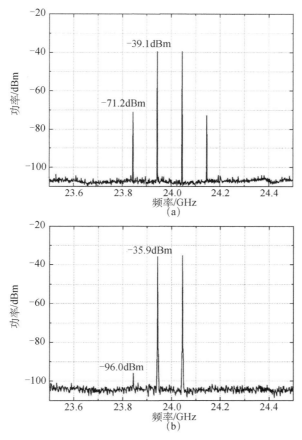

图 4.7　恢复出的双音信号频谱：（a）优化前；（b）优化后

为了研究所提出方案的 SFDR 优化效果，实验中依次改变双音信号功率，并测量光电探测输出的基波与 IMD3 功率，结果如图 4.8 所示。优化前后链路的 SFDR 分别为 92.5dB·$Hz^{2/3}$ 和 105.1dB·$Hz^{2/3}$，SFDR 提高了 12.6dB。如果以 1GHz 带宽计算，优化前后动态范围分别为 32.8dB 和 37.4dB，优化后动态范围提高了 4.6dB。正如 4.1 节中所述，IMD3 被抑制后，IMD5 成为非线性的主要成分，带宽变大后，噪声底抬高，IMD5 随输入 RF 信号的功率增加较快（斜率为 5），导致动态范围优化量不再明显。

在实验中，两条链路的 SFDR 都受到了噪声系数的限制。如果激光器有较高的输出功率和较低的 RIN 噪声，噪声系数将会被很显著地降低，SFDR 也会得到进一步提高。根据式（4-9），经过线性度优化后链路增益预期能提高 3.6dB。从图 4.8 中可以看出，光链路线性度优化后增益提高了 3.8dB，与理论分析吻合。

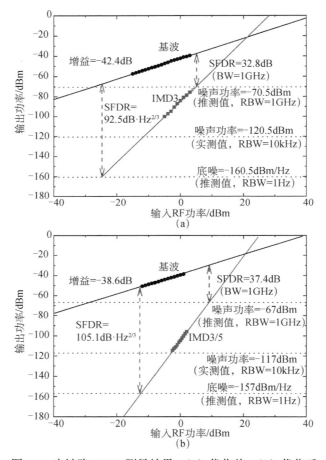

图 4.8　光链路 SFDR 测量结果：（a）优化前；（b）优化后

对于一个有一定带宽的 RF 信号，在基波信号附近有很多不同频率的 IMD3 成分。由于光纤色散与频率有关，不同的 IMD3 成分将得到不同程度的抑制。这种现象不仅仅存在于该光链路，也存在于其他有光纤传输的电光调制解调系统中。为了进一步研究该方案对宽带信号的线性度优化效果，双音信号的带宽以 0.1GHz 为步进从 0.1GHz 到 1GHz 调谐。双音信号的中心频率固定在 24GHz，光纤长度为 4km。对于常规的强度调制链路，十组光电探测后恢复出的信号电谱图如图 4.9（a）所示。基波信号的功率大约为−35dBm，基波与三阶信号的功率比大约为 34.9dB。对于所提出优化后的链路，光电探测恢复后的信号电谱图如图 4.9（b）所示。由于线性度优化与频率相关，随着带宽的增加，IMD3 的抑制效果有一定的恶化。然而当双音信号的带宽高达 1GHz 时，基波与 IMD3 的功率比依然达到 58.1dB，与常规的强度调制链路相比，仍有 23.2dB 的优化效果。

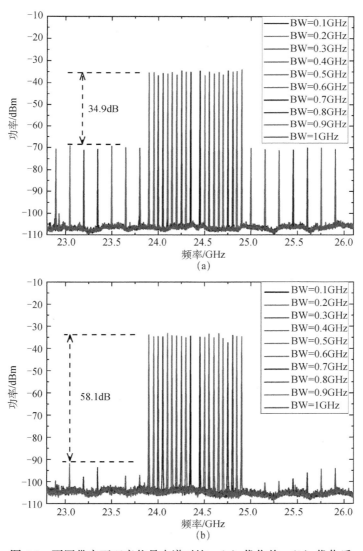

图 4.9　不同带宽下双音信号电谱对比：（a）优化前；（b）优化后

　　为了进一步探究在 RF 信号载频不同时线性度优化的效果，实验中双音信号的中心频率从 18.8GHz 到 26.4GHz 改变，带宽保持为 100MHz，输入功率为 3dBm。经过 4km 的光纤传输后，光链路线性度优化前后输出的基波和 IMD3 功率随中心频率的变化曲线如图 4.10 所示。可以看出，当输入双音信号的中心频率在 19.2～25.2GHz 时，IMD3 被抑制 10dB 以上。当输入双音信号的中心频率在 21.6～24.4GHz 时，IMD3 被抑制 20dB 以上。由以上结果可以看出，虽然光纤长度固定时最佳优化频点唯一，但在最佳频点附近较大带宽内也有明显的优化效果，表明该线性度优化方案具有较大的误差容忍度。

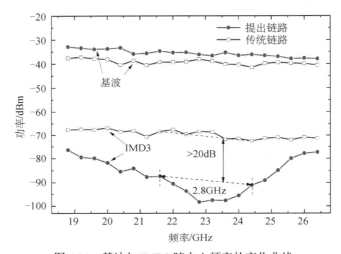

图 4.10　基波与 IMD3 随中心频率的变化曲线

　　另外，FBG 的带宽可能会限制光链路的最小工作频率。当输入 RF 信号的频率低于 FBG 带宽的一半时，一阶光边带也会被部分抑制，这样会引起线性度优化作用的退化以及链路增益的降低[34]。目前的商用 FBG 带宽可达 MHz 水平，可以满足大多射频传输及混频应用。而且，由于该方案中 FBG 反射率较小，更容易制作。

　　FBG 在应用中存在的主要缺点是反射波长受温度影响较大，需要进行热稳定化处理，同时要确保激光器波长时钟与 FBG 反射波长严格对准，这增加了系统实施的复杂度。针对这一问题，4.2.2 节提出了一个基于啁啾调制和光纤色散的线性度优化方法，方案更简单、实用。

4.2.2　基于啁啾调制和光纤色散的线性度优化方法

1）方案原理

基于啁啾调制和光纤色散的线性度优化方案如图 4.11 所示[35]。激光器产生光

载波表示为 $E_{\mathrm{c}}(t) = E_{\mathrm{c}}\exp(\mathrm{j}\omega_{\mathrm{c}}t)$，$E_{\mathrm{c}}$ 和 ω_{c} 分别为光载波的幅度和角频率。半波电压为 V_{π} 的双电极马赫–曾德尔调制器（DEMZM）通过上臂的电极将 RF 信号调制到光载波上，调制器下臂的射频端口空载。输入的 RF 信号表示为 $V_{\mathrm{RF}}\sin(\omega_{\mathrm{RF}}t)$，$V_{\mathrm{RF}}$ 和 ω_{RF} 分别为其幅度和角频率。调制器的偏置角由直流偏置控制。如果调制器没有直流电极，也可以通过空载的射频端口来施加直流偏压。假设调制器有理想的消光比，调制器输出的光信号可以表示为

$$
\begin{aligned}
E(t) &= \frac{\sqrt{\mu}}{2} E_{\mathrm{c}}(t)\Big[\exp\big(\mathrm{j}(m\sin\omega_{\mathrm{RF}}t + \theta)\big) + 1\Big] \\
&= \frac{\sqrt{\mu}}{2} E_{\mathrm{c}}(t)\Big[\sum_{n} J_{n}(m)\exp\big(\mathrm{j}(n\omega_{\mathrm{RF}}t + \theta)\big) + 1\Big]
\end{aligned}
\tag{4-10}
$$

其中，μ 为调制器的插入损耗，$J_{n}(\cdot)$ 为第一类的 n 阶贝塞尔函数，$m = \pi V_{\mathrm{RF}} / V_{\pi}$ 是调制指数，θ 是调制器的偏置相移。调制器工作在正交点，当射频信号只驱动上臂时，它的啁啾参数为 1[36]。

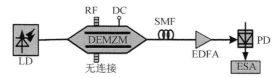

图 4.11　基于啁啾调制和色散光纤的线性度优化方案

调制器输出的光信号进入 SMF 传播。由色散引入的相移可以表示为 βL，因此经过光纤传输后的光信号为

$$
\begin{aligned}
E_{\mathrm{SMF}}(t) &= \frac{\sqrt{\mu \alpha_{\mathrm{SMF}} L}}{2} E_{\mathrm{c}}(t)\exp\mathrm{j}\big[\beta(\omega_{\mathrm{c}})L\big] \\
&\quad \times \Big\{\sum_{n} J_{n}(m)\exp\mathrm{j}\big[n\omega_{\mathrm{RF}}t + \theta + \beta_{1}(\omega_{\mathrm{c}})Ln\omega_{\mathrm{RF}} \\
&\quad + \beta_{2}(\omega_{\mathrm{c}})L(n\omega_{\mathrm{RF}})^{2}/2\big] + 1\Big\} \\
&\approx \frac{\sqrt{\mu \alpha_{\mathrm{SMF}} L}}{2} E_{\mathrm{c}}(t)\exp\mathrm{j}\big[\beta(\omega_{\mathrm{c}})L\big] \\
&\quad \times \Big\{J_{0}(m)\exp(\mathrm{j}\theta) + 1 + J_{1}(m)\exp\mathrm{j}\big[\omega_{\mathrm{RF}}t + \theta + \beta_{1}(\omega_{\mathrm{c}})L\omega_{\mathrm{RF}} + \varphi\big] \\
&\quad - J_{1}(m)\exp\mathrm{j}\big[-\omega_{\mathrm{RF}}t + \theta - \beta_{1}(\omega_{\mathrm{c}})L\omega_{\mathrm{RF}} + \varphi\big]\Big\}
\end{aligned}
\tag{4-11}
$$

其中 α_{SMF} 为光纤的衰减系数，$\varphi = \beta_{2}(\omega_{\mathrm{c}})L\Omega^{2}/2$ 为二阶色散对一阶光边带引入的相移。$\beta_{2}(\omega_{\mathrm{c}}) = -2\pi c D(\omega_{\mathrm{c}})/\omega_{\mathrm{c}}^{2}$，其中 c 为光速，$D(\omega_{\mathrm{c}})$ 为光纤在 ω_{c} 处的色散系

数。由于调制指数较小，上式中忽略了二阶以上光边带。

为了提高链路增益，在光电检测之前光信号通过 EDFA 放大。EDFA 之前的光信号可以近似表示为

$$P_{\text{EDFA}} \approx \mu\alpha_{\text{SMF}}L\frac{E_c^2}{4}\left[1+J_0^2(m)+2J_0(m)\cos\theta+2J_1^2(m)\right] \quad (4\text{-}12)$$

一般 PD 的光功率处理能力有限，因此 PD 之前的 EDFA 通常工作在 APC 模式下，输出光功率固定。我们假设 EDFA 固定输出的光功率（即输入 PD 的光功率）为 P_{PD}，则 EDFA 的功率增益可以表示为

$$\begin{aligned}G_{\text{EDFA}} &= P_{\text{PD}}\,/\,P_{\text{EDFA}}\\&\approx \frac{4P_{\text{PD}}}{\mu\alpha_{\text{SMF}}LE_c^2\left[1+J_0^2(m)+2J_0(m)\cos\theta+2J_1^2(m)\right]}\end{aligned} \quad (4\text{-}13)$$

采用响应度为 η 的 PD 探测出电信号，其中角频率为 ω_{RF} 的光电流表示为

$$\begin{aligned}i_{\text{RF}}(t) &= \eta\left|E_{\text{SMF}}(t)\right|^2\cdot G_{\text{EDFA}}\\&\approx \eta\mu\alpha_{\text{SMF}}L\frac{E_c^2}{2}\sin\left[\omega_{\text{RF}}t+\beta_1(\omega_c)L\omega_{\text{RF}}\right]\cdot G_{\text{EDFA}}\\&\times\Big\{m\left[\sin(\varphi)+\sin(\varphi+\theta)\right]\\&\quad -\frac{1}{8}m^3\left[3\sin(\varphi)-\sin(3\varphi)+\sin(\varphi+\theta)\right]\Big\}\end{aligned} \quad (4\text{-}14)$$

上式等号右边第一项代表光电探测得到的基波信号，第二项代表三阶失真项。为了抑制三阶失真项，需要满足以下条件

$$3\sin(\varphi)-\sin(3\varphi)+\sin(\varphi+\theta)=0 \quad (4\text{-}15)$$

由上式可知，通过合理地调整调制器的直流偏置角和光纤色散引入的相移，三阶失真便可被抑制。

以下分析链路增益。根据式（4-13）和式（4-14），忽略三阶失真项，链路增益可以表示为

$$\begin{aligned}\text{Gain} &= \frac{R_{\text{out}}i_{\text{RF}}^2}{2}\,/\,\frac{V_{\text{RF}}^2}{2R_{\text{in}}}\\&\approx \frac{\pi^2 R_{\text{in}}R_{\text{out}}\eta^2 P_{\text{PD}}^2\left[\sin(\varphi)+\sin(\varphi+\theta)\right]^2}{4V_\pi^2\left[1+J_0^2(m)+2J_0(m)\cos\theta+2J_1^2(m)\right]^2}\end{aligned} \quad (4\text{-}16)$$

考虑到 RF 功率一般较小，可以近似认为 $J_0(m)\approx 1$ 以及 $J_1(m)\approx 0$，则链路增益可以表示为

$$\mathrm{Gain} \approx \frac{\pi^2 R_{\mathrm{in}} R_{\mathrm{out}} \eta^2 P_{\mathrm{PD}}^2 \left[\sin(\varphi) + \sin(\varphi + \theta)\right]^2}{16 V_\pi^2 (1 + \cos\theta)^2} \tag{4-17}$$

在保证三阶失真得到抑制的条件下，由式（4-15）计算得到的最佳直流偏置角 θ 及由（4-17）计算得到的链路增益与色散相移 φ 的函数关系如图 4.12 所示。在计算中，器件参数与下文实验中保持一致，调制指数设置为 0.1π。由图 4.12 可以看到，链路增益在以下情况下获得最大值：

$$\varphi = -34.5°, \quad \theta = 168° \quad 或 \quad \varphi = 34.5°, \quad \theta = -168° \tag{4-18}$$

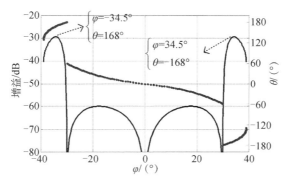

图 4.12　最佳直流偏置角与链路增益随色散相移的变化曲线

与上文基于 FBG 和光纤色散的优化方案类似，由于调制指数较小，当调制器工作在正交传输点时，在常规的光链路中会出现较大的光载波，限制了链路增益的提高。在该优化方案中，如果式（4-18）表示的优化条件得到满足，调制器工作在接近最小点的位置，此时不仅会抑制三阶失真，也会在一定程度上抑制光载波，优化载波与边带的功率比，从而提高链路增益。

2）实验结果与分析

依照图 4.11 所示的光链路结构搭建实验进行验证分析。激光器产生功率为 3dBm，RIN 为−150dB/Hz、线宽 1MHz 的光载波，经过一个偏振控制器（polarization controller，PC）控制偏振态后，进入到一个双电极调制器（JDSU，10Gbit/s DDMZ）中。调制器的插入损耗为 4.3dB，半波电压约为 4.8V。调制器工作在正交传输点。两个射频源分别产生 19.7GHz 和 19.71GHz 的射频信号后耦合形成双音信号，进入调制器的一个射频端口进行双音测试。EDFA 的噪声系数为 4dB，设置在 APC 模式下工作，输出 3dBm 的固定光功率。最后由 3dB 带宽 35GHz、响应度 0.6A/W 的 PD 检测恢复出双音信号，并由频谱分析仪来测试。

为了便于比较，实验中对该方案线性度优化前后的性能进行了对比。优化前后的系统参数设置如表 4.2 所示。优化前系统作为对照组，与优化后系统相比调制器偏置点不同，也不加入 SMF，但其他参数与优化后系统相同。

表 4.2　优化前后的系统参数设置对比

参数	优化前（对照组）	优化后
激光器功率	3dBm	3dBm
激光器 RIN	−150dB/Hz	−150dB/Hz
激光器线宽	1MHz	1MHz
调制器半波电压	4.8V	4.8V
调制器差损	4.3dBm	4.3dBm
调制器偏置点	正交点	147.3°
SMF	无	长度 4km，损耗 0.8dB 色散系数 16ps/（nm·km）
EDFA 输出功率	3dBm	3dBm
EDFA 噪声系数	4dB	4dB
PD 响应度	0.6A/W	0.6A/W

在对照组中，调制器工作在正交传输点，调制输出的光信号先不经过光纤传输，直接送入到 EDFA 及 PD 中。当输入双音信号的功率为 12dBm 时，PD 恢复的电信号的谱图如图 4.13(a)所示，可以看到基波和 IMD3 的功率分别为−35.5dBm 和−74.8dBm，信号失真较为明显。

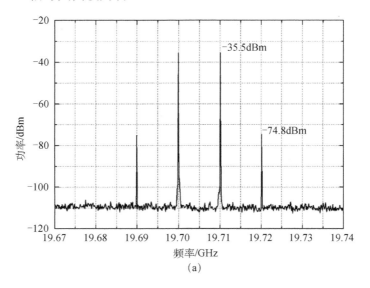

(a)

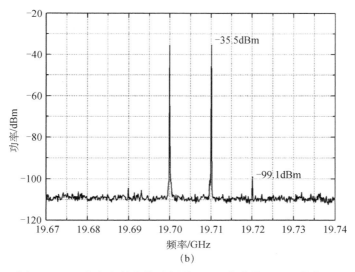

图 4.13　PD 恢复出的电信号频谱：（a）优化前；（b）优化后

　　然后将色散系数约为 16ps/（nm · km）、长度约为 4km、总损耗为 0.8dB 的标准单模光纤连接在调制器和 EDFA 之间，根据双音信号频率计算得到光纤色散引入的相移 φ 约为$-38.1°$。根据式（4-16）的三阶失真抑制及链路增益最大化条件，调制器最佳偏置角 $\theta=147.3°$。通过稳压电源将调制器的直流偏置调到最佳点后，光电探测恢复出的电信号频谱如图 4.13（b）所示。经过光纤色散进行线性度优化后，为了得到与优化前功率相等的基波信号（-35.5dBm），此时输入的双音信号功率只需要 7.2dBm。在基波相等的条件下，线性度优化后 IMD3 的功率为-99.1dBm，被抑制了 24.3dB，可见优化效果显著。

　　接下来测试研究光链路线性度优化的 SFDR 的变化情况，实验中依次改变双音信号功率，并测量光电探测输出的基波、IMD3 及噪声底的功率，结果如图 4.14所示。其中噪声底测试时频率仪分辨率带宽（resolution bandwidth，RBW）设置为 10kHz，并进行了归一化换算。最终测得线性度优化前后光链路的 SFDR 分别为 95.2dB · Hz$^{2/3}$ 和 110.9dB · Hz$^{2/3}$，SFDR 提高了 15.7dB。

　　根据公式（4-17），线性度优化前后的链路增益比可以计算为

$$\text{Gain}_{\text{linear}} / \text{Gain}_{\text{quad}} = \text{Gain}_{\varphi=-38.1°,\theta=147.3°} / \text{Gain}_{\varphi=0°,\theta=90°} \qquad (4\text{-}19)$$
$$\approx (-33.9\text{dB}) - (-40.2\text{dB}) = 6.3\text{dB}$$

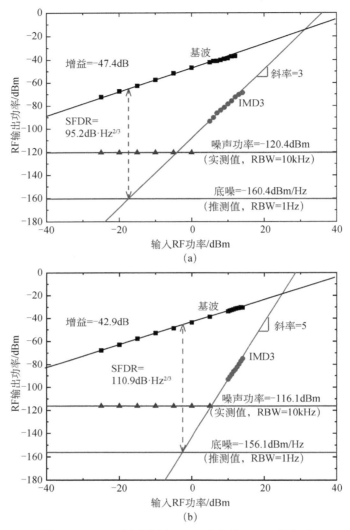

图 4.14　SFDR 测试结果：（a）优化前；（b）优化后

经过线性度优化后的链路增益预计为-33.9dB，比优化前提高了 6.3dB。从图 4.14 的测试结果中可以看出，经过线性度优化后链路增益为-42.9dB，相比优化前提高了 4.5dB。考虑到在 19.7GHz 处调制器的半波电压增加以及 PD 后的电缆损耗，实验结果与理论分析基本一致。

为了进一步研究该优化方案的频率调谐性，实验中双音信号的中心频率从 15GHz 到 21.8GHz 之间变化，分别测量基波和 IMD3 的功率。光纤长度为 4km，偏置相移保持在 147.3°处不变。实验结果如图 4.15 所示，相比线性度优化前的链路（没有光纤传输且 $\theta=90°$），可以看到当输入双音信号的频率在 15～21.8GHz 时，IMD3 被抑制 10dB 以上。当输入双音信号的频率在 19～21GHz 时，IMD3 被抑制 20dB 以上。这表明光纤长度固定时，在最佳优化频率附近的一个较大频带内，系统的线性度优化均比较明显。

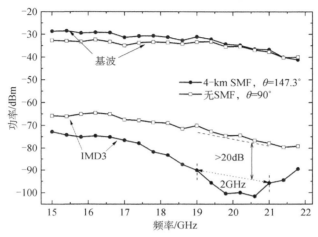

图 4.15　不同工作频率下输出的基波与 IMD3 功率

如果输入 RF 信号的中心频率变化很大，为了得到最好的线性度优化效果，需要将光纤长度改变，这在实际应用中是一个缺点。目前已经有商用的大带宽、高精度可调色散模块[37, 38]，预期能够解决这个问题。

实验中同时也研究了系统的稳定性，在实验室环境下，1～2 小时内光链路的线性度优化效果比较有效，没有显著的性能退化。在实际应用中，环境温度等会引起调制器工作点显著的偏压漂移，这会导致系统性能的显著下降。可以使用一个可锁定任意偏置点的调制器偏压控制器来解决这个问题。

4.3　微波光子混频系统线性度优化方法

本节提出一种基于并联 DPMZM 和平衡探测器的微波光子混频系统的线性度优化技术。激光器产生连续激光作为光载波，输入电光调制器后被 RF 和 LO 信号调制，其中两个 DPMZM（X-DPMZM 和 Y-DPMZM）同时实现 RF 和 LO 信号的双边带调制。设置所有调制器均在最小点工作，抑制光载波和偶数阶信号分量。通过调节电衰减器的衰减值，使输入 X-DPMZM 和 Y-DPMZM 的 RF 和 LO

信号幅度比为一确定值，进而使得 X-DPMZM 和 Y-DPMZM 输出信号中的 IMD3 分量相等，而基波分量不相等，最终借助平衡探测器即可将两路信号中的 IMD3 分量抵消，并且保留基波分量。

　　1）方案原理

　　基于并联 DPMZM 和平衡探测器的微波光子混频线性度优化方案原理图如图 4.16 所示。该方案由一个激光器、两个集成的 DPMZM、一个光分路器、一个 BPD、两个电分束器（electric splitter，ES）和两个电衰减器（electric attenuator，EA）组成。方案的具体实现原理是：激光器产生的激光信号经过光分路器后等功率输入 X-DPMZM 和 Y-DPMZM；射频信号源产生的 RF 信号经过 ES1 等分为两路，一路直接输入 X-DPMZM 的子调制器 Xa 进行调制，另一路经过 EA1 衰减一定倍数以后输入 Y-DPMZM 的子调制器 Ya 进行调制；类似的，本振信号源产生的 LO 信号经过 ES2 等分为两路，一路直接输入 Y-DPMZM 的子调制器 Yb 进行调制；另一路经过 EA2 衰减一定倍数以后输入 X-DPMZM2 的子调制器 Xb 进行调制，其中，需要设置两个 DPMZM 的所有偏置点工作在最小点，并分别调整 EA1 和 EA2 为满足特定比例关系的衰减值；X-DPMZM 和 Y-DPMZM 输出的两路信号分别连接到 BPD 的两个输入端，经过 BPD 内部差分放大，抵消 IMD3 分量后，最终即可得到纯净的中频信号。

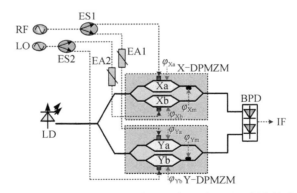

图 4.16　基于并联 DPMZM 和平衡探测器的微波光子混频线性度优化方案

　　该方案的思路是不使用任何移相器或 DSP 算法，在进行完整数学推导过程的前提下，得到 IMD3 分量和信号基频分量与调制器调制指数的关系，进而借助射频电路中最常见的电衰减器，设置得到满足抑制 IMD3 分量，而使信号基频分量最大的最佳衰减量，最终实现大动态范围的射频信号光纤传输与变频效果。

设 LD 输出的光信号为 $E_c(t) = E_c \exp(j\omega_c t)$ ，RF 和 LO 信号分别为 $V_{RF}\sin(\omega_{RF}t)$ 和 $V_{LO}\sin(\omega_{LO}t)$ ，则 X-DPMZM 的输出光信号可以表示为

$$
\begin{aligned}
E_{X-DPMZM}(t) &= E_{Xa}(t) + E_{Xb}(t)e^{j\theta_{Xm}} \\
&= \frac{\sqrt{2}\mu}{2}E_c e^{j\omega_c t}\left\{\cos\frac{\theta_{Xa}}{2} + \cos\frac{\theta_{Xb}}{2}e^{j\theta_{Xm}}\right. \\
&\quad + j\sin\frac{\theta_{Xa}}{2}J_1(m_{RF})\left[\exp(j\omega_{RF}t) - \exp(-j\omega_{RF}t)\right] \\
&\quad \left. + j\sin\frac{\theta_{Xb}}{2}J_1(m_{LO})\left[\exp(j\omega_{LO}t) - \exp(-j\omega_{LO}t)\right]e^{j\theta_{Xm}}\right\}
\end{aligned}
\tag{4-20}
$$

其中 μ 为调制器的插入损耗，$J_n(\cdot)$ 为第一类的 n 阶贝塞尔函数，m_{RF} 为射频调制指数；m_{LO} 为本振信号的调制指数，θ_{Xa}、θ_{Xb} 和 θ_{Xm} 分别为 X-DPMZM 两个子调制器和主调制器的直流偏置角。

上述信号经过单独 PD 的光电探测之后，输出光电流可以表示为

$$
i_{RF}(t) = \eta\left|E_{X-DPMZM}(t)\right|^2
\tag{4-21}
$$

对上式进行贝塞尔展开，在化简的同时忽略高阶项，取输出中频信号中的基频项表示如下

$$
\begin{aligned}
i_F(t) &= 2\mu\eta E_c^2 \cdot \sin\frac{\theta_{Xa}}{2}\sin\frac{\theta_{Xb}}{2}\cos\theta_{Xm}J_1(m_{RF})J_1(m_{LO}) \cdot \cos(\omega_{IF}t) \\
&\approx \frac{1}{2}\mu\eta E_c^2 \cdot \left(m_{RF}m_{LO} - \frac{1}{32}m_{RF}^3 m_{LO}\right) \cdot \sin\frac{\theta_{Xa}}{2}\sin\frac{\theta_{Xb}}{2}\cos\theta_{Xm} \cdot \cos(\omega_{IF}t)
\end{aligned}
\tag{4-22}
$$

观察式（4-22）可以发现，输出中频信号的基频分量可以分为两项：与 m_{RF}、m_{LO} 成正比的一阶信号项和与 m_{LO} 成正比、与 m_{RF}^3 正相关的三次谐波项。该式表明了输出信号中三次谐波对一阶信号项的影响。

由于双音输入的 IMD3 项与单音输入的三次谐波项系数相同，所以式（4-22）中的一阶项可以表示基频项、三次谐波项可以表示 IMD3 项。

如此一来，当使用两个 DPMZM 进行双路调制变频时，如果输入的两路 RF 信号的幅度比为 $n:1$，两路 LO 信号的幅度比为 $m:1$，则最终经过 PD 探测恢复出来的两路光电流的基频项幅度比值为 $n\times m:1$，IMD3 项幅度比值为 $n^3\times m:1$。如果需要消除 IMD3，就必须使得两路具有相同的 IMD3 系数，经过 BPD 的差分放大即可得到较为纯净的输出信号。消除 IMD3 的思路是设置下路 RF 信号和 LO 信号的幅度分别为 m 和 n^3，则两路光电流的基频项幅度比值为 $n\times m:n^3\times m$，IMD3 项幅度比值为 $n^3\times m:n^3\times m$。经过 BPD 以后就可以保留基频信号，消除 IMD3，提高链路的动态范围。

假设输入 X-DPMZM 和 Y-DPMZM 的 RF 信号幅度分别为 V_{RF1} 和 V_{RF2}，LO 信号幅度分别为 V_{LO1} 和 V_{LO2}，则相应的调制指数分别为 m_{RF1}、m_{RF2}、m_{LO1} 和 m_{LO2}。两个 DPMZM 的输出信号输入 BPD 后探测得到两路光电流，分别如下所示

$$i_{PD1}(t) \approx \frac{1}{2}\mu\eta E_c^2 \cdot \left(m_{RF1}m_{LO1} - \frac{1}{32}m_{RF1}^3 m_{LO1} \right)$$
$$\times \sin\frac{\theta_{Xa}}{2}\sin\frac{\theta_{Xb}}{2}\cos\theta_{Xm}\cdot\cos(\omega_{IF}t) \tag{4-23}$$

$$i_{PD2}(t) \approx \frac{1}{2}\mu\eta E_c^2 \cdot \left(m_{RF2}m_{LO2} - \frac{1}{32}m_{RF2}^3 m_{LO2} \right)$$
$$\times \sin\frac{\theta_{Ya}}{2}\sin\frac{\theta_{Yb}}{2}\cos\theta_{Ym}\cdot\cos(\omega_{IF}t) \tag{4-24}$$

假设 RF 信号源和 LO 信号源输出端的两个电功分器均等分，两个电衰减器的衰减系数分别为 α_1 和 α_2，则对应的四个调制指数分别如表 4.3 所示

表 4.3 X-DPMZM 和 Y-DPMZM 中四个调制指数的对应表达式

信号源输出端调制指数	调制器输入端调制指数	具体表示
m_{RF}	m_{RF1}	$m_{RF}/\sqrt{2}$
	m_{RF2}	$m_{RF}/\sqrt{2\alpha_1}$
m_{LO}	m_{LO1}	$m_{LO}/\sqrt{2\alpha_2}$
	m_{LO2}	$m_{LO}/\sqrt{2}$

将表 4.3 中的表达式分别对应代入式（4-23）、式（4-24）中，可得

$$i_{PD1}(t) \approx \frac{1}{2}\mu\eta E_c^2 \cdot \left[\frac{m_{RF}}{\sqrt{2}}\frac{m_{LO}}{\sqrt{2}}\sqrt{\alpha_2} - \frac{1}{32}\left(\frac{m_{RF}}{\sqrt{2}}\right)^3 \frac{m_{LO}}{\sqrt{2}}\sqrt{\alpha_2} \right]$$
$$\times \sin\frac{\theta_{Xa}}{2}\sin\frac{\theta_{Xb}}{2}\cos\theta_{Xm}\cdot\cos(\omega_{IF}t) \tag{4-25}$$

$$i_{PD2}(t) \approx \frac{1}{2}\mu\eta E_c^2 \cdot \left[\frac{m_{RF}}{\sqrt{2}}\sqrt{\alpha_1}\frac{m_{LO}}{\sqrt{2}} - \frac{1}{32}\left(\frac{m_{RF}}{\sqrt{2}}\sqrt{\alpha_1}\right)^3 \frac{m_{LO}}{\sqrt{2}} \right]$$
$$\times \sin\frac{\theta_{Ya}}{2}\sin\frac{\theta_{Yb}}{2}\cos\theta_{Ym}\cdot\cos(\omega_{IF}t) \tag{4-26}$$

整理上式可得 BPD 的输出电流表达式为

$$
\begin{aligned}
i_{\mathrm{BPD}}\left(t\right) &= i_{\mathrm{PD1}}\left(t\right) - i_{\mathrm{PD2}}\left(t\right) \\
&\approx \frac{1}{4}\mu\eta E_{\mathrm{c}}^{2}\cdot\left[m_{\mathrm{RF}}m_{\mathrm{LO}}\left(\sqrt{\alpha_2}-\sqrt{\alpha_1}\right)+\frac{m_{\mathrm{RF}}^{3}m_{\mathrm{LO}}}{64}\left(\left(\sqrt{\alpha_1}\right)^{3}-\sqrt{\alpha_2}\right)\right] \quad (4\text{-}27) \\
&\quad\times\sin\frac{\theta_a}{2}\sin\frac{\theta_b}{2}\cos\theta_{\mathrm{m}}\cdot\cos\left(\omega_{\mathrm{IF}}t\right)
\end{aligned}
$$

这里，令 $\theta_{\mathrm{Xa}}=\theta_{\mathrm{Ya}}=\theta_a$、$\theta_{\mathrm{Xb}}=\theta_{\mathrm{Yb}}=\theta_b$、$\cos\theta_{\mathrm{Xm}}=\cos\theta_{\mathrm{Ym}}$，即 X-DPMZM 和 Y-DPMZM 的工作状态相同，保证上下光路的传输特性完全一致。

根据上文的思路，若要使 IMD3 项为零，且保留基频分量，则必须有下述关系式成立

$$
\left(\sqrt{\alpha_1}\right)^{3}=\sqrt{\alpha_2}\quad\left(\alpha_1\neq 1,\alpha_2\neq 1\right) \quad (4\text{-}28)
$$

此时，将式（4-28）代入式（4-27），可得最终 BPD 输出的中频信号光电流为

$$
\begin{aligned}
i_{\mathrm{BPD}}\left(t\right) &= \frac{1}{4}\mu\eta E_{\mathrm{c}}^{2}\cdot\left[m_{\mathrm{RF}}m_{\mathrm{LO}}\left(\left(\sqrt{\alpha_1}\right)^{3}-\sqrt{\alpha_1}\right)\right] \\
&\quad\times\sin\frac{\theta_a}{2}\sin\frac{\theta_b}{2}\cos\theta_{\mathrm{m}}\cdot\cos\left(\omega_{\mathrm{IF}}t\right)
\end{aligned}\quad (4\text{-}29)
$$

观察式（4-29），BPD 输出的中频信号中只有基频分量，IMD3 被完全抑制，这样就在信号变频的同时提高了系统的动态范围。

最终可得该变频系统的变频增益如下所示：

$$
\begin{aligned}
G &= \frac{P_{\mathrm{IF}}}{P_{\mathrm{RF}}} \\
&= \frac{\dfrac{1}{32}\left(\mu\eta E_{\mathrm{c}}^{2}\right)^{2}\left[m_{\mathrm{RF}}m_{\mathrm{LO}}\left(\left(\sqrt{\alpha_1}\right)^{3}-\sqrt{\alpha_1}\right)\right]^{2}\left(\sin\dfrac{\theta_a}{2}\sin\dfrac{\theta_b}{2}\cos\theta_{\mathrm{m}}\right)^{2}R}{V_{\mathrm{RF}}^{2}/2R} \quad (4\text{-}30) \\
&= \frac{1}{16}\mu^{2}\eta^{2}E_{\mathrm{c}}^{4}\left(\frac{\pi}{V_{\pi}}\right)^{2}\left(\left(\sqrt{\alpha_1}\right)^{3}-\sqrt{\alpha_1}\right)^{2}m_{\mathrm{LO}}^{2}\left(\sin\frac{\theta_a}{2}\sin\frac{\theta_b}{2}\cos\theta_{\mathrm{m}}\right)^{2}
\end{aligned}
$$

由式（4-30）可得，在完全抑制 IMD3 的同时，若选择恰当的衰减值，输出中频信号的基频分量可以取得最大值，进而得到最大的变频增益。此时需要满足以下条件

$$
\alpha_1=\frac{1}{3}\quad\text{且}\quad\begin{cases}\varphi_a=\left(2k_1+1\right)\pi\\\varphi_b=\left(2k_2+1\right)\pi\quad\left(k_1,k_2,k_3=1,2,3,\cdots\right)\\\varphi_m=k_3\pi\end{cases}\quad (4\text{-}31)
$$

根据上式计算可得，当两个电衰减器的衰减量分别为 4.77dB 和 14.31dB 且 X-DPMZM 和 Y-DPMZM 的四个子调制器和两个主调制器均工作在最小点时，该变频系统可以得到最大的变频增益。

2）仿真结果与分析

参考图 4.16 进行仿真配置，并采用基于单个 DPMZM（不加衰减器）的微波光子混频光链路作为对照组进行对比分析。

表 4.4 是优化前与优化后的系统参数设置汇总。优化前系统作为对照组，与优化后相比所有器件参数均相同，但没有电衰减器。

依照图 4.16 所示的光链路结构搭建仿真进行验证分析。激光器产生功率为 16dBm，RIN 为−155dB/Hz、线宽为 1MHz 的光载波，经过一个光分束器等分为两路后，分别输入 X-DPMZM 和 Y-DPMZM 中。调制器的插入损耗为 4dB，半波电压约为 3.5V。所有子调制器和主调制器均工作在最小传输点。射频信号源分别产生 5.5GHz 和 5.55GHz 的射频信号后耦合形成双音信号，该信号被电功分器 1 等分为两路，一路直接输入 Xa 进行调制，另一路经过衰减量为 4.77dB 的电衰减器后进入 Ya 进行调制；本振信号源产生 5GHz 的信号，该信号被电功分器 2 等分为两路，一路直接输入 Yb 进行调制，另一路经过衰减量为 14.31dB 的电衰减器后进入 Xb 进行调制。最后，X-DPMZM 和 Y-DPMZM 的输出信号分别输入响应度为 0.75A/W 的 BPD，检测恢复出双音信号，并由频谱分析仪来测试。

表 4.4 优化前后的系统参数设置对比

参数	优化前（对照组）	优化后
激光器功率	16dBm	16dBm
激光器 RIN	−155dB/Hz	−155dB/Hz
激光器线宽	1MHz	1MHz
调制器（DPMZM）个数	1	2
调制器半波电压	3.5V	3.5V
调制器差损	4dB	4dB
调制器偏置点	最小点（三个）	最小点（六个）
电衰减器	无	4.77dB 和 14.31dB
PD 响应度	0.75A/W	0.75A/W

在对照组中，只使用了一个 DPMZM，并直接将其输出信号送入 PD 中进行检测。当输入 RF 双音信号的功率为 2dBm，本振信号功率为 10dBm 时，光电探测恢复的电信号的谱图如图 4.17（a）所示，可以看到基频和 IMD3 的功率分别

为−35dBm 和−70.46dBm，信号失真较为明显。

　　根据图 4.16 所示，将两个 DPMZM 并联使用，并且由式（4-31）给出的三阶失真抑制及链路增益最大化条件，选择合适的两个电衰减量和调制器偏置点后，BPD 恢复出的电信号频谱如图 4.17（b）所示。为了得到与优化前功率相等的基波信号（−35dBm），此时输入的双音信号功率需要 10dBm，本振功率不变。在基波相等的条件下，线性度优化后 IMD3 的功率为−97.82dBm，被抑制了 27.36dB，可见优化效果显著。

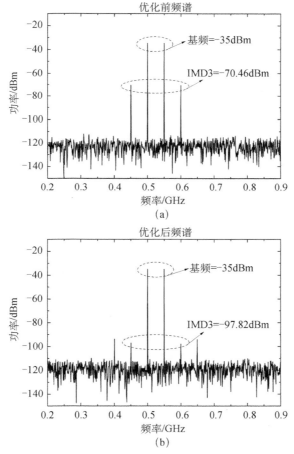

图 4.17　输出的双音信号频谱：（a）优化前；（b）优化后

　　接下来测试研究链路线性度优化的 SFDR 的变化情况，实验中依次改变双音信号功率，并测量光电探测输出的基波、IMD3 及噪声底的功率，结果如图 4.18 所示。最终测得线性度优化前后光链路的 SFDR 分别为 116.59dB·Hz$^{2/3}$ 和

131.34dB·Hz$^{2/3}$，SFDR 提高了 14.75dB。

观察图 4.18（a）和（b）可以发现，优化前后的链路增益分别为−20dB 和−28dB 左右，其中，优化后的链路增益较优化前低，这主要是因为该优化方案中使用了两个 DPMZM，器件插损比使用单个 DPMZM 的链路大，除此之外，该方案后端使用了 BPD，也会损失一部分信号功率。但是总体来说，通过选择合适的电衰减量，能够使得该优化方案在这种情况下达到最优的链路增益值。

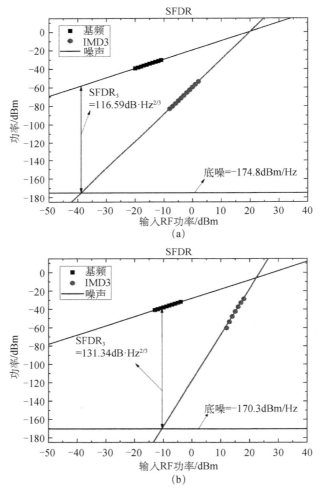

图 4.18　系统 SFDR 测量结果：（a）优化前；（b）优化后

为了进一步研究该优化方案在实际通信系统中的应用，仿真将双音信号换成了宽带的 OFDM 信号，设置其中心频率为 5.5GHz，带宽为 150MHz，调制格式为 16QAM。信号功率设置情况不变，分别观察优化前后的输出频谱情况，如图 4.19 所示。从图 4.19（a）中能够发现，优化前 2dBm 的 RF 输入会造成严重的信号失真；而采用优化方案以后，在 RF 输入为 10dBm 时，信号输出功率基本相等，但是却无失真情况发生，如图 4.19（b）所示。

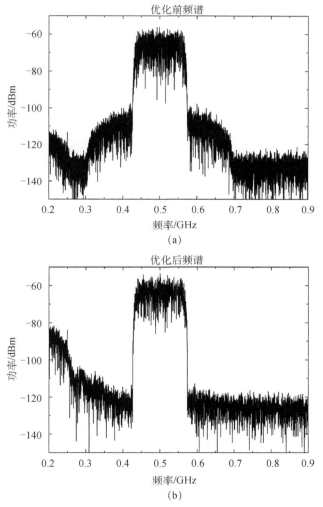

图 4.19　输出的宽带信号频谱：（a）优化前；（b）优化后

接着，进一步分析所提优化方案在宽带信号测试下的系统性能，图 4.20 给出了优化前后，输入 RF 信号在−25dBm 至 25dBm 变化范围内的误差向量幅度（error vector magnitude，EVM）。可以发现，优化前，系统在-5dBm RF 输入处 EVM 最小，系统终端接收到的信号质量最佳，大于 8dBm 以后，信号质量急剧恶化；优化后，系统在 10dBm RF 输入处达到最佳接收信号质量，大于 15dBm 以后，信号质量急剧恶化。图 4.21 和图 4.22 分别给出了输入 RF 功率为 10dBm 和 15dBm 时，优化前后系统终端接收信号的星座图。所提优化方案在 10dBm 射频功率输入时，EVM 最低可达 0.12%。

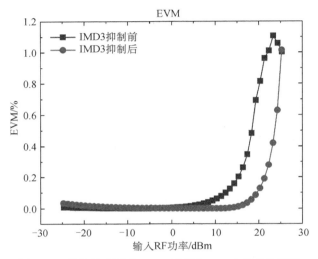

图 4.20　优化前后系统 EVM 随输入 RF 功率变化情况

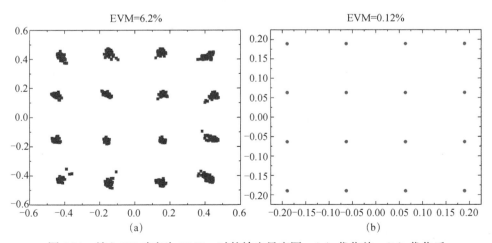

图 4.21　输入 RF 功率为 10dBm 时的输出星座图：（a）优化前；（b）优化后

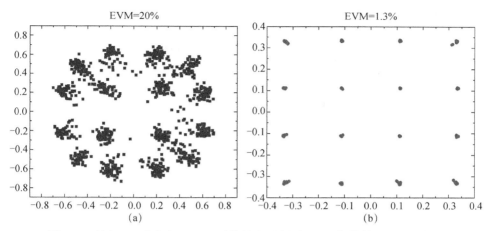

图 4.22 输入 RF 功率为 15dBm 时的输出星座图：（a）优化前；（b）优化后

4.4 本 章 小 结

RF 信号电光调制和光电解调的性能直接决定了微波光子混频系统变频效率、噪声系数和动态范围等重要技术参数。本章针对微波光子混频系统的核心——RF 信号的调制与解调，提出从结构优化、提高光功率、低偏置点或光滤波、平衡探测等方式来提高变频效率并降低噪声系数。

另外，本章重点提出了基于 FBG 滤波和色散光纤的线性度优化方案，以提高光链路增益、抑制非线性、提高动态范围。同时针对 FBG 滤波存在的波长不稳定缺点，提出了基于啁啾调制和光纤色散的 RF 性优化方案。实验结果表明，这两种线性度优化方案均能将 IMD3 抑制 20dB 以上，SFDR 提高 10dB 以上，增益提高 3～5dB。两种线性度优化方案的核心器件是光纤，缺点是对工作频率敏感，工作频率改变后需要改变光纤长度。但同时使用光纤的一个优点是可以作为传输介质，在线性优化的同时实现 RF 信号的长距离传输。

最后，本章提出一种基于并联 DPMZM 和平衡探测器的微波光子混频线性优化方案，在进行信号变频的同时，抑制非线性、提高系统动态范围。仿真结果表明，该优化方案能将 IMD3 抑制 27dB 左右，SFDR 提高 15dB 以上，并且使链路增益最大化，约为−28dB。

参 考 文 献

[1] Marpaung D A I. High dynamic range analog photonic links: design and implementation[J]. University of Twente,2009.

[2] Madjar A,Malz O. A balanced fiberoptic communication link featuring laser RIN cancellation[C]. IEEE MTT-S International Microwave Symposium Digest. IEEE MTT-S International Microwave Symposium,1992,2:563-566.

[3] Ackerman E,Wanuga S,Macdonald J,et al. Balanced receiver external modulation fiber-optic link architecture with reduced noise figure[C]. IEEE MTT-S International Microwave Symposium Digest. IEEE MTT-S International Microwave Symposium,1993,2:723-726.

[4] Burns W K,Gopalakrishnan G K,Moeller R P. Multi-octave operation of low-biased modulators by balanced detection[J]. IEEE Photonics Technology Letters,1996,8（1）:130-132.

[5] Darcie T E,Moye A. Modulation-dependent limits to intensity-noise suppression in microwave-photonic links[J]. IEEE Photonics Technology Letters,2005,17（10）:2185-2187.

[6] Bull J D,Darcie T E,Zhang J Y,et al. Broadband class-AB microwave-photonic link using polarization modulation[J]. IEEE Photonics Technology Letters,2006,18（9）:1073-1075.

[7] Joshi A,Wang X D,Dan M,et al. Balanced photoreceivers for analog and digital fiber optic communications[J]. Proceedings of SPIE-The International Society for Optical Engineering, 2005,5814（11）:39-50.

[8] Discovery Semiconductors,Inc. Balanced InGaAs Photodiodes for 40Gb[DB/OL]. http: //www.discoverysemi.com/Product%20Pages/DSC730740.php,2015.

[9] Lam D,Fard A M,Buckley B,et al. Digital broadband linearization of optical links[J]. Optics Letters,2013,38（4）:446-448.

[10] Duan R M,Xu K,Dai J,et al. Digital linearization technique for IMD3 suppression in intensity-modulated analog optical links[C]. Microwave Photonics,2011 International Topical Meeting on & Microwave Photonics Conference,2011 Asia-Pacific,MWP/APMP. 2011: 234-237.

[11] Cui Y,Dai Y T,Yin F F,et al. Enhanced spurious-free dynamic range in intensity-modulated analog photonic link using digital postprocessing[J]. IEEE Photonics Journal,2014,6（2）: 7900608.

[12] Niu Z,Yu H C,Chen M H,et al. High linearity downconverting analog photonic link based on digital signal post-compensation[C]. Optical Fiber Communication Conference. 2014:1-3.

[13] Huang L,Li R M,Chen D L,et al. Photonic downconversion of RF signals with improved conversion efficiency and SFDR[J]. IEEE Photonics Technology Letters,2016,28（8）:

880-883.

[14] Zhang G Q，Zheng X P，Li S Y，et al. Postcompensation for nonlinearity of Mach-Zehnder modulator in radio-over-fiber system based on second-order optical sideband processing[J]. Optics Letters，2012，37（5）：806-808.

[15] Dai J，Xu K，Duan R M，et al. Optical linearization for intensity-modulated analog links employing equivalent incoherent combination technique[C]. Microwave Photonics，2011 International Topical Meeting on & Microwave Photonics Conference，2011 Asia-Pacific，MWP/APMP，2011：230-233.

[16] Huang M H，Fu J B，Pan S L. Linearized analog photonic links based on a dual-parallel polarization modulator[J]. Optics Letters，2012，37（11）：1823-1825.

[17] Zhang H T，Pan S L，Huang M H，et al. Linear analog photonic link based on cascaded polarization modulators[C]. Asia Communications and Photonics Conference，2012：AF4A.40.

[18] Betts G E，O'Donnell F J. Microwave analog optical links using suboctave linearized modulators[J]. Photonics Technology Letters IEEE，1996，8（9）：1273-1275.

[19] Zhu D，Chen J，Pan S L. Multi-octave linearized analog photonic link based on a polarization-multiplexing dual-parallel Mach-Zehnder modulator[J]. Optics Express，2016，24（10）：11009-11016.

[20] Jiang W，Tan Q G，Qin W Z，et al. A linearization analog photonic link with high third-order intermodulation distortion suppression based on dual-parallel Mach–Zehnder modulator[J]. IEEE Photonics Journal，2015，7（3）：7902208.

[21] Zhu Z H，Zhao S H，Li X，et al. Dynamic range improvement for an analog photonic link using an integrated electro-optic dual-polarization modulator[J]. IEEE Photonics Journal，2016，8（2）：7903410.

[22] Brooks J L，Maurer G S，Becker R A. Implementation and evaluation of a dual parallel linearization system for AM-SCM video transmission[J]. Journal of Lightwave Technology，1993，11（1）：34-41.

[23] Li S Y，Zheng X P，Zhang H Y，et al. Highly linear radio-over-fiber system incorporating a single-drive dual-parallel Mach–Zehnder modulator[J]. IEEE Photonics Technology Letters，2010，22（24）：1775-1777.

[24] Wang S K，Gao Y S，Wen A J，et al. A microwave photonic link with high spurious-free dynamic range based on a parallel structure[J]. Optoelectronics Letters，2015，11（2）：137-140.

[25] Li W Z，Yao J P. Dynamic range improvement of a microwave photonic link based on bi-directional use of a polarization modulator in a Sagnac loop[J]. Optics Express，2013，21（13）：15692-15697.

[26]Li W，Wang L X，Zhu N H. Highly linear microwave photonic link using a polarization modulator in a Sagnac loop[J]. IEEE Photonics Technology Letters，2014，26（1）：89-92.

[27]Li P，Yan L S，Zhou T，et al. Improvement of linearity in phase-modulated analog photonic link[J]. Optics Letters，2013，38（14）：2391-2393.

[28]Chen X，Li W Z，Yao J P. Microwave photonic link with improved dynamic range using a polarization modulator[J]. IEEE Photonics Technology Letters，2013，25（14）：1373-1376.

[29]Chen Z Y，Yan L S，Pan W，et al. SFDR enhancement in analog photonic links by simultaneous compensation for dispersion and nonlinearity[J]. Optics Express，2013，21（18）：20999-21009.

[30]高永胜. RoF 系统中基于外调制器的高效调制技术研究[D]. 西安：西安电子科技大学，2014.

[31]Gao Y S，Wen A J，Chen Y，et al. Linearization of an intensity-modulated analog photonic link using an FBG and a dispersive fiber[J]. Optics Communications，2015，338：1-6.

[32]Urick V J，Godinez M E，Devgan P S，et al. Analysis of an analog fiber-optic link employing a low-biased Mach–Zehnder modulator followed by an Erbium-Doped fiber amplifier[J]. Journal of Lightwave Technology，2009，27（12）：2013-2019.

[33]Lim C，Nirmalathas A，Lee K L，et al. Intermodulation distortion improvement for fiber–radio applications incorporating OSSB+C modulation in an optical integrated-access environment[J]. Journal of Lightwave Technology，2007，25（6）：1602-1612.

[34]Pagán V R，Haas B M，Murphy T E. Linearized electrooptic microwave downconversion using phase modulation and optical filtering[J]. Optics Express，2011，19（2）：883-895.

[35]Gao Y S，Wen A J，Cao J J，et al. Linearization of an analog photonic link based on chirp modulation and fiber dispersion[J]. Journal of Optics，2015，17（3）：035705.

[36]Kim H，Gnauck A H. Chirp characteristics of dual-drive. Mach-Zehnder modulator with a finite DC extinction ratio[J]. IEEE Photonics Technology Letters，2002，14（3）：298-300.

[37]Gao Y S，Wen A J，Zheng H X，et al. Photonic microwave waveform generation based on phase modulation and tunable dispersion[J]. Optics Express，2016，24（12）：12524-12533.

[38]TeraXion Inc. CS-TDCMX-Compact Tunable Dispersion Compensation Module[DB/OL]. http：//teraxion.com/en/cs-tdcmx，2016.

第5章　微波光子谐波混频

本章针对混频器在高频段的应用需求，研究低相噪、高纯度、宽带可调谐的微波本振信号光子学产生技术，分析总结目前的微波本振信号产生方法，提出基于级联调制器的微波本振六倍频技术、基于双平行正交相移键控（dual-parallel quadrature phase shift keying，DP-QPSK）调制器的微波本振八倍频技术，最后将光子学微波本振倍频及混频技术相结合，提出基于双平行马赫-曾德尔调制器（dual-parallel Mach-Zehnder modulator，DPMZM）的二次谐波混频系统，并进行理论分析和实验验证。

5.1　微波本振的光子学产生及谐波混频器

1）微波本振信号的光子学产生

微波本振信号是混频系统的另一个重要组成部分。随着微波混频器在高频段毫米波中的应用，低相噪、频谱纯净的毫米波本振信号的产生成为一个技术难题。同源的电子系统的本振信号一般采用频率合成器结合电锁相环产生，相位噪声会在时钟源的基础上以 $20\log_{10}(N)$ 的速度恶化[1]，其中 N 为倍频因子，频率综合器也会引入一部分相位噪声。

在近些年的微波光子技术研究中，微波本振信号的光子学产生技术也是一个重要研究，目前关注较多的技术主要包括光电振荡器（optoelectronic oscillator，OEO）转换[2-6]、光注入锁定[7]、锁模激光器选频[8,9]、外调制器倍频[10]等。

OEO 能够采用光电选频反馈方式直接产生所需要的本振信号。近些年 OEO 在国外封装和控制技术方面已经逐渐成熟，美国 OEwaves 公司开发的基于回音壁模式谐振腔（whispering-gallery mode resonator，WGMR）的微型 OEO 产品封装尺寸和一个硬币大小相当，如图 5.1 所示[11]，其所产生的 35GHz 本振相位噪声为 −108dBc/Hz@10kHz[12]。但现有同源电子系统中，OEO 中产生的本振信号相位同步难以解决。

图 5.1　OEwaves 公司研制的基于 WGMR 的微型 OEO 产品

　　光注入锁定和锁模激光器选频方法可以产生较大倍频次数的本振信号，但所产生本振信号的频谱纯度较差，一般需要光学或微波滤波器进一步处理，这限制了频率的可调谐性。另外，这两种方法产生本振信号的相位噪声受激光器性能影响比较大。如锁模激光器选模方法产生的 40GHz 本振信号在 10kHz 频偏处的相位噪声典型值为 −112dBc/Hz，然而在 1kHz 频偏处的相位噪声典型值达 −60dBc/Hz[8]。

　　外调制倍频技术的原理是通过低频本振驱动外调制器，利用外调制器和光电探测器的非线性，产生驱动本振的高次谐波。基于强度调制器的微波本振光子学二倍频技术[13]如图 5.2（a）所示，将铌酸锂调制器工作在最小点（null）或最大点（peak），正负一阶边带拍频后得到二倍频的本振信号。在接下来的二十多年，研究者们又陆续提出微波本振的光子学四倍频[14-19]、六倍频[15, 20, 21]、八倍频[15, 22-25]等技术。一种较为简单的本振四倍频结构如图 5.2（b）所示[14]，光载波在 DPMZM 的子调制 MZM1 中进行最大点调制抑制奇次边带，主要得到正负二阶边带和光载波，然后与子调制器 MZM2 输出的载波耦合抵消，得到较为纯净的正负二阶边带，拍频产生四倍频本振。图 5.2（c）所示是一个相对可行的本振六倍频方案[15]，低频本振功分两路分别驱动级联的强度调制器，两个调制器分别工作在最大点或最小点，调节两路驱动本振的调制指数和相位差，得到纯净的正负三阶光边带，拍频后得到六倍频本振。图 5.2（d）和（e）分别是基于串联[24]和并联[25]结构的本振八倍频方案，两个方案的共同特点是需要两路正交的驱动本振，且需要高抑制比的光纤布拉格光栅（fiber Bragg grating，FBG）来抑制光载波。由于调制指数难以做到更高，所以很难产生更高阶光边带，且其他谐波较难抑制，更高倍频次数的本振光子学产生方法较难实现，目前更高倍数的本振光子学倍频方案仅停留在理论和仿真研究阶段[26, 27]。

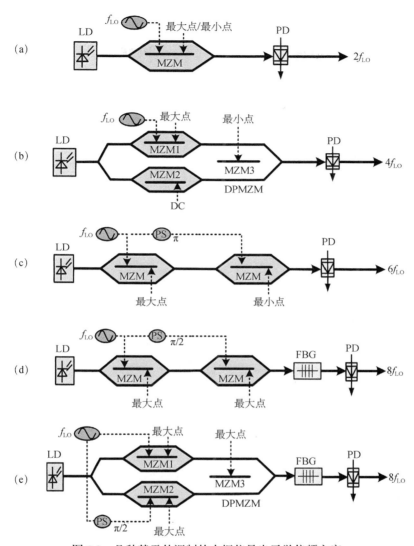

图 5.2　几种基于外调制的本振信号光子学倍频方案

2）谐波混频器

谐波混频器是将微波倍频器和混频器结合的组件，它能够将驱动本振信号的高阶谐波参与混频，能够成倍地降低驱动本振频率需求，现有微波或毫米波谐波混频器的谐波次数一般可以做到二、四、六、八等[28-31]。谐波混频器的另一个好处是能够提高本振（local oscillator，LO）与射频（radio frequency，RF）之间的隔离度，尤其适合于 LO 与 RF 载频相等的零中频系统，降低 LO 到 RF 端的泄漏[32]。谐波混频器的缺点是变频损耗、噪声性能等相较于基波混频器有所下降。

微波本振光学产生系统与微波光子混频系统可以很好兼容，形成微波光子谐波混频系统。现有的研究中，谐波混频系统通常由本振倍频系统和混频系统简单地串联。如强度调制器串联实现 RF 和 LO 分别调制，其中 LO 采用最大点调制[33]或二倍频 OEO[34]技术实现二次谐波混频，或者 LO 通过级联[35, 36]或并联[37]调制实现四倍频，最终实现四次谐波混频。然而，将 LO 倍频与 RF 调制简单地级联，一般会导致光链路损耗太大，恶化变频损耗和噪声系数。如何在一个简单系统里实现 LO 与 RF 的有效谐波混频是一个技术难题。

5.2　光子学微波本振倍频技术

5.2.1　基于级联调制器的微波本振六倍频

本节设计并分析一个基于级联调制器的微波本振六倍频方案[38]，该方案利用低频本振分两路分别驱动强度调制器（intensity modulator，IM）和 DPMZM，利用调制器的非线性产生正负三阶光边带，并通过调制器偏压点等抑制其他边带，光电探测产生六倍于驱动信号的微波本振信号。然后开展实验分别就产生本振的频谱纯度、相位噪声以及频率调谐性进行了验证研究。

1）方案原理

本方案的系统原理图如图 5.3 所示，主要包括激光二极管（laser diode，LD）、强度调制器（IM）、DPMZM、光电探测器（photodetector，PD）、电分路器和移相器。LD 输出的光信号可表示为

$$E_c(t) = E_c \exp(j\omega_c t) \tag{5-1}$$

其中 E_c 是光载波的幅度，ω_c 是光载波的角频率。低频 LO 信号功分为两路分别驱动两个调制器。IM 工作在最小点，产生的光信号中 ±1 阶边带占主导，如图 5.3（a）所示。假设调制器具有理想的消光比，并且忽略插入损耗，则 IM 输出的光信号可以表达为

$$\begin{aligned} E_{IM}(t) &= \frac{1}{2} E_c e^{j\omega_c t} \left[e^{j(m_1 \sin\omega_{LO}t + \pi/2)} + e^{-j(m_1 \sin\omega_{LO}t - \pi/2)} \right] \\ &\approx j E_c(t) J_1(m_1) \left[e^{j\omega_{LO}t} - e^{-j\omega_{LO}t} \right] \end{aligned} \tag{5-2}$$

其中 ω_{LO} 是 LO 信号的角频率，$J_n(\cdot)$ 是 n 阶第一类 Bessel 函数，m_1 是 IM 的调制指数。由于调制指数有限，高次奇数阶边带可以忽略不计。

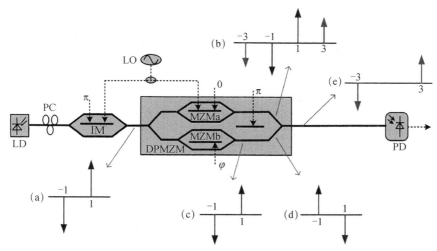

图 5.3　基于级联调制器的微波本振六倍频原理图

典型的 DPMZM 主要由三个 MZM 组成，在主 MZM 的两个臂上分别有一个子 MZM，分别表示为 MZMa 和 MZMb。只有 MZMa 经过 LO 信号调制，其工作在最大传输点，输出的信号可以表示为

$$
\begin{aligned}
E_{\text{MZMa}}\left(t\right) &= \frac{1}{2\sqrt{2}} E_{\text{IM}}\left(t\right)\left[\mathrm{e}^{\mathrm{j}m_2\sin\omega_{\text{LO}}t} + \mathrm{e}^{-\mathrm{j}m_2\sin\omega_{\text{LO}}t}\right] \\
&\approx \frac{\mathrm{j}}{\sqrt{2}} E_{\text{c}}\left(t\right) J_1\left(m_1\right)\left\{ J_2\left(m_2\right)\left[\mathrm{e}^{\mathrm{j}3\omega_{\text{LO}}t} - \mathrm{e}^{-\mathrm{j}3\omega_{\text{LO}}t}\right]\right. \\
&\quad \left. + \left[J_0\left(m_2\right) - J_2\left(m_2\right)\right]\mathrm{e}^{\mathrm{j}\omega_{\text{LO}}t} - \left[J_0\left(m_2\right) - J_2\left(m_2\right)\right]\mathrm{e}^{-\mathrm{j}\omega_{\text{LO}}t}\right\}
\end{aligned}
\tag{5-3}
$$

其中 m_2 是 LO 信号在 MZMa 中的调制指数。从图 5.3（b）可看出 MZMa 输出信号的光信号频谱主要包含 ±1 阶和 ±3 阶边带。MZMb 仅加载直流偏置电压，引入的直流偏压角记为 θ，则从 MZMb 输出的光信号可以表示为

$$
E_{\text{MZMb}}\left(t\right) \approx \frac{\mathrm{j}}{\sqrt{2}} E_{\text{c}}\left(t\right) J_1\left(m_1\right)\left[\mathrm{e}^{\mathrm{j}\omega_{\text{LO}}t} - \mathrm{e}^{-\mathrm{j}\omega_{\text{LO}}t}\right]\cos\frac{\theta}{2}
\tag{5-4}
$$

可以看出，由于引入了直流偏压角，MZMb 输出的光载波幅度再次发生了衰减。

为了生成只含有 ±3 阶边带的光信号，必须抑制掉 ±1 阶边带。本方案通过控制引入的相移 θ 使得从 MZMa 和 MZMb 输出信号的 ±1 阶边带的幅度相等。令主 MZM 偏置在最小点，则从 MZMa 和 MZMb 输出的信号 ±1 阶边带就可以相互抵消。忽略高阶边带，DPMZM 输出的信号可以表示为

$$E_{out}(t) = \frac{1}{\sqrt{2}} \Big[E_{MZMa}(t) + E_{MZMb}(t) e^{j\pi} \Big]$$

$$\approx \frac{j}{2} E_c(t) J_1(m_1) \left\{ \left[J_0(m_2) - J_2(m_2) - \cos\frac{\theta}{2} \right] \right. \tag{5-5}$$

$$\left. \times \left[e^{j\omega_{LO}t} - e^{-j\omega_{LO}t} \right] + J_2(m_2) \left[e^{j3\omega_{LO}t} - e^{-j3\omega_{LO}t} \right] \right\}$$

因此±1 阶边带的抑制条件可以表示为

$$\cos\frac{\theta}{2} = J_0(m_2) - J_2(m_2) \tag{5-6}$$

若 MZMa 的调制指数固定，通过合适地设置 MZMb 的偏压，可以生成纯净的正负三阶光边带，这两个边带的频率差为驱动信号的六倍，如图 5.3（e）所示。由于这两个光边带产生于同一个光源和驱动信号，因此二者的相位是高度相干的。通过 PD 的拍频，可生成具有高频谱纯度的角频率为 $6\omega_{LO}$ 的微波信号。

生成的六倍频 LO 信号的频谱纯度或者电杂散抑制比（electrical spurious suppression ratio，ESSR）和调制指数有关。在 VPI 软件仿真分析中，一个 10GHz 的驱动信号通过该方案产生了 60GHz 的微波信号。调制器的消光比设为 40dB，MZMb 的直流偏置根据式（5-6）进行调整。图 5.4 为以 m_1 和 m_2 为函数的 ESSR 等值线图，最中心的等值线代表 ESSR 为 24dB，其余的等值线依次减少 2dB。如果两个调制指数准确选择在中心等值线内，ESSR 可以超过 24dB。当 m_1 和 m_2 太低时，残留的±1 阶边带和±2 阶边带成为主要成分，使生成微波信号的纯度恶化。然而当 m_1 和 m_2 太高时，高阶边带尤其是±5 阶边带成为主要成分，使 ESSR 恶化。

以往通过两路 LO 信号分别驱动两个调制器的光学倍频方案[15-21, 24-26]中，两路驱动信号调制指数的不平衡会恶化生成信号的频谱纯度。在本方案中可以避免这个问题。从图 5.4 中可以看出在 m_1 和 m_2 很大范围内 ESSR 都可以超过 20dB，意味着对两个调制指数并没有严格的要求，这提高了方案的可行性。

2）实验结果与分析

根据图 5.3 描述的原理图，搭建实验链路对该方案进行实验验证。激光源（Yokogawa AQ2200-136）输出的光载波的波长在 1550nm 附近，功率为 10dBm。输出的光载波经过偏振控制后先后进入 IM（Sumitomo T.MXH1.5DP-40）和 DPMZM。IM 工作在最小传输点，DPMZM 中的 MZMa 工作在最大传输点。IM 和 DPMZM 的 3dB 带宽都超过 25GHz，半波电压约为 4V，消光比超过 30dB。微波信号源（Anritsu MG3694）输出一个 2.8GHz 的 LO 信号，通过功分器分为两路，然后紧接着用两个驱动放大器将这两路 LO 信号进行了放大。放大后的驱动

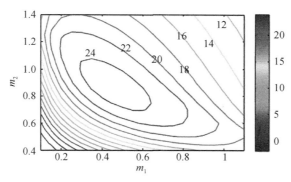

图 5.4　电谐波抑制比随两个调制指数变化的等值线图

信号具有很大的谐波，谐波抑制比小于 30dB，这样会使生成的六倍频信号的频谱纯度发生恶化，所以为了抑制高阶谐波，需要在其后面加上低通滤波器，然后这两路驱动信号分别输入到 IM 和 MZMa。为了保证两路驱动信号具有相同的初始相位，在驱动MZMa 的一路 LO 信号通过一个移相器进行相位控制。在考虑电缆、LPF 和移相器的插入损耗之后，驱动 IM 和 MZMa 的信号功率分别为 18.6dBm 和 15dBm，我们可以得到 $m_1 = 1.06$，$m_2 = 0.7$。从 DPMZM 输出的光信号经过 EDFA 放大后的功率为8dBm，然后输入到 PD（U2T MPDV1120RA）进行探测。PD 的响应度为 0.6A/W，3dB带宽为 35GHz。PD 输出的电信号最后输入到频谱仪（R&S FSV30）进行分析。

　　通过控制 MZMb 的直流偏压角使其满足式（5-6）的条件，并且使 DPMZM 的主 MZM 工作在最小点，± 1 阶边带被有效地抑制，只剩下了 ± 3 阶边带，如图 5.5所示。光谐波边带抑制比可达到 25dB，残留的边带主要来源于调制器有限的消光比。光电探测后的电信号频谱如图 5.6 所示，M1 为六倍频后的信号，D2～D6 为低阶谐波。产生的六倍频信号 ESSR 超过 20dB，可见生成的六倍频微波信号具有高纯度谱。

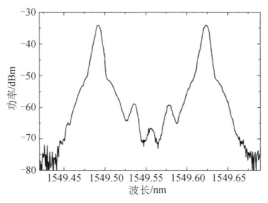

图 5.5　DPMZM 输出的光谱

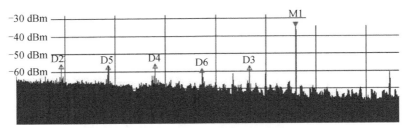

图 5.6　光电探测后的电信号频谱

本振信号六倍频后，相位噪声会恶化至少 $20\lg(\mathrm{MF})\big|_{\mathrm{MF}=6} \approx 15.6\ \mathrm{dB}$ [15]，其中 MF 为倍频因子，在此基础上倍频系统一般还会引入额外的噪声。本实验中测试了 2.8GHz 的驱动信号和生成的 16.8GHz 的信号的相位噪声，结果如表 5.1 所示。通过比较，我们可以看出在不同的频偏处六倍频信号的相位噪声恶化了 14.8～17.9dB，说明该光子学微波本振六倍频系统基本没有引入额外的相位噪声。

表 5.1　驱动信号和生成的六倍频信号的相位噪声对比

频偏	100Hz	1kHz	10kHz	100kHz
驱动信号/（dBc/Hz）	−93.89	−112.98	−114.06	−117.94
六倍频信号/（dBc/Hz）	−79.08	−95.08	−98.94	−101.68
恶化值/dB	14.81	17.9	15.12	16.26

为了验证本方案的频率可调性，我们分别利用 5GHz、6GHz、7GHz 和 8GHz 的驱动信号进行测试，预期能够产生 30GHz、36GHz、42GHz 和 48GHz 的微波信号。由于 PD 和 ESA 的带宽限制，图 5.5 中只给出了产生信号的光谱，可以观察到光谱图主要含有±3 阶边带。由于没有合适的电滤波器抑制驱动信号的谐波，所以生成的微波信号光谱的纯度比图 5.5 所示的略差。图 5.7 为不同驱动信号频率下产生的光谱。

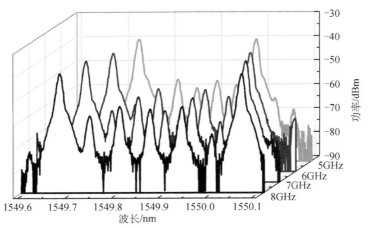

图 5.7　不同驱动信号频率下产生的光谱

值得注意的是，调制器的半波电压和移相器的工作点是与工作频率相关的，所以在实验过程中当 LO 信号频率改变时，调制器的直流偏置电压和移相器需要重新调整。

3）结论

利用基于级联调制器的微波信号六倍频系统，可以将低频本振倍频为高频本振，降低射频收发机中混频器对驱动本振、驱动电路以及混频器的带宽需求，使微波光子混频技术适合更高频段的应用，对于解决目前高频段电子系统中的带宽瓶颈具有重要的意义。该倍频方案的优点是倍频因子高、引入相噪少、对本振功率要求不苛刻、谐波抑制比高。然而该方案也具有一定的缺点，如需要两个调制器、功分器和电移相器。另外，由于 DPMZM 三个偏压点，且其中一个子调制器工作在非常规偏置点，因此偏压控制较为困难。

5.2.2　基于 DP-QPSK 调制器的微波本振八倍频

为了进一步提高倍频因子，笔者分别设计了基于 Sagnac 环中 DPMZM 调制[39]及基于集成 DP-QPSK 调制器的微波本振八倍频方案[40]。由于没有使用光滤波器和电滤波器，这两个系统均具有良好的频率可调性，生成的微波本振信号相位噪声也较好。这两种方案的物理原理和实现的功能类似，本节主要对后者进行详细介绍。

1）方案原理

本方案的系统原理图如图 5.8 所示，方案中（a）～（f）各处的简易频谱表示在方案图下面，系统主要包括激光器（LD）、DP-QPSK 调制器、偏振控制器（polarization controller，PC）、起偏器（polarizer）、PD、电分路器和移相器。LD输出的光信号经过线性极化注入到 DP-QPSK 调制器。该集成调制器制作在铌酸锂材料基底上，包含一个 Y 型分路器、两个 QPSK 调制器和一个偏振合束器（polarization beam combiner，PBC）。在调制器内，输入的光载波由 Y 型分路器等分为两路，分别输入到两个平行的 QPSK（X-QPSK 和 Y-QPSK）调制器中。X-QPSK 调制器的主调制器（XM）的两个臂上各自有一个子 MZM，分别是 XI 和 XQ。同样，Y-QPSK 调制器的主调制器（YM）的两个臂上分别包含有 YI 和 YQ 子 MZM。X-QPSK 和 Y-QPSK 调制器输出的光信号由 PBC 形成偏振复用光，经过 PC 进行偏振控制后在起偏器中干涉为一个偏振态。

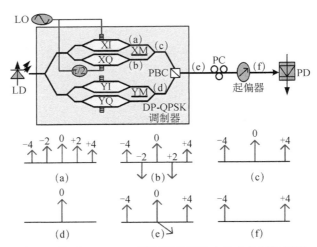

图 5.8　基于 DP-QPSK 调制器的微波本振八倍频原理图

设 LD 输出的光信号可表示为

$$E_c(t) = E_c \exp(j\omega_c t) \tag{5-7}$$

其中，E_c 是光载波的幅度，ω_c 是光载波的角频率。那么，注入到两个 QPSK 调制器的光载波均可表示为 $E_c(t)/\sqrt{2}$。

LO 信号角频率为 ω，功分成两路，利用电移相器在两路信号之间引入 $\pi/2$ 的相位差。两路信号分别驱动 X-QPSK 调制器中的 XI 和 XQ。XI、XQ 和主调制器 XM 均工作在最大传输点。假设调制器有理想的消光比（extinction ratio，ER），忽略插入损耗，子调制器 XI 输出的光信号可以表示为

$$\begin{aligned}
E_{XI}(t) &= E_c(t)/4 \cdot \left[\exp(jm\sin\omega t) + \exp(-jm\sin\omega t)\right] \\
&= E_c(t)/2 \cdot \sum_{2n} J_{2n}(m)\exp(j2n\omega t) \\
&\approx E_c(t)/2 \cdot \left\{J_0(m) + J_{\pm2}(m)\exp(\pm j2\omega t) + J_{\pm4}(m)\exp(\pm j4\omega t)\right\}
\end{aligned} \tag{5-8}$$

其中 m_1 是 XI 的调制指数。XI 工作在最大传输点，奇数阶边带被抑制。考虑到调制指数有限，可忽略高阶边带。输出的光信号主要包含载波，±2 阶边带和 ±4 阶边带，如图 5.8（a）所示。同理，子调制器 XQ 输出的光信号可以表示为

$$\begin{aligned}
E_{XQ}(t) &= E_c(t)/4 \cdot \left\{\exp\left[jm\sin(\omega t + \pi/2)\right] + \exp\left[-jm\sin(\omega t + \pi/2)\right]\right\} \\
&\approx E_c(t)/2 \cdot \left\{J_0(m) - J_{\pm2}(m)\exp(\pm j2\omega t) + J_{\pm4}(m)\exp(\pm j4\omega t)\right\}
\end{aligned} \tag{5-9}$$

其光信号频谱如图 5.8（b）所示。XI 和 XQ 输出的 ±2 阶边带的相位差为 π，这是因为两路的驱动信号存在 $\pi/2$ 的相位差。由于 X-QPSK 调制器的主调制器工作在最大传输点，±2 阶边带相互抵消，那么 X-QPSK 输出的光信号可以表示为

$$E_X(t) = \left[E_{XI}(t) + E_{XQ}(t) \right] / \sqrt{2}$$
$$= E_c(t) / \sqrt{2} \cdot \left[J_0(m) + J_4(m) \exp(j4\omega t) + J_4(m) \exp(-j4\omega t) \right] \quad (5\text{-}10)$$

光谱如图 5.8（c）所示，只剩下了光载波和 ±4 阶边带。

Y-QPSK 调制器内没有 LO 信号调制，只输出一个光载波，如图 5.8（d）所示，可以表示为

$$E_Y(t) = \mu E_c(t) / \sqrt{2} \quad (5\text{-}11)$$

其中，$\mu \in (0,1]$ 代表经过 Y-QPSK 调制器后光载波幅度的衰减，这由其两个子调制器和主调制器的工作点决定。

从 X-QPSK 和 Y-QPSK 调制器输出的光信号在 PBC 处偏振复用后输出，如图 5.8（e）所示。通过调节 PC 使起偏器的主轴与 PBC 的其中一个主轴成 α 角，并且在两个相互垂直偏振的光信号之间引入相位差 δ，那么起偏器输出的光信号可以表示为

$$E_{pol}(t) = E_X(t)\cos\alpha + E_Y(t)\sin\alpha\exp(j\delta)$$
$$= E_c(t) / \sqrt{2} \cdot \left[J_0(m)\cos\alpha + \mu\sin\alpha\exp(j\delta) \right. \quad (5\text{-}12)$$
$$\left. + J_4(m)\cos\alpha\exp(j4\omega t) + J_4(m)\cos\alpha\exp(-j4\omega t) \right]$$

为了抑制光载波，我们令

$$J_0(m)\cos\alpha + \mu\sin\alpha\exp(j\varphi) = 0 \quad (5\text{-}13)$$

得到光载波抑制的条件为

$$\begin{cases} \alpha = \arctan\left[J_0(m) / \mu \right] \\ \varphi = \pi \end{cases} \quad (5\text{-}14)$$

在这种情况下，起偏器输出光信号只剩下 ±4 阶边带，频率差为驱动信号的八倍，如图 5.8（f）所示。该光信号表示为

$$E_{pol}(t) = E_c(t) J_4(m)\cos\alpha / \sqrt{2}$$
$$\times \left[\exp(j4\omega t) + \exp(-j4\omega t) \right] \quad (5\text{-}15)$$

经过 PD 的拍频，最终产生角频率为 8ω 的微波本振信号。同样，因为 ±4 阶边带均来源于相同的光源和驱动信号，它们的相位高度相干，所以生成的八倍频信号具有较低的相位噪声。

值得注意的是最终得到的光边带的幅度与 $\cos\alpha$ 成正比，当 $\mu=1$ 时将达到最大。为了使最终得到的八倍频信号功率最大，因此 Y-QPSK 调制器的两个子调制器和主调制器最好工作在最大传输点。

2）实验结果与分析

根据图 5.8 所示的系统原理图，对提出的微波本振八倍频方案进行了实验研究。DFB 激光器输出波长为 1550nm，功率为 8dBm，相对强度噪声（RIN）低于 −145dB/Hz 的线性偏振光，注入 DP-QPSK 调制器（Fujitsu FTM7977）。DFB 激光器和调制器的尾纤都是保偏光纤，所以不需要额外的 PC。调制器的半波电压为 3.5V，ER 超过 20dB。调制器输出的光信号通过 PC 的偏振控制后注入到起偏器。从起偏器输出的光信号经过 EDFA 放大到 8dBm 后，输入到 PD（U2T MPDV1120RA）进行光电探测。PD 的响应度为 0.6A/W，3dB 带宽为 35GHz。PD 输出的电信号最后输入到信号源分析仪（R&S FSUP26）进行分析。

信号发生器（R&S SMBV100A）输出一个 3GHz 正弦信号，经过电驱动放大器后分为两路，两路分别配置一个移相器。两路电信号的最终功率为 22dBm，分别驱动 X-QPSK 调制器中的 XI 和 XQ。Y-QPSK 调制器的射频电极以及直流电极都空载，此时测得 Y-QPSK 调制器中的两个子调制器以及主调制器的工作点都接近最大传输点。

首先，使 X-QPSK 调制器的三个偏置点都工作在最大传输点，则从 DP-QPSK 调制器输出光信号的奇数阶边带被抑制。利用移相器在两路驱动信号之间引入 π/2 的相位差，进而抑制 ±2 阶边带。最后，通过调节起偏器前的 PC 来抑制光载波。

从图 5.9（a）可以看到起偏器输出信号的光谱，主要含有 ±4 阶边带。图 5.9（b）显示 PD 探测后的电信号频谱，得到的 24GHz 信号功率为 −19dBm，ESSR 为 12.6dB。

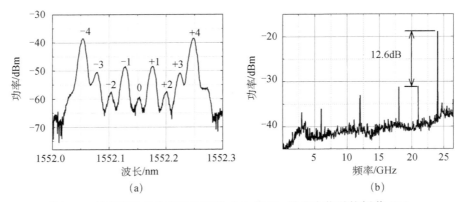

图 5.9　起偏器输出光信号的频谱（a）及 PD 输出电信号的频谱（b）

　　理论上可以得到纯净的八倍频信号，但仍然存在一些因素会导致 ESSR 的降低，比如驱动信号存在的谐波、两路驱动信号功率不平衡以及相位差不精确、调制器的偏压漂移和有限的 ER。本实验中驱动信号具有纯净的电谱，谐波抑制比超过 60dB，所以可以忽略谐波对 ESSR 的影响。两路驱动信号功率不平衡以及存在相位差不精确与±2 阶边带的抑制有关，这个问题可以通过选择合适的射频连接线以及精细调节移相器来避免，由图 5.9（a）可以看出±2 阶边带得到了很好的抑制，因此该问题也不明显。

　　偏压漂移问题会降低长效系统的稳定性。在实际应用中，可采用调制器的偏压控制器来解决这个问题。

　　从图 5.9（a）可以看到±1 阶边带和±3 阶边带残余，这源于调制器有限的 ER。通过 VPI 软件仿真后，得到的 ESSR 随 ER 的变换曲线如图 5.10 所示，可以看出调制器 ER 对生成信号频谱的纯度有很大的影响。例如，若要实现 ESSR 大于 30dB，ER 至少为 35dB。

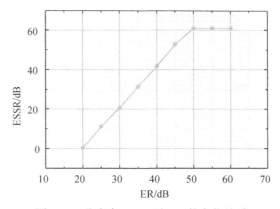

图 5.10　仿真中 ESSR 随 ER 的变化关系

　　实验中同时测量了驱动信号和八倍频后信号的相位噪声。倍频后信号的相位噪声有两个来源，其中一个来源是驱动信号的相位噪声，这会引入 $20\lg(MF)\big|_{MF=8} \approx 18.1\,dB$ 的恶化。此外，倍频系统有可能会引入额外的噪声。由图 5.11 可以看到，在 10Hz～100kHz 范围内不同的频偏处八倍频信号其相位噪声相较于驱动信号恶化了大约 18dB。这说明该微波本振光子学八倍频系统具有较好的相位噪声性能，对本振信号引入的相位噪声可以忽略。

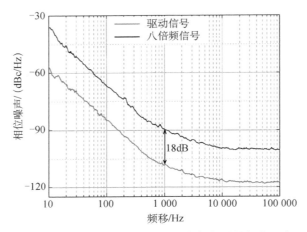

图 5.11　驱动信号以及生成的八倍频信号的相位噪声

　　为了验证该倍频方案的频率可调性,实验中分别利用 3.5GHz、4GHz、4.5GHz、5GHz、5.5GHz、6GHz、6.5GHz 和 7GHz 的本振信号作为驱动信号,产生八倍频微波信号。由于 PD 和信号源分析仪的带宽限制,只测试了所产生光信号的频谱,如图 5.12 所示。可以看出所产生的光信号中,两个光边带之间的间隔分别为28GHz、32GHz、36GHz、40GHz、44GHz、48GHz、52GHz 和 56GHz,频谱较为纯净。由于没有使用电滤波器和光滤波器,本方案具有良好的频率调谐性。本方案的一个缺点是使用了电移相器,当驱动信号频率改变时,电移相器也要做相应调整。

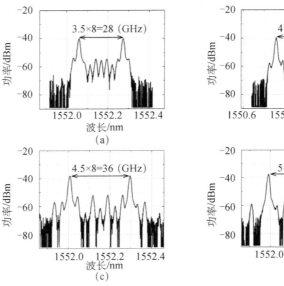
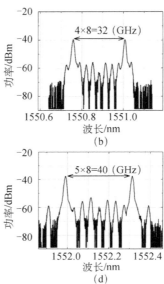

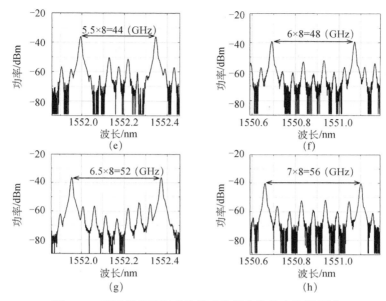

图 5.12　不同频率的驱动信号八倍频产生的光信号频谱

3）结论

利用基于 DP-QPSK 调制器的微波信号八倍频系统，可以将低频本振倍频为高频率本振，应用在射频收发机的混频器中，可以显著降低驱动本振、驱动电路以及混频器的带宽需求。该倍频方案的优点是结构紧凑、倍频因子高、引入相噪少。然而该方案产生光信号频谱纯度不高，电信号的谐波抑制比仅为 12.6dB。这主要由于外调制器调制效率有限，进而高阶边带的相对功率较小。如果需要提高谐波抑制比，需要采用更高消光比的调制器，如图 5.10 所示，当调制器消光比达到 50dB 以上时，谐波抑制比可达 60dB。另外，提高两路驱动本振的功率和相位均衡性也能改善谐波抑制比。

5.2.3　基于 DPMZM 的二次谐波混频系统

本节分析一个基于集成 DPMZM 的二次谐波混频方案[41]。该方案与文献[42]中结构类似，但文献[42]中描述的只是一个基波混频系统。在本方案中，RF 信号在一个子调制器中常规调制产生载波与一阶边带，LO 信号通过另一个偏置在最大点的子调制器调制，产生载波和二阶边带。通过调制指数和主调制器偏压，使光载波抑制，光谱只剩下 RF 的一阶边带与 LO 的二阶边带，拍频后实现 RF 与 LO 二次谐波的混频。

1）方案原理

基于 DPMZM 的二次谐波混频方案如图 5.13 所示，方案中（e）处的简易频谱表示在方案图下面。RF 和 LO 信号分别驱动 MZMa 和 MZMb 对光载波进行调制。该系统可以实现上变频和下变频，这里选择上变频进行分析。为了统一化表述，上下变频信号在这里均称为中频（IF）信号。RF 和 LO 信号的角频率记为 ω_{RF} 和 ω_{LO}，如图 5.13（a），（b）所示。假设 MZMa 的直流偏置角为 θ_a，光载波在 MZMa 中被一个较小的 RF 信号调制，输出的调制信号示意图如图 5.13（c）所示，包括光载波和正负 1 阶光边带，近似表示为

$$E_a(t) = \frac{\sqrt{2\mu}}{4} E_c e^{j\omega_c t} \left\{ e^{j[m_a \sin(\omega_{RF}t)+\theta_a/2]} + e^{-j[m_a \sin(\omega_{RF}t)+\theta_a/2]} \right\}$$

$$\approx \sqrt{\frac{\mu}{2}} E_c e^{j\omega_c t} \left\{ j\sin\frac{\theta_a}{2} J_1(m_a) e^{j\omega_{RF}t} + J_0(m_a)\cos\frac{\theta_a}{2} \right. \quad (5\text{-}16)$$

$$\left. - j\sin\frac{\theta_a}{2} J_1(m_a) e^{-j\omega_{RF}t} \right\}$$

其中 μ 代表调制器的插入损耗，$J_n(\cdot)$ 代表第一类 n 阶贝塞尔函数，E_c 和 ω_c 分别是进入调制器的光载波的幅度和角频率。$m_a = \pi V_{RF}/(2V_\pi)$ 是 MZMa 的调制指数，其中 V_{RF} 是 RF 信号的幅度，V_π 是调制器的半波电压。输入 RF 信号的平均功率可以表示为 $P_{RF} = V_{RF}^2/(2R_{RF})$，其中 R_{in} 是调制器的输入阻抗。

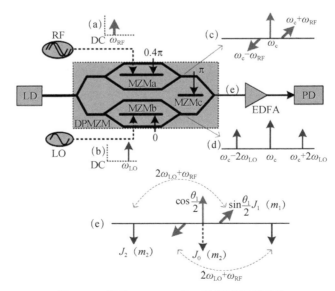

图 5.13　基于 DPMZM 的二次谐波混频系统

为了实现 LO 信号的二倍频，MZMb 偏置在最大传输点上以抑制奇数阶光边带。忽略更高阶的边带，输出的调制信号包括光载波和正负二阶光边带，如图 5.13（d）所示，可以近似表示为

$$E_b(t) \approx \sqrt{\frac{\mu}{2}} E_c e^{j\omega_c t} \left\{ J_0(m_b) + J_2(m_b) e^{j2\omega_{LO} t} + J_2(m_b) e^{-j2\omega_{LO} t} \right\} \quad (5\text{-}17)$$

其中 m_b 是 MZMb 的调制指数。MZMc 的直流偏置角为 θ_c，则 DPMZM 输出的光信号可以表示为

$$
\begin{aligned}
E_{DPMZM}(t) &= E_a(t) + E_b(t) e^{j\theta_c} \\
&= \sqrt{\frac{\mu}{2}} E_c e^{j\omega_c t} \left\{ J_0(m_a) \cos\frac{\theta_a}{2} + J_0(m_b) e^{j\theta_c} \right. \\
&\quad + j\sin\frac{\theta_a}{2} J_1(m_a) \left[e^{j\omega_{RF} t} - e^{-j\omega_{RF} t} \right] \\
&\quad \left. + J_2(m_b) \left[e^{j2\omega_{LO} t} + e^{-j2\omega_{LO} t} \right] e^{j\theta_c} \right\}
\end{aligned}
\quad (5\text{-}18)
$$

其包括 RF 调制的一阶边带、本振调制的二阶边带以及光载波，如图 5.13（e）所示。

调制器后通过一个掺铒光纤放大器（erbium doped fiber amplifier，EDFA）放大光信号。最后经过 PD 后，角频率为 $\omega_{RF} + 2\omega_{LO}$ 的中频信号来自光谱分量 $\omega_c + 2\omega_{LO}$ 和 $\omega_c - \omega_{RF}$ 的拍频，以及光谱分量 $\omega_c - 2\omega_{LO}$ 和 $\omega_c + \omega_{RF}$ 的拍频。

变频增益 $\mathrm{Gain} = P_{IF} / P_{RF}$，其中 P_{IF} 是 PD 后中频信号的功率。由于 PD 的最大允许输入光功率有限，EDFA 工作在自动功率控制模式，输出的光功率被设置在一个固定值。由以上分析可知，光载波不携带 RF 或 LO 信息，不参与混频，但却是上下臂输出光信号的主要频率成分，这一方面导致 PD 后杂波信号较多，另一方面导致进入 PD 的 RF 和 LO 信息较少，降低了变频增益。因此为了使变频增益最大，需要抑制光载波。由图 5.13（e）可以看到，当上下臂输出的光载波幅度相等且 MZMc 工作在最小传输点时，两个输出光载波可以相互抵消。考虑到 RF 调制指数较小（$J_0(m_a) \approx 1$），光载波抑制条件为

$$
\begin{cases}
\cos\dfrac{\theta_a}{2} = J_0(m_b) \\
\theta_c = \pi
\end{cases}
\quad (5\text{-}19)
$$

在此条件下，DPMZM 输出光信号可以重新表示为

$$E_{\mathrm{DPMZM}}(t) = \sqrt{\frac{\mu}{2}} E_{\mathrm{c}} \mathrm{e}^{\mathrm{j}\omega_{\mathrm{c}}t} \left\{ \mathrm{j}\sin\frac{\theta_{\mathrm{a}}}{2} J_1(m_{\mathrm{a}}) \left[\mathrm{e}^{\mathrm{j}\omega_{\mathrm{RF}}t} - \mathrm{e}^{-\mathrm{j}\omega_{\mathrm{RF}}t} \right] \right.$$
$$\left. - J_2(m_{\mathrm{b}}) \left[\mathrm{e}^{\mathrm{j}2\omega_{\mathrm{LO}}t} + \mathrm{e}^{-\mathrm{j}2\omega_{\mathrm{LO}}t} \right] \right\} \tag{5-20}$$

DPMZM 输出光信号的功率 $P_{\mathrm{DPMZM}} = \mathrm{SL}_{\mathrm{RF}} + \mathrm{SL}_{\mathrm{LO}}$，其中 $\mathrm{SL}_{\mathrm{RF}} = \mu E_{\mathrm{c}}^2 \sin^2(\theta_{\mathrm{a}}/2)$ $J_1^2(m_{\mathrm{a}})$ 是 RF 调制的正负一阶边带的总功率，$\mathrm{SL}_{\mathrm{LO}} = \mu E_{\mathrm{c}}^2 J_2^2(m_{\mathrm{b}})$ 是 LO 调制的正负二阶边带的总功率。EDFA 输出光功率固定为 P_{EDFA}。EDFA 的增益随着 DPMZM 输出能量的不同而改变，可以被表示为

$$G_{\mathrm{EDFA}} = \frac{P_{\mathrm{EDFA}}}{\mathrm{SL}_{\mathrm{RF}} + \mathrm{SL}_{\mathrm{LO}}} \tag{5-21}$$

根据式（5-20）和式（5-21），信号经过 PD 以后得到的中频信号的峰值电流为

$$I_{\mathrm{IF}} = \eta \left| E_{\mathrm{DPMZM}}(t) \right|^2_{\omega_{\mathrm{RF}} + 2\omega_{\mathrm{LO}}} \cdot G_{\mathrm{EDFA}}$$
$$= 2\eta P_{\mathrm{EDFA}} \frac{\sqrt{\mathrm{SL}_{\mathrm{RF}} \times \mathrm{SL}_{\mathrm{LO}}}}{\mathrm{SL}_{\mathrm{RF}} + \mathrm{SL}_{\mathrm{LO}}} \tag{5-22}$$

其中 η 是 PD 的响应度。很明显，当 $\mathrm{SL}_{\mathrm{RF}} = \mathrm{SL}_{\mathrm{LO}}$ 时，中频信号最大，条件为

$$\sin\frac{\theta_{\mathrm{a}}}{2} J_1(m_{\mathrm{a}}) = J_2(m_{\mathrm{b}}) \tag{5-23}$$

因为 RF 信号的调制指数很小，例如 $m_{\mathrm{a}} \leqslant 0.1\pi$，当 LO 信号的调制指数也很小时，理论上来讲可以得到一个较大的变频效率。但是，当调制指数过于小时，EDFA 的增益 G_{EDFA} 会随着 RF 信号功率的改变有很大的改变，此时会造成变频增益的变化，输出 IF 信号不再保持线性，这种情况在许多系统中是不愿意看到的。另外，RF 和 LO 调制指数过小会导致调制器整体光损耗很大，实际 EDFA 的功率增益有限，无法保持 PD 所需要的光功率。为了防止以上情况发生，这里选择相对大的 RF 调制指数 $m_{\mathrm{a}} = 0.1\pi$，以此值代入式（5-19）和式（5-23）计算最佳的 θ_{a} 和 m_{b}，最终得到 MZMa 的最佳偏置角 $\theta_{\mathrm{a}} = 0.39\pi$，LO 信号的最佳调制指数 $\theta_{\mathrm{b}} = 0.28\pi$。在这种情况下，光载波被抑制，同时保证了一个相对较高且平坦的变频增益。

下面计算变频增益的闭合表达式。在最佳的直流偏置和 LO 调制指数下，对于一个很小的 RF 输入信号，受 LO 信号调制的二阶光边带是 DPMZM 输出信号的主要频谱分量，所以 DPMZM 输出的光功率可以近似地表示为

$$P_{\mathrm{DPMZM}} \approx \mathrm{SL}_{\mathrm{LO}} = P_{\mathrm{in}} \mu J_2^2(m_{\mathrm{b}}) \tag{5-24}$$

其中 $P_{\mathrm{in}} = E_{\mathrm{c}}^2$ 是进入 DPMZM 的光功率，此时 EDFA 的增益可重新表示为

$$G_{\text{EDFA}} \approx P_{\text{EDFA}} / [\mu P_{\text{in}} J_2^2(m_b)] \qquad (5\text{-}25)$$

根据式（5-22），信号经过 PD 后输出的中频信号峰值电流重新表示为

$$I_{\text{IF}} = 2\eta P_{\text{EDFA}} \sin\frac{\theta_a}{2} \frac{J_1(m_a)}{J_2(m_b)} \qquad (5\text{-}26)$$

$$\approx 2\eta P_{\text{EDFA}} \frac{\sin(\theta_a / 2)}{J_2(m_b)} \cdot \left(\frac{m_a}{2} - \frac{m_a^3}{16} \right)$$

这里我们用到了贝塞尔函数的近似表达式 $J_1(m_a) \approx m_a / 2 - m_a^3 / 16$，从式（5-26）可以清晰地看出等式右边的第一项代表中频信号的基波项，第二项代表三阶失真。令 $m_a / 2 = m_a^3 / 16$，或 $m_a = \pi V_{\text{RF}} / (2V_\pi) = 2\sqrt{2}$，可以计算出三阶截止点

$$\text{IIP3} = \frac{V_{\text{RF}}^2}{2R_{\text{in}}} = \frac{16V_\pi^2}{\pi^2 R_{\text{in}}} \qquad (5\text{-}27)$$

忽略三阶失真，中频信号的基波项功率可以表示为

$$P_{\text{IF}} = \frac{1}{2} R_{\text{out}} I_{\text{IF}}^2 \approx \frac{1}{2} R_{\text{out}} \eta^2 P_{\text{EDFA}}^2 \sin^2 \frac{\theta_a}{2} \frac{m_a^2}{J_2^2(m_b)} \qquad (5\text{-}28)$$

其中 R_{out} 是与 PD 的输出阻抗。根据输入调制器的 RF 功率，变频增益可以表示为

$$\text{Gain} = P_{\text{IF}} / P_{\text{RF}} \approx \frac{\pi^2 \eta^2 P_{\text{EDFA}}^2}{4V_\pi^2 J_2^2(m_b)} \sin^2 \frac{\theta_a}{2} R_{\text{in}} R_{\text{out}} \qquad (5\text{-}29)$$

根据式（5-25）替换掉 P_{EDFA}，变频增益还可以表示为

$$\text{Gain} \approx \frac{\pi^2}{4V_\pi^2} \eta^2 P_{\text{in}}^2 G_{\text{EDFA}}^2 J_2^2(m_b) \sin^2 \frac{\theta_a}{2} R_{\text{in}} R_{\text{out}} \qquad (5\text{-}30)$$

为了比较，计算文献[42]中基于 DPMZM 的基频混频系统的变频增益为

$$\text{Gain}' \approx \frac{\pi^2 \eta^2 P_{\text{EDFA}}^2}{4V_\pi^2 J_1^2(m_B)} R_{\text{in}} R_{\text{out}} \qquad (5\text{-}31)$$

其中 m_B 是文献[42]中的 LO 调制指数。如果两个方案中 EDFA 输出功率、调制器半波电压、输入输出阻抗等相等，则两个方案的变频增益之比可以表示为

$$\text{Gain} / \text{Gain}' = \sin^2 \frac{\theta_a}{2} J_1^2(m_B) / J_2^2(m_b) \qquad (5\text{-}32)$$

根据文献[42]中采用的最佳 LO 调制指数 $m_B = 0.22$，与文献[42]提出的方案相比，转换增益比约为−3dB，表明该二次谐波混频系统的变频增益与文献[42]中的基波混频系统变频增益近似相等。

2）实验结果与分析

按照图 5.13 所示的结构图搭建实验系统进行验证测试。实验中将一个 1GHz 的 RF 信号通过 10GHz 的 LO 信号上变频到 21GHz。首先从一个可调谐激光源

（Yokogawa AQ2200-136）产生一个波长为 1550nm、光功率为 10dBm、RIN 为 −150dB/Hz 的光载波，通过偏振控制后输入 DPMZM（Fujitsu FTM7962EP）。调制器的插入损耗为 4dB，每个子调制器的消光比大于 20dB，半波电压为 3.5V。从两个矢量信号源（R&S SMBV100A）分别产生 1GHz 和 1.01GHz 的正弦，通过电耦合器耦合后加驱动 MZMa；从一个微波模拟信号源（Agilent N5183A MXG）产生 10GHz 的本振信号经过电放大器后（CENTELLAX，OA3MVM）驱动 MZMb，其中 MZMb 工作在最大点。DPMZM 的输出光信号被噪声系数为 4dB 的 EDFA（KEOPSYS KPS-STD-BT-C-19-HG）放大，EDFA 设置在自动功率控制模式，输出的光功率固定为 10dBm。最终 21GHz 和 21.01GHz 的中频信号通过响应度为 0.6A/W 的 PD 探测出来，送到频谱分析仪分析，分辨率带宽设置为 10kHz。

　　根据上文原理分析，驱动放大器输出端的 LO 信号功率设置在 17dBm 来实现 0.28π 的调制指数。调节直流电压使 MZMc 工作在最小点。通过调整 MZMa 的直流偏压使其直流偏置角约为 0.39π，此时上变频后的信号功率最大。当输入的双音信号功率为 −10dBm 时，PD 探测出的上变频信号频谱如图 5.14 所示。考虑到光电检测器和频谱分析仪之间射频电缆约 3dB 的功率损失，基波项的能量约为 −22dBm，基波对 IMD3 的抑制比大于 55dB。

　　为了研究该变频系统的动态范围，依次改变输入双音信号的功率并测量上变频后基波、IMD3 以及噪声的功率，结果如图 5.15 所示。系统上变频增益为 −10.9dB，输入 RF 信号在很大范围内变化时基波的斜率为 1，表明变频增益很平坦。需要指出的是，实验中 PD 后没有跨阻放大器或外置电放大器。如果像文献 [42] 中那样，光电接收机带有一个增益为 700V/A 的跨阻放大器，变频增益可以进一步提高 23dB。实验中测得 10kHz 噪声功率为 −104.9dBm，归一化后的噪声底为 −144.9dBm/Hz，由此计算得到噪声系数为 40dB。系统噪声主要来源于由激光源的 RIN 噪声和 EDFA 的 ASE 噪声，如果使用一个大功率（20dBm）、低 RIN（−160dB/Hz）的激光二极管作为光源，噪声底和噪声系数可以进一步降低至少 10dB[43]。从图 5.15 还可以看出，IMD3 随着输入 RF 信号的增长以斜率 3 而增长，输入三阶截止点为 22.2dBm，与文献 [42] 计算的理论值 26dBm 很接近，差别主要是不精确的电缆插入损耗估计和调制器的半波电压估计。最终测得的系统 SFDR 为 $104.1\text{dB}\cdot\text{Hz}^{2/3}$。

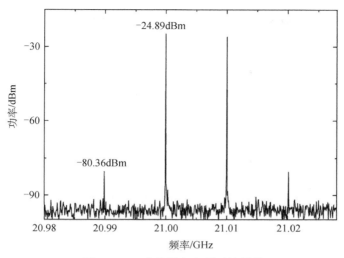

图 5.14　双音信号上变频后的频谱

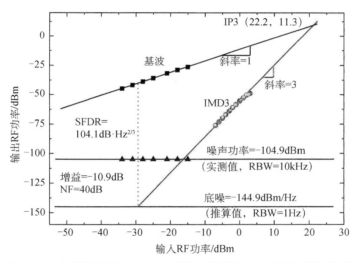

图 5.15　上变频后基波、IMD3 及噪声随输入 RF 功率的变化关系

为了进行性能比较,实验中同时对基于 DPMZM 的基波混频系统[42]和基于级联 MZM 的二次谐波混频系统[33]的主要技术指标进行了测量。实验中采用相同的激光源、DPMZM 和 PD,且激光源功率、EDFA 输出功率等设置相同。

在基于 DPMZM 的基波混频系统中,MZMa 和 MZMb 偏置在最小传输点。LO 信号的频率为 20GHz,依照文献[33]中所述,将 LO 调制指数设置为 0.22,实验结果见表 5.2。可以看到,本方案中采用二次谐波混频后,系统的变频增益、噪声系数(noise figure,NF)和 SFDR 等均无明显恶化,该结果符合理论分析。

在基于级联 MZM 的二次谐波混频实验中，第一个 MZM 半波电压为 3.5V，工作在正交传输点并被双音射频信号驱动。第二个 MZM 工作在最大传输点来实现 10GHz 的 LO 信号的二倍频，LO 调制指数通过文献[33]中所述进行优化。测试结果如表 5.2 所示，笔者提出的基于 DPMZM 的二次谐波混频系统相比于级联 MZM 的二次谐波混频系统，变频增益提高了 17.1dB，NF 降低了 10.5dB。这主要是由于 DPMZM 方案中光载波抑制后，参与混频的频率分量得到有效的放大，通过 EDFA 放大后变频增益比系统噪声增长的快。另一个原因是集成的 DPMZM 比离散的级联 MZM 结构有更低的插入损耗，因此 EDFA 在输出功率恒定的情况下，功率增益可以降低，这减少了 EDFA 引入的放大自发辐射（amplified spontaneous emission，ASE）噪声。两个混频系统的三阶截止点接近，但由于噪声系数的降低，基于 DPMZM 的二次谐波混频系统的 SFDR 也提高了 7.7dB。

表 5.2 三种微波光子混频系统的主要技术指标对比

混频方案	DPMZM 基波混频[42]	级联 MZM 二次谐波混频[33]	DPMZM 二次谐波混频[41]
增益/dB	−13.4	−28	−10.9
NF/dB	37.9	50.5	40
SFDR/（dB·Hz$^{2/3}$）	104.6	96.4	104.1

在本方案中，利用简单的 DPMZM 结构实现了二次谐波混频，相较于基于 DPMZM 的基波混频系统，该方案在保证变频增益、NF 和 SFDR 不恶化的情况下，降低了混频系统对 LO 频率、驱动放大器和调制器带宽的需求。相较于基于级联 MZM 的二次谐波混频系统，该方案通过调整 LO 的调制指数和调制器的直流偏置角，将光载波抑制，显著提高了变频增益，降低了 NF，提高了 SFDR。

5.3 本 章 小 结

本章针对微波混频器的高频段应用，研究了微波本振的光子学生成技术及光子学谐波混频技术。提出了两个微波本振光子学多倍频方案和一个二次谐波混频方案，并进行了理论分析和实验验证。

在基于级联调制器的微波本振六倍频方案中，利用低频本振分两路分别驱动 IM 和 DPMZM，利用两个调制器的非线性产生正负三阶光边带，并通过调制器偏压点等抑制其他边带，最终产生六倍于驱动信号的微波本振信号。该方案的特点是对两路调制指数没有太严格的要求，实验结果表明其具有较高的 ESSR、较低的相位噪声及较好的频率可调性。

在基于 DP-QPSK 调制器的微波本振八倍频方案中，低频本振通过两路分别驱动 DP-QPSK 调制器的两个射频口，通过选择合适的调制器偏压点、调整两路驱动信号的功率和相位差，最终产生八倍频本振信号。该方案同样没有使用光滤波器和电滤波器，具有良好的频率可调性，且生成的微波本振信号相位噪声较好。相比于级联调制器的六倍频方案，该方案的确定是要求两路调制指数必须相等，优点是只使用一个集成的调制器，结构简单，且倍频因子高。

最后，将光子学倍频与混频技术结合，设计了二次谐波混频方案。该二次谐波混频系统只利用一个集成的 DPMZM，在实现本振信号二倍频的同时，通过合理调整调制器偏压点和本振调制指数，使光载波得到抑制，进而提高了变频增益、噪声系数和动态范围。

本章中微波本振信号的光子学多倍频技术以及谐波混频技术的研究，可以降低系统对本振、调制器带宽以及驱动电路的频率需求，使微波光子混频技术适合更高频段的应用，对于解决目前高频段电子系统中的带宽瓶颈，具有重要的意义。

参 考 文 献

[1]陈捷平，段泽群. 低相噪高次倍频源的研制[J]. 现代雷达，1995，（5）：99-103.

[2]Yao X S，Maleki L. Optoelectronic microwave oscillator[J]. Journal of the Optical Society of America B，1996，7（12）：34-35.

[3]Yao X S，Maleki L. Optoelectronic oscillator for photonic systems[J]. IEEE Journal of Quantum Electronics，1996，32（7）：1141-1149.

[4]Yao X S，Maleki L. Multiloop optoelectronic oscillator[J]. IEEE Journal of Quantum Electronics，2000，36（1）：79-84.

[5]Zhu D，Pan S L，Ben D. Tunable frequency-quadrupling dual-loop optoelectronic oscillator[J]. IEEE Photonics Technology Letters，2012，24（3）：194-196.

[6]Chen Y，Li W Z，Wen A J，et al. Frequency-multiplying optoelectronic oscillator with a tunable multiplication factor[J]. IEEE Transactions on Microwave Theory & Techniques，2013，61（9）：3479-3485.

[7]Schneider G J，Murakowski J A，Schuetz C A，et al. Radiofrequency signal-generation system with over seven octaves of continuous tuning[J]. Nature Photonics，2013，7（2）：118-122.

[8]Serafino G，Ghelfi P，Villanueva G E，et al. Stable optically generated RF signals from a fibre mode-locked laser[C]. 2010 23rd Annual Meeting of the IEEE Photonics Society，2010：

193-194.

[9] Ghelfi P，Laghezza F，Scotti F，et al. A fully photonics-based coherent radar system[J]. Nature，2014，507（7492）：341-345.

[10] Yao J P. Microwave photonics[J]. Journal of Lightwave Technology，2009，27（3）：314-335.

[11] OEwaves，Inc. Micro-Opto-Electronic Oscillator（uOEO）[DB/OL]. http://www.oewaves.com/products/item/85-micro-opto，2015.

[12] Zou X，Liu X，Li W，et al. Optoelectronic oscillators（OEOs）to sensing，measurement，and detection[J]. IEEE Journal of Quantum Electronics，2016，52（1）：1-16.

[13] O'Reilly J J，Lane P M，Heidemann R，et al. Optical generation of very narrow linewidth millimetre wave signals[J]. Electronics Letters，1992，28（25）：2309-2311.

[14] Zhou F，Jin X F，Yang B，et al. Photonic generation of frequency quadrupling signal for millimeter-wave communication[J]. Optics Communications，2013，304（1）：71-74.

[15] Li W Z，Yao J P. Investigation of photonically assisted microwave frequency multiplication based on external modulation[J]. IEEE Transactions on Microwave Theory & Techniques，2010，58（11）：3259-3268.

[16] Zhang J，Chen H W，Chen M H，et al. A photonic microwave frequency quadrupler using two cascaded intensity modulators with repetitious optical carrier suppression[J]. IEEE Photonics Technology Letters，2007，19（14）：1057-1059.

[17] Lin C T，Shih P T，Chen J J，et al. Optical millimeter-wave signal generation using frequency quadrupling technique and no optical filtering[J]. IEEE Photonics Technology Letters，2008，20（12）：1027-1029.

[18] Liu W L，Wang M G，Yao J P. Tunable microwave and sub-terahertz generation based on frequency quadrupling using a single polarization modulator[J]. Journal of Lightwave Technology，2013，31（10）：1636-1644.

[19] O'Reilly J J，Lane P M. Fibre-supported optical generation and delivery of 60 GHz signals[J]. Electronics Letters，1994，30（16）：1329-1330.

[20] Zhang J，Chen H W，Chen M，et al. Photonic generation of a millimeter-wave signal based on sextuple-frequency multiplication[J]. Optics Letters，2007，32（9）：1020-1022.

[21] Pan S L，Yao J P. Tunable subterahertz wave generation based on photonic frequency sextupling using a polarization modulator and a wavelength-fixed notch Filter[J]. IEEE Transactions on Microwave Theory & Techniques，2010，58（7）：1967-1975.

[22] Guemri R，Lucarz F，Bourreau D，et al. Filterless millimetre-wave optical generation using optical phase modulators without DC bias[C]. 2014，10th Conference on Ph.D. Research in Microelectronics and Electronics. 2014：1-4.

[23] Ma J X，Xin X J，Yu J，et al. Optical millimeter wave generated by octupling the frequency of the local oscillator[J]. Journal of Optical Networking，2008，7（10）：837-845.

[24] Li W J，Yao J P. Microwave generation based on optical domain microwave frequency octupling[J]. IEEE Photonics Technology Letters，2010，22（1）：24-26.

[25] Zhang Y M，Pan S L. Experimental demonstration of frequency-octupled millimeter-wave signal generation based on a dual-parallel Mach-Zehnder modulator[C]. Microwave Workshop Series on Millimeter Wave Wireless Technology and Applications. 2012：1-4.

[26] Chen Y，Wen A J，Shang L，et al. A full-duplex radio-over-fiber link with 12-tupling mm-wave generation and wavelength reuse for upstream signal[J]. Optics & Laser Technology，2011，43 （7）：1167-1171.

[27] Hasan M，Guemri R，Maldonado-Basilio R，et al. Theoretical analysis and modeling of a photonic integrated circuit for frequency 8-tupled and 24-tupled millimeter wave signal generation[J]. Optics Letters，2014，39（24）：6950-6953.

[28] 安大伟，于伟华，吕昕. 基于石英基片的二毫米波段二次谐波混频器设计和研制[J]. 红外 与毫米波学报，2011，30（1）：33-37.

[29] 赵霞，徐军，薛良金. Ka 频段微带四次谐波混频器[J]. 电子科技大学学报，2003，32（1）： 14-17.

[30] 李积微，徐锐敏，薛良金. Ka 频段谐波混频器的研究[C]. 中国电子学会微波学会第四届 全国毫米波学术会议. 2000.

[31] 郑楷文，丁德志，徐金平. E 波段八次谐波混频器的设计[J]. 新型工业化，2012，（4）：62-66.

[32] 张报明，刘永红，杨晴龙，等. 宽带无线通信系统的零中频接收机设计[J]. 电信科学，2010， 26（12）：144-148.

[33] Ho K P，Liaw S K，Lin C. Efficient photonic mixer with frequency doubling[J]. IEEE Photonics Technology Letters，1997，9（4）：511-513.

[34] Shin M，Kumar P. Optical microwave frequency up-conversion via a frequency-doubling optoelectronic oscillator[J]. IEEE Photonics Technology Letters，2007，19（21）：1726-1728.

[35] Chi H，Yao J P. Frequency quadrupling and upconversion in a radio over fiber link[J]. Journal of Lightwave Technology，2008，26（15）：2706-2711.

[36] Pagán V R，Murphy T E. Electro-optic millimeter-wave harmonic downconversion and vector demodulation using cascaded phase modulation and optical filtering[J]. Optics Letters，2015， 40（11）：2481-2484.

[37] Chen Y，Wen A J，Chen Y，et al. Photonic generation of binary and quaternary phase-coded microwave waveforms with an ultra-wide frequency tunable range[J]. Optics Express，2014， 22（13）：15618-15625.

[38] Gao Y S，Wen A J，Yu Q W，et al. Microwave generation with photonic frequency sextupling based on cascaded modulators[J]. IEEE Photonics Technology Letters，2014，26（12）：1199-1202.

[39] Gao Y S，Wen A J，Li N N，et al. Microwave generation with photonic frequency octupling using a DPMZM in a Sagnac loop[J]. Journal of Modern Optics，2015，62（16）：1291-1296.

[40] Gao Y S，Wen A J，Jiang W，et al. Photonic microwave generation with frequency octupling based on a DP-QPSK modulator[J]. IEEE Photonics Technology Letters，2015，27（21）：2260-2263.

[41] Gao Y S，Wen A J，Zhang H X，et al. An efficient photonic mixer with frequency doubling based on a dual-parallel MZM[J]. Optics Communications，2014，321（12）：11-15.

[42] Chan E H E，Minasian R A. Microwave photonic downconverter with high conversion efficiency[J]. Journal of Lightwave Technology，2012，30（23）：3580-3585.

[43] Middleton C，Borbath M，Wyatt J，et al. Measurement of SFDR and noise in EDF amplified analog RF links using all-optical down-conversion and balanced receivers[J]. Proceedings of SPIE-The International Society for Optical Engineering，2008：69750Q-12.

第6章　微波光子混频及光纤传输

本章研究光纤传输对微波光子混频性能的影响，重点考虑光纤色散引起的射频信号周期性功率衰落问题。分析总结目前的色散功率衰落补偿方法，提出基于 Sagnac 环中相位调制的功率补偿技术。将微波光子混频与光纤传输相结合，分别提出基于 Sagnac 环中双电极马赫−曾德尔调制器（dual-electrode Mach-Zehnder modulator，DEMZM）调制、基于偏振复用马赫−曾德尔调制器（polarization division multiplexing Mach-Zehnder modulator，PDM-MZM）的两种可补偿混频信号功率衰落的微波光子混频系统，同时开展相应的理论分析与实验验证。

6.1　光纤色散引起的周期性功率衰落

如第 1 章所述，由于光纤固有的低损耗特点，非常适合长距离传输射频信号。光载射频（radio over fiber，ROF）传输技术中，一般采用简单的双边带调制（double sideband modulation，DSB）方式。设光载波角频率为 ω_c，射频信号角频率为 ω_{RF}，DSB 调制后的光信号包含光载波（carrier）和上下边带（upper/lower sideband，USB/LSB），如图 6.1（a）所示。如果没有经过光纤传输就直接进行光电探测，USB 与 LSB 分别与载波拍频，得到两个角频率为 ω_{RF} 的射频分量，由于相位相同，所以两项干涉增强。如果经过了光纤传输，则由于光纤的色散效应，光信号中不同的频率分量会经过不同的相移。长度为 L 的光纤的传递函数可表示为[1]

$$H(\omega) = \exp\left[j\beta(\omega)L \right] \tag{6-1}$$

其中色散系数 $\beta(\omega)$ 可以在 $\omega = \omega_c$ 处展开为

$$\beta(\omega) = \beta_0 + \beta_1(\omega - \omega_c) + \frac{\beta_2}{2}(\omega - \omega_c)^2 + \cdots \tag{6-2}$$

其中 $\beta_n (n = 0, 1, 2)$ 为 $\beta(\omega)$ 在 $\omega = \omega_c$ 处的各阶导数，与折射率有关。β_1 是群速度的倒数，β_2 是群速度色散[2]，高阶项可以忽略群速度。群速度色散是导致功率衰落的原因[3,4]，因此可将光纤传递函数重新表示为

$$H(\omega) = \exp\left[j\frac{\beta_2}{2}(\omega - \omega_c)^2 L \right] \tag{6-3}$$

由上式可知，对于角频率为 ω_c 的光载波，光纤不引入群速度色散；对于角频率为 $\pm\omega_{RF}$ 的上下光边带，群速度色散会引入 $\varphi = \beta_2\omega_{RF}^2 L/2$ 的相移，如图 6.1（b）所示。经过光纤的 DSB 光信号在经过 PD 光电探测后，得到的两项角频率 ω_{RF} 的射频分量会出现相位差 2φ。由于该相位差与射频频率的平方和光纤长度成正比，因此矢量叠加后的射频信号功率会随着射频频率的平方或光纤长度发生周期性变化。尤其当相位差 $2\varphi = 180°$ 时，两个射频信号分量完全抵消，产生严重的功率衰落。因此，色散引起的功率衰落是 ROF 系统中必须解决的问题。

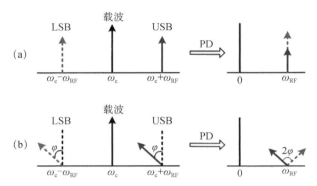

图 6.1　DSB 光信号频谱及光电探测后电谱：（a）无光纤传输；（b）有光纤传输

6.2　色散功率衰落及补偿技术

6.2.1　目前的功率补偿技术研究

由以上分析可知，功率衰落源于两个光边带分量在光电探测后的干涉相消，因此可以通过单边带调制（single sideband modulation，SSB）技术，彻底消除功率衰落。SSB 主要有两种实施方法，第一是 RF 信号分两路正交驱动调制器。调制器可以采用 DEMZM[5-7]、双并行马赫-曾德尔调制器（dual-parallel Mach-Zehnder modulator，DPMZM）[8,9] 或级联的两个调制器[10]。然而为了对两路驱动信号产生 90°相移，需要使用电移相器或正交耦合器，这两个频率相关器件会限制工作频率的调谐，尤其在宽带信号应用中实施难度较大，会导致较大的移相误差。第二种实现 SSB 的方法是采用光滤波技术滤掉其中一个光边带[11-13]，然而这种方法的明显缺点是工作频率可调性差，需要根据 RF 频率来调整光源波长或滤波器通带波长，保证滤除其中一个边带的同时，保留另一个边带和光载波。SSB 的另外一个缺点，是由于一个光边带的缺失，所以最终 RF 功率损失 6dB[14]。

针对目前 SSB 实现的难题，研究者重新从 DSB 出发，提出新型的 DSB 调制链路来克服功率衰落。文献[14]、[15]中通过调节两路驱动信号的相位差实现啁啾可调的 DSB 来补偿功率衰落，这种 DSB 方法可以降低 SSB 中存在的 RF 功率损失，然而由于要根据光链路调制两路驱动信号的相位差，实现复杂度大于 SSB。另外可以通过非线性啁啾光纤布拉格光栅（fiber Bragg grating，FBG）[16]、调制分集接收[17]等技术对 DSB 调制的光信号进行功率补偿，但实现难度也较大。清华郑小平课题组利用 DPMZM 提出一种新型的 DSB 技术，可通过直流偏压控制任意调节光载波的相位，以此来改变两个射频分量的相位差，实现功率补偿，该方案中需要解决 DPMZM 直流偏压漂移问题。南京航空航天大学潘时龙课题组利用一个偏振调制器，结合偏振控制器和起偏器，产生一个边带相位可调的 DSB 调制信号，实现功率补偿。这两种方案结构简单、不需要电移相器等频率相关器件，频率调谐性好。需要注意的是，以上新型的 DSB 方法不能消除功率衰落，只能通过调节频率响应曲线，使工作频点避免功率衰落，如果更换工作频率或光纤长度，则需要重新调整系统参数。

针对 RF 信号光纤传输可能面临的功率衰落问题，Betts 等也提出了一种新型的 DSB 方案[18]，利用双电极马赫-曾德尔调制器（DEMZM）的一个电极加载 RF 信号，另一个电极空载，通过调节调制器直流偏压点，可任意调节光载波的相位，从而改变光纤传输后的频率响应曲线，使工作频点处于功率峰值点。除此之外，课题组还提出一个基于 Sagnac 环中相位调制的新型 DSB 方案[19]，原理与单驱动 DEMZM 方案类似，但避免了直流漂移问题，且可同时补偿多个光纤通道面临的功率衰落问题。下面着重对基于 Sagnac 环中相位调制的新型 DSB 调制方案进行原理分析和实验验证。

6.2.2　基于 Sagnac 环中相位调制的功率补偿

在基于 Sagnac 环中相位调制的 DSB 的光链路方案中，相位调制器在 Sagnac 环中双向工作，利用调制器的速度匹配特性，正向通过相位调制器的光被 RF 信号有效调制，而反向通过调制器的光得不到有效调制[20]。通过起偏器将相位调制信号和未调制的光载波干涉，可以实现相位至强度调制（phase modulation to intensity modulation，PM-IM）的转换，得到 DSB 信号。另外 DSB 信号中光载波的相位可以通过调谐起偏器之前的光信号的偏振态来改变，以此改变光纤传输链路的频率响应，补偿所在工作频率上的功率衰落。实验中，分别就 PM-IM 转换以及功率衰落补偿效果进行了验证，并对常规 DSB 和该新型 DSB 方案的 SFDR

进行了测试比较。

1）方案原理

方案原理图如图 6.2 所示，方案中（a）～（e）各处的简易频谱表示在方案图下面。由激光器产生的光载波，经过一个偏振控制器（polarization controller，PC）和一个光学环形器（optical circulator，OC）进入偏振分束器（polarization beam splitter，PBS）。通过调节 PC1，光载波被 PBS 分为两个功率相等、相互正交的线偏振光。由 PBS 端口 1 输出的光波沿着顺时针方向（clockwise，CK）正向进入 PM，并被 RF 信号调制。另一方面，由 PBS 端口 2 输出的光波沿着逆时针方向（counter-clockwise，CCK）反向进入 PM，没有得到有效调制。然后两个光信号再次到达 PBS，被合成为一个偏振复用光信号，并通过 OC 导出。在进入起偏器之前，可以通过 PC2 控制偏振复用信号的偏振态。经过单模光纤（single mode fiber，SMF）传输后，PD 检测光信号并得到 RF 信号。

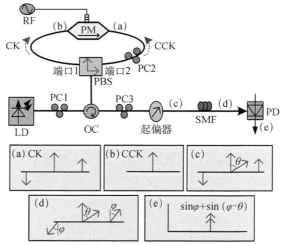

图 6.2　基于 Sagnac 环中相位调制的功率补偿方案原理

LD 输出的光信号为 $E_c(t) = E_c \exp(\mathrm{j}\omega_c t)$，其中 E_c 和 ω_c 分别为光载波的幅度和角频率。PBS 端口 1 和端口 2 输出的光波可以表示为

$$E_1(t) = E_2(t) = E_c(t)/\sqrt{2} \tag{6-4}$$

输入的 RF 信号表示为 $V_{RF}\sin(\omega_{RF}t)$，其中 V_{RF} 和 ω_{RF} 分别为其幅度和角频率。假设调制器有理想的消光比，调制器顺时针方向输出的光信号可以表示为

$$E_{CK}(t) = \sqrt{\mu/2}E_c(t)\exp\left[jm\sin(\omega_{RF}t)\right]$$
$$\approx \sqrt{\mu/2}E_c(t)\left[J_0(m) + J_1(m)\exp(j\omega_{RF}t)\right. \tag{6-5}$$
$$\left. -J_1(m)\exp(-j\omega_{RF}t)\right]$$

其中 μ 表示调制器的插入损耗，$m = \pi V_{RF}/V_\pi$ 是相位调制指数。由于调制指数一般较小，上式中忽略了二阶以上光边带。如图 6.2（a）所示，顺时针方向产生的光信号包括光载波和正负一阶边带。这个相位调制信号不能直接被强度探测，因为正负一阶边带的相位相对于光载波有 π 的相位差，由两个边带探测出来的光电流会相互抵消。

由于 PBS 端口 1 和端口 2 输出光信号的偏振态是正交的，调制器和 PBS 的端口 2 之间需要一个 $90°$ 的偏振旋转器（polarization rotator，PR）。由于反向应用时调制器中 RF 与光载波传输速度不匹配，逆时针方向的光载波受到的调制很微弱，可以忽略。逆时针输出的光信号如图 6.2（b）所示，可以表示为

$$E_{CCK}(t) = \sqrt{\mu/2}E_c(t) \tag{6-6}$$

然后两个光信号再次到达 PBS，被合成为一个偏振复用信号。在进入起偏器之前，PC2 控制偏振复用信号的偏振态。通过调制 PC2，使起偏器的主轴与 PBS 的主轴有 δ 的角度差，同时使顺时针和逆时针光波的相位差为 θ。起偏器输出的光信号如图 6.2（c）所示，可以表示为

$$E_{out}(t) = E_{CK}(t)\cos\delta + E_{CCK}(t)\sin\delta\exp(j\theta)$$
$$= \sqrt{\mu/2}E_c(t)\cdot\left[J_0(m)\cos\delta + \sin\delta\exp(j\theta)\right. \tag{6-7}$$
$$\left. +J_1(m)\cos\delta\exp(j\omega_{RF}t) - J_1(m)\cos\delta\exp(-j\omega_{RF}t)\right]$$

从上式和图 6.2（c）可以看出，起偏器输出的光信号，相当于一个相位可调的光载波加到了一个相位调制信号中，此时实现了 PM-IM 的转换，可以被强度探测。响应度为 η 的 PD 对其强度探测后，可以得到角频率为 ω_{RF} 的电信号，其电流可以近似表示为

$$i_{RF}(t) = \eta\left|E_{out}(t)\right|^2$$
$$= \eta\mu E_c^2 J_1(m)\sin 2\delta\sin\theta\sin(\omega_{RF}t) \tag{6-8}$$

贝塞尔函数展开后，电信号的峰值电流可以表示为

$$I_{\omega_{RF}} \approx \frac{1}{2}\eta\mu E_c^2 m\sin 2\delta\sin\theta \tag{6-9}$$

当 $\delta = \pi/4$ 且 $\theta = \pi/2$ 时，该电信号达到了它的最大值，此时的链路增益可以表示为

$$\text{Gain} = \left(R_{\text{out}} I_{\omega_{\text{RF}}}^2 / 2 \right) / \left[V_{\text{RF}}^2 / \left(2 R_{\text{in}} \right) \right]$$
$$= \frac{1}{4} R_{\text{in}} R_{\text{out}} \left(\pi \eta \mu E_{\text{c}}^2 / V_\pi \right)^2 \qquad (6\text{-}10)$$

为了评估该系统链路增益，考虑一个基于单驱动、零啁啾 MZM 的常规 DSB 调制方案，当调制器设置在正交传输点时，链路增益最大，可以表示为

$$\text{Gain}_{\text{MZM}} = \frac{1}{4} R_{\text{in}} R_{\text{out}} \left(\pi \eta \mu E_{\text{c}}^2 / V_\pi \right)^2 \qquad (6\text{-}11)$$

从式（6-10）和式（6-11）可以看出，如果以上相位调制器和 MZM 的插入损耗和半波电压相同，则该基于 Sagnac 环中相位调制的 PM-IM 转换方案与常规的强度调制方案的链路增益一样大，证明该新型 DSB 调制方案具有较好的调制效率。

接下来考虑光纤传输后的情况。加上光纤衰减，式（6-3）所描述的光纤传递函数可以重新表示为

$$H(\text{j}\omega) = \exp \left[-\alpha_{\text{SMF}} L / 2 + \text{j}\beta_2 L \left(\omega - \omega_{\text{c}} \right)^2 / 2 \right] \qquad (6\text{-}12)$$

其中 α_{SMF} 是光纤的衰减系数。根据式（6-7），经过光纤传输后的光信号可以表示为

$$\begin{aligned}
E_{\text{SMF}}(t) = &\sqrt{\mu / 2} E_{\text{c}}(t) \exp\left(-\alpha_{\text{SMF}} L / 2 \right) \\
&\times \left[J_0(m) \cos\delta + \sin\delta \exp(\text{j}\theta) \right. \\
&+ J_1(m) \cos\delta \exp \text{j}\left(\omega_{\text{RF}} t + \varphi \right) \\
&\left. - J_1(m) \cos\delta \exp \text{j}\left(-\omega_{\text{RF}} t + \varphi \right) \right]
\end{aligned} \qquad (6\text{-}13)$$

由于光纤色散的作用，正负一阶边带相对于光载波会产生相移 φ，如图 6.2（d）所示。

传输后的光信号由 PD 直接探测后，角频率为 ω_{RF} 的电信号将在 $\delta = \pi / 4$ 达到最大值，此时的峰值电流可以近似表示为

$$I_{\text{RF}} \approx \frac{1}{2} \eta \mu E_{\text{c}}^2 m \exp\left(-\alpha_{\text{SMF}} L \right) \left[\sin\varphi + \sin\left(\varphi - \theta \right) \right] \qquad (6\text{-}14)$$

如图 6.2（e）所示，电流由两部分构成，它们分别由一阶边带与顺时针和逆时针方向的光载波拍频产生。对于一个固定的 θ，信号的峰值电流是关于色散相移 φ 的一个周期函数。因此，对于固定光纤长度的光链路，信号功率会随着工作频率周期性变化。

为了避免功率衰落，并确保高且平坦的链路增益，可以通过调整 PC2 来调谐 θ 值，以满足以下条件

$$\left| \sin(\varphi) + \sin(\varphi - \theta) \right| = 1 \qquad (6\text{-}15)$$

当 $\varphi \in (0, \pi]$ 时，最佳偏置角 θ 为

$$\theta_{\text{opt}} = \begin{cases} \varphi - \arcsin(1 - \sin\varphi) \\ \varphi - \pi + \arcsin(1 - \sin\varphi) \end{cases} \qquad (6\text{-}16)$$

当 $\varphi \in (-\pi, 0]$ 时，最佳偏置角 θ 为

$$\theta_{\text{opt}} = \begin{cases} \varphi + \arcsin(1 + \sin\varphi) \\ \varphi - \pi - \arcsin(1 + \sin\varphi) \end{cases} \qquad (6\text{-}17)$$

按以上条件进行功率补偿后，电信号的峰值电流为

$$I_{\omega_{\text{RF}}} \approx \frac{1}{2}\eta\mu E_c^2 m \exp(-\alpha_{\text{SMF}} L) \qquad (6\text{-}18)$$

此时链路增益可以表示为

$$\text{Gain} = \frac{1}{4} R_{\text{in}} R_{\text{out}} \left[\pi\eta\mu E_c^2 \exp(-\alpha_{\text{SMF}} L) / V_\pi \right]^2 \qquad (6\text{-}19)$$

显然，通过合理地调整起偏器之前的光信号的偏振态，无论工作频率和光纤长度是多少，总能补偿由色散引入的功率衰落。

2）实验结果与分析

依照图 6.2 所示的方案原理搭建实验链路进行验证分析。激光器产生功率为 9dBm，RIN 为 -145dB/Hz，波长为 1550nm 的光载波，经过一个 PC 控制偏振态后，依次连接光环形器和 PBS，PBS 输出两路具有相同功率的光载波。相位调制器（Covega，Mach-10）的 3dB 带宽为 12GHz，插入损耗为 2.3dB，半波电压约为 3.7V。相位调制器的输入输出端口分别与 PBS 的输入输出端口相连。PBS 和相位调制器的输入端尾纤是沿着慢轴方向对准的保偏光纤。实验中 PBS 的一个端口内置 90°的 PR，所以 PBS 的两个输出端口均输出慢轴对准的线偏振光。考虑到调制器输出端尾纤不是保偏光纤，实验中将一个 PC 置于调制器输出端和 PBS 端口 2 之间，将调制器的主轴与 PBS 主轴对齐。

由矢网仪（Anritsu MS4644B）发出扫频 RF 信号驱动调制器。从 Sagnac 环输出的光信号在进入起偏器之前由另外一个 PC 来控制偏振态。然后光信号进入一个宽带 PD（U2T MPDV1120RA）中进行光电探测，电信号进入 VNA 测试。PD 的 3dB 带宽为 35GHz，响应度为 0.6A/W。光环形器、PBS、起偏器和三个 PC 总的插入损耗约为 3.5dB。

第一步，起偏器输出的光信号不经过光纤传输直接送入 PD 中。根据上文的分析，当 $\delta = \pi/4$ 和 $\theta = \pi/2$ 时，链路增益达到最大。通过适当地调制起偏器之

前的 PC，该链路的最佳频率响应如图 6.3 中虚线所示。

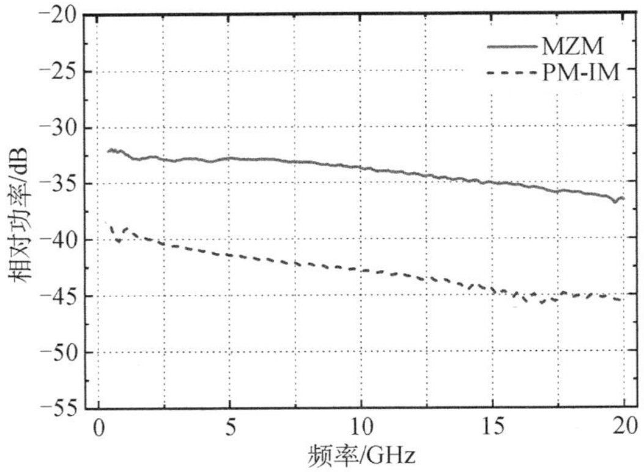

图 6.3　MZM 链路与所提 PM-IM 转换链路的频率响应

　　为了对比分析，常规的基于 MZM 的 DSB 调制光链路的频率响应也进行了测试。实验中采用的 MZM（Sumitomo T.MXH1.5DP-40）的 3dB 带宽在 25GHz 以上，半波电压大约为 3V，插入损耗为 3.6dB。频率响应测试结果如图 6.3 中实线所示。

　　根据 6.2 节的分析，这两个链路预计有相同的增益。然而，PM-IM 链路比 MZM 链路多了 2.2dB 的光损耗，将会导致链路增益减少 4.4dB。另外相位调制器的半波电压比 MZM 大，根据式（6-10）和式（6-11），这将导致 PM-IM 链路增益再降低 20lg（3.7/3）=1.8dB，进而 PM-IM 链路增益预计比 MZM 链路增益低 6.2dB。从图 6.3 的两条曲线可以看出，所提出的基于 PM-IM 转换链路的频率响应比 MZM 链路低 6～9dB。考虑到两者 3dB 带宽不同，该结果与理论分析基本一致。

　　用两个射频源产生中心频率为 12.3GHz，带宽为 10MHz 的双音信号对两个链路进一步测试 SFDR。依次改变输入双音信号功率，并测量输出的基波、IMD3 和噪声底，结果如图 6.4 所示。MZM 链路与所提出的 PM-IM 链路的 SFDR 分别为 93.1dB·Hz$^{2/3}$ 和 90.3dB·Hz$^{2/3}$。所提出的 PM-IM 链路的 SFDR 相对 MZM 链路有 2.8dB 的下降，这主要源于其较大的光损耗。另外，由于实验中频谱仪的固有噪声电平限制，实际的噪底可能低于−155dBm/Hz 而无法被准确测量，因此两个链路的 SFDR 应该会更大一些。

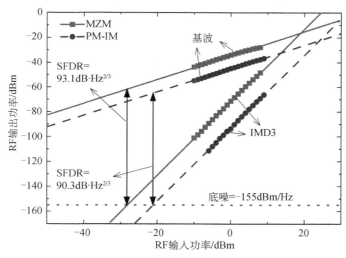

图 6.4　MZM 链路与所提 PM-IM 转换链路的 SFDR

第二步，长度分别为 25km 或 50km 的 SMF 置于起偏器和 PD 之间，对所提出的 PM-IM 链路与 MZM 链路的性能进行测试分析。光纤的色散系数约为 16ps/（nm·km），损耗系数约为 0.2dB/km。在基于 MZM 的链路进行传统的 DSB 调制，由于光纤的色散，在固定的频率上会出现功率衰落。经过 25km 或 50km 的光纤传输后，MZM 链路的频率响应如图 6.5（a），（b）中实线所示。为了清晰地观察链路的频率响应，测试结果参照未经过光纤传输的 MZM 链路的频率响应进行了归一化。从图 6.5（a），（b）中可以看出，25km 传输后的 12.4GHz 频点以及 50km 传输后的 8.7GHz、4.9GHz 和 19.3GHz 频点均发生了严重的功率衰落。另外图 6.5（a）和（b）中响应曲线的峰值分别为−20dB 和−10dB，这是由光纤的衰减引起的。

对于所提出的 PM-IM 链路，通过调整起偏器之前光信号的偏振态，可以控制链路频率响应，进而补偿功率衰落。在实验中，RF 信号的频率以 1GHz 为步进从 1GHz 到 20GHz 改变。根据上文的分析，在每个频点，调整起偏器之前的 PC 来满足式（6-16）和式（6-17）表示的功率补偿条件。经过功率补偿后，在每个频率下，经过 25km 和 50km 光纤传输后的链路增益分别如图 6.5（a），（b）中离散点所示。实验结果也参照没有光纤传输的频率响应作了归一化。除了由 25km 和 50km 单模光纤的衰减引起的 10dB 和 20dB 的功率损耗，可以看出在 1GHz 到 20GHz 的任意频点上，链路都有一个高而稳定的增益。

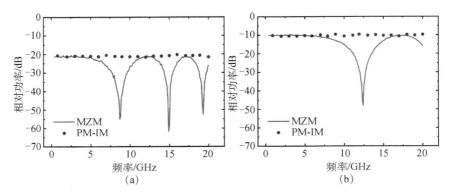

图 6.5　经过光纤传输后两个光链路的频率响应：（a）25km；（b）50km

为了评估所提 PM-IM 链路在补偿功率后的性能，实验中分别测量了 25km 光纤传输后两条链路的 SFDR。双音信号的中心频率为 12.3GHz，接近常规 MZM链路的最大功率衰落点。实验测量结果如图 6.6 所示，经过 25km 光纤传输后对于 MZM 链路和所提出 PM-IM 链路的 SFDR 分别为 68.4dB·Hz$^{2/3}$ 和81.2dB·Hz$^{2/3}$。经过功率补偿后，SFDR 得到了 12.8dB 的提高。

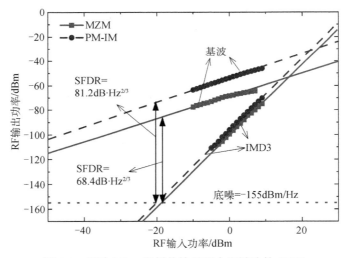

图 6.6　经过 25km 光纤传输后两个光链路的 SFDR

该功率补偿方案可以拓展到多通道应用。环形器输出的光信号功分多路，每路经过不同长度的光纤传输，每路可以根据各自光纤长度，独立地控制起偏器前的偏振态，进而使每路都避免功率衰落。

该新型 DSB 调制的光链路，利用 Sagnac 环实现 PM-IM 转换，另一个重要优点是不存在强度调制链路中面临的偏置漂移问题。

6.3 可补偿色散功率衰落的微波光子混频系统

基于 DSB 调制的微波光子混频系统在经过光纤传输后，混频信号同样也会发生周期性功率衰落，原理与 6.2 节中 RF 信号的光纤传输类似。目前研究中提到的功率补偿技术，也可以直接应用于微波光子混频系统中。如基于 Sagnac 环中相位调制的功率补偿技术，可以通过在 PD 之前级联一个强度调制器用于 LO 信号调制，则该方案可以实现 RF 与 LO 的混频，且混频信号的功率衰落可以用上文描述的偏振态控制进行补偿。再如可以通过光滤波[21]、正交驱动[22,23]等实现 RF 或 LO 的单边带调制，进而消除功率衰落。文献[24]报道了一种基于 RF 和 LO 新型 DSB 调制的上变频方案，可以通过 RF 和 LO 光边带的相位差来补偿功率衰落，然而由于光载波的存在，所以系统变频增益较低、混频信号中谐波较为明显。

在 6.3.1 节中，笔者提出两种可补偿光纤传输后混频信号功率衰落的微波光子混频方案：基于 Sagnac 环中 DEMZM 调制的混频系统[25]及基于 PDM-MZM 的混频系统。这两种方案结构不同，但都可以通过方便地调节系统参数，实现光纤传输后混频信号的功率补偿，且都可以通过抑制光载波，提高变频增益、提高混频信号纯度。另外，基于 PDM-MZM 的混频系统可以进行多路不同光纤长度的传输，且可同时实现每一路中的混频信号功率的补偿。

6.3.1 基于 Sagnac 环中 DEMZM 调制的微波混频及光纤传输

本小节提出一个基于 Sagnac 环中 DEMZM 调制、可补偿色散功率衰落的混频系统，并进行理论分析与实验验证。考虑到 DEMZM 只有一个直流偏置，比其他平行结构的调制器简单、控制方便，南京航空航天大学潘时龙课题组曾提出基于 DEMZM 的微波混频方案[26]。本节提出的混频方案也采用 DEMZM 进行 RF 和 LO 的调制，但有以下两个显著创新：第一，RF 调制边带和 LO 调制边带的相位差可以通过调节调制器的直流偏置任意改变，这用于补偿光纤色散引起的周期性功率衰落；第二，DEMZM 被放置在 Sagnac 环中以抑制光载波，这样不仅可以提高变频增益，还可以将 IF 信号中不需要的 RF 和 LO 信号抑制，提高 RF-IF 和 LO-IF 的隔离度。

1）方案原理

基于 DEMZM 的微波光子混频系统如图 6.7 所示[26]。从激光二极管输出的光载波表示为 $E_c(t) = E_c \exp(j\omega_c t)$，其中 E_c 是光载波的幅度，ω_c 是角频率。RF 和 LO 信号可以分别表示为 $V_{RF} \sin(\omega_{RF} t)$ 和 $V_{LO} \sin(\omega_{LO} t)$，其中 V_{RF} 和 V_{LO} 是幅度，ω_{RF} 和 ω_{LO} 是角频率。RF 和 LO 信号的调制指数可分别表示为 $m_{RF} = \pi V_{RF} / V_\pi$ 和 $m_{LO} = \pi V_{LO} / V_\pi$，其中 V_π 是调制器每个射频电极的半波电压。调制器的直流偏置角记为 θ，可以通过调制器的直流偏置电压来任意调谐。调制器的输出光信号可以表示为

$$
\begin{aligned}
E(t) &= \frac{\sqrt{\mu} E_c(t)}{2} \Big[\exp(j m_{LO} \sin \omega_{LO} t) \\
&\quad + \exp(j m_{RF} \sin \omega_{RF} t + j\theta) \Big] \\
&\approx \frac{\sqrt{\mu} E_c(t)}{2} \Big\{ J_1(m_{LO}) \big[\exp(j\omega_{LO} t) - \exp(-j\omega_{LO} t) \big] \\
&\quad + J_1(m_{RF}) \big[\exp(j\omega_{RF} t + j\theta) - \exp(-j\omega_{RF} t + j\theta) \big] \\
&\quad + J_0(m_{RF}) \exp(j\theta) + J_0(m_{LO}) \Big\}
\end{aligned}
\tag{6-20}
$$

其中 μ 表示 DEMZM 的插入损耗。考虑到调制指数较小，高阶光边带可以忽略。如果上式中的贝塞尔函数近似用 $J_0(m_{RF,LO}) \approx 1$ 和 $J_1(m_{RF,LO}) \approx m_{RF,LO} / 2$ 来展开，则从调制器输出的光信号可以表示为

$$
\begin{aligned}
E(t) &\approx \sqrt{\mu} E_c(t) / 4 \\
&\quad \times \Big\{ m_{RF} \big[\exp(j\omega_{RF} t) - \exp(-j\omega_{RF} t) \big] \exp(j\theta) \\
&\quad + m_{LO} \big[\exp(j\omega_{LO} t) - \exp(-j\omega_{LO} t) \big] + 2\exp(j\theta) + 2 \Big\}
\end{aligned}
\tag{6-21}
$$

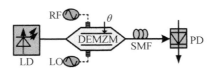

图 6.7　基于 DEMZM 的微波光子混频系统原理图

该光信号主要包含一个光载波，以及被 RF 和 LO 信号调制的正负一阶边带，如图 6.8（a），（b）所示。如果光信号没有通过光纤传输，直接送入 PD 检测到的交流信号电流可以表示为

$$i(t) = \eta \left| E(t) \right|^2$$

$$
\begin{aligned}
= \frac{\eta \mu E_{\mathrm{c}}^2}{8} \Big\{ & 4 m_{\mathrm{LO}} \sin\theta \sin(\omega_{\mathrm{LO}} t) - 4 m_{\mathrm{RF}} \sin\theta \sin(\omega_{\mathrm{RF}} t) \\
& + 2 m_{\mathrm{RF}} m_{\mathrm{LO}} \cos\theta \cos\big[(\omega_{\mathrm{RF}} - \omega_{\mathrm{LO}}) t \big] \\
& - 2 m_{\mathrm{RF}} m_{\mathrm{LO}} \cos\theta \cos\big[(\omega_{\mathrm{RF}} + \omega_{\mathrm{LO}}) t \big] \\
& - m_{\mathrm{LO}}^2 \cdot \cos(2\omega_{\mathrm{LO}} t) - m_{\mathrm{RF}}^2 \cdot \cos(2\omega_{\mathrm{RF}} t) \Big\}
\end{aligned}
\tag{6-22}
$$

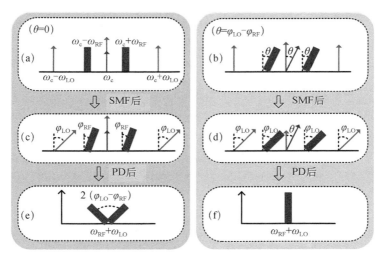

图 6.8　光谱演化示意图

从上式可以看出当调制器工作在最大点（$\theta=0$）或者最小点（$\theta=\pi$）时，混频信号（$\omega_{\mathrm{RF}} \pm \omega_{\mathrm{LO}}$）幅度最大，且 RF 和 LO 信号被抑制，具有较高的 RF-IF 和 LO-IF 隔离度，这已经在文献[26]中得到实验验证。然而，该混频系统仅仅被用于下变频，未考虑光纤传输的影响。如果已调光信号在进入 PD 之前经过光纤传输，考虑到光纤色散对光信号各频率分量的影响后，最佳调制器工作点也许会改变。

根据式（6-12）所描述的光纤传递函数，经过 SMF 传输后的光信号可以表示为

$$
\begin{aligned}
E_{\mathrm{SMF}}(t) \approx \sqrt{\mu} E_{\mathrm{c}}(t) & \exp(-\sigma L / 2) / 4 \\
\times \Big\{ & m_{\mathrm{RF}} \big[\exp(\mathrm{j}\omega_{\mathrm{RF}} t) - \exp(-\mathrm{j}\omega_{\mathrm{RF}} t) \big] \cdot \exp\big[\mathrm{j}(\theta + \varphi_{\mathrm{RF}}) \big] \\
& + m_{\mathrm{LO}} \big[\exp(\mathrm{j}\omega_{\mathrm{LO}} t) - \exp(-\mathrm{j}\omega_{\mathrm{LO}} t) \big] \cdot \exp(\mathrm{j}\varphi_{\mathrm{LO}}) \\
& + 2\exp(\mathrm{j}\theta) + 2 \Big\}
\end{aligned}
\tag{6-23}
$$

其中 $\varphi_{\mathrm{RF}} = \beta_2 L \omega_{\mathrm{RF}}^2 / 2$ 和 $\varphi_{\mathrm{LO}} = \beta_2 L \omega_{\mathrm{LO}}^2 / 2$ 分别是 RF 和 LO 调制的光边带相对于光

载波的色散相移。此光信号被 PD 检测后输出的交流信号电流可以表示为

$$
\begin{aligned}
i_{\mathrm{SMF}}(t) &= \eta \left| E_{\mathrm{SMF}}(t) \right|^2 \\
&= \eta \mu E_{\mathrm{c}}^2 \exp(-\sigma L)/8 \\
&\times \Big\{ -4 m_{\mathrm{LO}} \big[\sin(\varphi_{\mathrm{LO}} - \theta) + \sin \varphi_{\mathrm{LO}} \big] \sin(\omega_{\mathrm{LO}} t) \\
&\quad - 4 m_{\mathrm{RF}} \sin \theta \big[\sin(\varphi_{\mathrm{RF}} + \theta) + \sin \varphi_{\mathrm{RF}} \big] \sin(\omega_{\mathrm{RF}} t) \\
&\quad + 2 m_{\mathrm{RF}} m_{\mathrm{LO}} \cos(\theta + \varphi_{\mathrm{RF}} - \varphi_{\mathrm{LO}}) \cos \big[(\omega_{\mathrm{RF}} - \omega_{\mathrm{LO}}) t \big] \\
&\quad - 2 m_{\mathrm{RF}} m_{\mathrm{LO}} \cos(\theta + \varphi_{\mathrm{RF}} - \varphi_{\mathrm{LO}}) \cos \big[(\omega_{\mathrm{RF}} + \omega_{\mathrm{LO}}) t \big] \\
&\quad - m_{\mathrm{LO}}^2 \cdot \cos(2 \omega_{\mathrm{LO}}) - m_{\mathrm{RF}}^2 \cdot \cos(2 \omega_{\mathrm{RF}} t) \Big\}
\end{aligned}
\tag{6-24}
$$

从上式可以看到混频信号的幅度正比于 $\cos(\theta + \varphi_{\mathrm{RF}} - \varphi_{\mathrm{LO}})$。对于一个固定的直流偏置角 θ，混频信号幅度随 RF 和 LO 边带的相位差 $(\varphi_{\mathrm{RF}} - \varphi_{\mathrm{LO}})$ 发生周期性变化，此相位差由 RF 和 LO 频率以及光纤色散值决定。因此，如果系统的 RF 和 LO 信号频率固定，混频信号的功率会随着光纤长度发生周期性变化；如果光纤长度固定，混频信号功率会随着 RF 和 LO 信号的频率发生周期性变化。

为了补偿工作频点处的功率衰落，使混频信号幅度最大，我们可以调整调制器的直流偏置角 θ，使它满足下面的表达式

$$
\theta = k\pi + \varphi_{\mathrm{LO}} - \varphi_{\mathrm{RF}}, \quad k \in Z
\tag{6-25}
$$

这样混频信号可以最大化，表示为

$$
i_{\mathrm{IF}}(t) = \pm \eta \mu E_0^2 \exp(-\sigma L) m_{\mathrm{RF}} m_{\mathrm{LO}}/4 \cdot \cos \big[(\omega_{\mathrm{RF}} \mp \omega_{\mathrm{LO}}) t \big]
\tag{6-26}
$$

图 6.8 的光谱演化示意图可以作为该混频系统补偿功率衰落的物理解释，该图以上变频为例。当调制器的直流偏置角 $\theta = 0$ 时，调制的光信号的频谱示意如图 6.8（a）表示。在经过 SMF 传输后，RF 和 LO 调制的边带相对于光载波分别发生了 φ_{RF} 和 φ_{LO} 的相移，如图 6.8（c）所示。经过 PD 后，两个 RF 边带会和两个 LO 边带相互拍频，产生两个角频率为 $(\omega_{\mathrm{RF}} + \omega_{\mathrm{LO}})$ 的 IF 信号分量，这两个 IF 分量相位差为 $2(\varphi_{\mathrm{RF}} - \varphi_{\mathrm{LO}})$，如图 6.8（e）所示。当两个 IF 分量相位差为 180°时，会干涉相消，导致 IF 信号严重的功率衰落。如果通过设置直流偏置使 RF 和 LO 边带提前引入相位差 $\theta = \varphi_{\mathrm{LO}} - \varphi_{\mathrm{RF}}$，如图 6.8（b）所示，则经过光纤传输后 RF 和 LO 边带相对光载波的相位就都变成了 φ_{LO}，PD 后两个 IF 分量相位差为 0，干涉增强，就可以得到最大的 IF 信号，如图 6.8（f）所示。无论色散造成的相移 φ_{RF} 和 φ_{LO} 是多少，我们总能依据式（6-25）设置最佳的直流偏置角 θ 来使 IF 信号达到最大，避免功率衰落。

　　然而，如式（6-23）和图 6.8（d）所示，光载波的幅度与直流偏置角 θ 有关，当调制器工作在最大点附近（$\theta \approx 0$）时，光载波很大，当调制器工作在最小点附近（$\theta \approx \pi$）时，光载波又变得很小。随着 θ 的改变，调制后的光信号功率在很大范围内变化，这是实际应用中不希望出现的。

　　另一方面，光载波不包含有效频率分量，也不参与混频，较大的光载波会增加 RIN 噪声、散弹噪声以及光纤非线性的影响。另外，如式（6-24）所示，由于光载波的存在，在光电探测后的电信号中会出现较大的 RF 和 LO 分量，这会恶化 IF 信号的频谱纯度，降低 RF-IF 和 LO-IF 的隔离度。

　　光载波也会限制变频增益的提高。变频增益可以通过增大进入 PD 的光功率来提高，例如，增大激光器输出光功率或在 PD 前加 EDFA。但较大的光载波容易导致 PD 光电流饱和。因此为了提高变频增益，需要抑制光载波。

　　光载波可以使用光陷波滤波器来滤除，如 FBG。然而高抑制比的 FBG 的带宽通常较大，导致混频系统中 RF 和 LO 信号的频率不能过小[4]。另外，激光器波长需要与 FBG 波长严格对准，而 FBG 波长受环境影响较大，系统的稳定性因此受到挑战。

　　为了实现结构简单、效果较好的光载波抑制，笔者提出通过将 DEMZM 放置在 Sagnac 环中双向工作的方案[25]，如图 6.9 所示，方案中（a）～（c）各处的简易频谱表示在方案图下面。

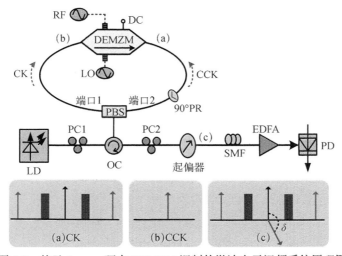

图 6.9　基于 Sagnac 环中 DEMZM 调制的微波光子混频系统原理图

Sagnac 环在 6.2.2 节中已经介绍过，它包含 OC、PBS 和一个 90°PR，调制器

沿 Sagnac 环的顺时针方向放置。通过调节 PC1 使 PBS 两个输出口输出的光载波功率相同，可以表示为

$$E_1(t) = E_2(t) = E_c(t) / \sqrt{2} \tag{6-27}$$

顺时针传输的光载波正向通过调制器，被 RF 和 LO 信号有效调制，输出光信号如图 6.9（a）所示，表示为

$$
\begin{aligned}
E_{CK}(t) \approx \sqrt{2\mu} E_c(t) / 8 \times &\{ m_{RF} \left[\exp(j\omega_{RF}t) - \exp(-j\omega_{RF}t) \right] \exp(j\theta) \\
&+ m_{LO} \left[\exp(j\omega_{LO}t) - \exp(-j\omega_{LO}t) \right] + 2\exp(j\theta) + 2 \}
\end{aligned} \tag{6-28}
$$

由于速率不匹配，逆时针方向传输的光载波受到很微弱的调制，输出光信号可以近似被看作纯净的光载波，如图 6.9（b）所示，可以表示为

$$E_{CCK}(t) = \sqrt{2\mu} E_c(t) \left[1 + \exp(j\theta) \right] / 4 \tag{6-29}$$

调制器顺时针和逆时针输出的光信号在 PBS 形成偏振复用光，通过环形器导出。然后经过 PC2 后进入起偏器，起偏器将两个垂直偏振的光信号干涉为一个偏振态，如图 6.9（c）所示，并表示为

$$
\begin{aligned}
E_{pol}(t) &= E_{CK}(t)\cos\alpha + E_{CCK}(t)\sin\alpha\exp(j\delta) \\
&= \sqrt{2\mu} E_c(t) / 8 \\
&\quad \times \{ m_{RF} \left[\exp(j\omega_{RF}t) - \exp(-j\omega_{RF}t) \right] \exp(j\theta)\cos\alpha \\
&\quad + m_{LO} \left[\exp(j\omega_{LO}t) - \exp(-j\omega_{LO}t) \right] \cos\alpha \\
&\quad + 2\left[1 + \exp(j\theta) \right] \left[\cos\alpha + \sin\alpha\exp(j\delta) \right] \}
\end{aligned} \tag{6-30}
$$

其中 α 是 PBS 主轴与起偏器主轴的夹角，δ 是顺时针信号和逆时针信号的相位差，均可通过 PC2 进行任意调节。通过调整 PC2 使 $\alpha = \pi/4$，$\delta = \pi$，则起偏器输出的光载波可以被抑制，进而光信号表示为

$$
\begin{aligned}
E_{pol}(t) &= \sqrt{\mu} E_c(t) / 8 \\
&\quad \times \{ m_{RF} \left[\exp(j\omega_{RF}t) - \exp(-j\omega_{RF}t) \right] \exp(j\theta) \\
&\quad + m_{LO} \left[\exp(j\omega_{LO}t) - \exp(-j\omega_{LO}t) \right] \}
\end{aligned} \tag{6-31}
$$

经过光纤传输后的光信号表达式为

$$
\begin{aligned}
E_{SMF}(t) &\approx \sqrt{\mu} E_c(t) \exp(-\alpha_{SMF}L/2)\exp(j\varphi_{LO}) / 8 \\
&\quad \times \{ m_{RF} \left[\exp(j\omega_{RF}t) - \exp(-j\omega_{RF}t) \right] \\
&\quad + m_{LO} \left[\exp(j\omega_{LO}t) - \exp(-j\omega_{LO}t) \right] \}
\end{aligned} \tag{6-32}
$$

上式中已将直流偏置角设置为优化点 $\theta = \varphi_{\mathrm{LO}} - \varphi_{\mathrm{RF}}$。值得一提的是，光载波抑制条件和 θ 无关，因此在通过调节直流偏置角 θ 补偿功率衰落时，光载波始终得到抑制。

为了提高变频增益，在 PD 前加入 EDFA。EDFA 的输出光功率固定设置为 PD 的饱和光功率，记为 P_{PD}。依据式（6-32），SMF 后的光功率表示为

$$P_{\mathrm{SMF}} = \mu E_{\mathrm{c}}^2 \exp\left(-\alpha_{\mathrm{SMF}} L\right)\left(m_{\mathrm{RF}}^2 + m_{\mathrm{LO}}^2\right) / 32 \tag{6-33}$$

因此 EDFA 的光功率增益可以表示为

$$G_{\mathrm{EDFA}} = 32 P_{\mathrm{PD}} / \left[\mu E_{\mathrm{c}}^2 \exp\left(-\alpha_{\mathrm{SMF}} L\right)\left(m_{\mathrm{RF}}^2 + m_{\mathrm{LO}}^2\right)\right] \tag{6-34}$$

此时从 EDFA 输出（或输入 PD）的光信号可以表示为

$$\begin{aligned}
E_{\mathrm{PD}}\left(t\right) &= E_{\mathrm{SMF}}\left(t\right) \cdot \sqrt{G_{\mathrm{EDFA}}} \\
&= \sqrt{P_{\mathrm{PD}}} \exp\left[\mathrm{j}\left(\omega_c t + \varphi_{\mathrm{LO}}\right)\right] / \sqrt{2\left(m_{\mathrm{RF}}^2 + m_{\mathrm{LO}}^2\right)} \\
&\quad \times \left\{ m_{\mathrm{RF}}\left[\exp\left(\mathrm{j}\omega_{\mathrm{RF}} t\right) - \exp\left(-\mathrm{j}\omega_{\mathrm{RF}} t\right)\right] \right. \\
&\quad \left. + m_{\mathrm{LO}}\left[\exp\left(\mathrm{j}\omega_{\mathrm{LO}} t\right) - \exp\left(-\mathrm{j}\omega_{\mathrm{LO}} t\right)\right]\right\}
\end{aligned} \tag{6-35}$$

经过 PD 探测后输出的交流信号电流表示为

$$\begin{aligned}
i\left(t\right) = \frac{\eta P_{\mathrm{PD}}}{\left(m_{\mathrm{RF}}^2 + m_{\mathrm{LO}}^2\right)} &\left\{ +2 m_{\mathrm{RF}} m_{\mathrm{LO}} \cos\left[\left(\omega_{\mathrm{RF}} - \omega_{\mathrm{LO}}\right)t\right]\right. \\
&- 2 m_{\mathrm{RF}} m_{\mathrm{LO}} \cos\left[\left(\omega_{\mathrm{RF}} + \omega_{\mathrm{LO}}\right)t\right] \\
&\left. - m_{\mathrm{LO}}^2 \cdot \cos\left(2\omega_{\mathrm{LO}} t\right) - m_{\mathrm{RF}}^2 \cdot \cos\left(2\omega_{\mathrm{RF}} t\right)\right\}
\end{aligned} \tag{6-36}$$

假设 PD 的输出阻抗为 R_{out}，一个阻抗同为 R_{out} 的负载与 PD 平行连接，则从负载处的 IF 信号功率可以表示为

$$P_{\mathrm{IF}} = \frac{R_{\mathrm{out}} \eta^2 P_{\mathrm{PD}}^2 m_{\mathrm{RF}}^2 m_{\mathrm{LO}}^2}{2\left(m_{\mathrm{RF}}^2 + m_{\mathrm{LO}}^2\right)^2} \tag{6-37}$$

进入调制器的 RF 信号功率为

$$P_{\mathrm{RF}} = V_{\mathrm{RF}}^2 / \left(2 R_{\mathrm{in}}\right) = V_\pi^2 m_{\mathrm{RF}}^2 / \left(2 R_{\mathrm{in}} \pi^2\right) \tag{6-38}$$

其中 R_{in} 是调制器的输入阻抗。根据式（6-37）和式（6-38），该混频系统的变频增益可以表示为

$$\mathrm{Gain} = P_{\mathrm{IF}} / P_{\mathrm{RF}} = R_{\mathrm{in}} R_{\mathrm{out}} \left[\frac{\pi \eta P_{\mathrm{PD}} m_{\mathrm{LO}}}{V_\pi \left(m_{\mathrm{RF}}^2 + m_{\mathrm{LO}}^2\right)}\right]^2 \tag{6-39}$$

从式（6-37）和式（6-38）可以看出 IF 信号的功率和系统变频增益都与 RF

和 LO 信号的调制器指数有关。最佳的调制指数取决于应用环境。如果该混频系统应用于天线拉远等系统的中心站用来上变频，则一般关注上变频信号的功率，因为这决定了 RAU 接收机对于光信号的灵敏度。由式（6-37）可知，我们可以设定 $m_{LO} = m_{RF}$ 来最大化上变频信号。两个调制器指数的绝对值应该参照系统噪声和交调失真来优化选择。根据式（6-34），m_{LO} 和 m_{RF} 需要尽可能大以减少 EDFA 的功率增益，以此来减少 EDFA 的 ASE 噪声。然而如果调制指数过大，交调失真就会变得明显。

如果混频系统被应用于接收机用于下变频，那么天线接收到的 RF 信号通常是一个功率时变信号，功率很小且不可预测，此时希望该混频系统有较大的变频增益。根据式（6-39），为了得到一个与 RF 无关、高且平坦的变频增益，LO 信号的调制指数应该设置为远大于 RF 信号调制指数的一个值。

2）实验结果与分析

根据图 6.9 所示的系统原理图搭建实验系统。从 DFB 激光器输出一个波长为 1550.5nm，功率为 9dBm 的光载波。DEMZM（JDSU 10Gbit/s DDMZ）在 2GHz 的半波电压为 4.8V，3dB 带宽为 12GHz。Sagnac 环内的光纤全都保偏，PBS 端口 2 内置一个 90°的偏振旋转器。从起偏器输出的光信号随后被分为两路，一路被送往光谱分析仪（Advantest Q8384），另一路被 EDFA 放大到 9dBm，然后进入宽带 PD。PD 的带宽为 35GHz，响应度为 0.6A/W。光电探测出的电信号随后被送入信号分析仪（Rohde & Schwarz FSQ26）。

实验中用此混频系统进行上变频演示。从矢量信号源（Rohde & Schwarz SMBV100A）产生的低频 RF 信号被用来驱动 DEMZM 的一个射频电极。调制器的另一个射频电极被一个微波模拟信号源（Agilent N5183A MXG）产生的高频 LO 信号驱动。

实验的第一步是用 Sagnac 环抑制光载波以提高变频增益。调制器的直流偏置角为 $\theta = 0$。一个 2.4GHz 的正弦信号被作为 RF 信号。本振信号的频率设为 13.6GHz，因此在上变频后需要的 IF 信号为 16GHz。最初，RF 和 LO 信号的功率都是-2dBm。不接入 Sagnac 环，从调制器正向输出的光信号频谱在图 6.10 中用实线绘出，可以注意到有一个较大的光载波。在加入 Sagnac 后，调节进入起偏器的光信号的偏振态，起偏器后的光载波被抑制，如图 6.10 中虚线所示。可以看出加上 Sagnac 环后光载波被抑制了 35dB 以上。注意到加上 Sagnac 环后 RF 和 LO 光边带也减少了 4dB，这是由 PBS、OC、PC 以及起偏器的插入损耗引起的。

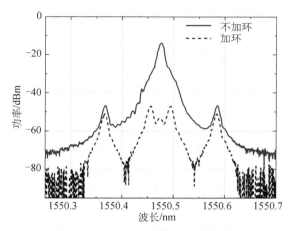

图 6.10　EDFA 之前的光信号频谱

　　然后 LO 信号的功率以 1dB 的步进从−5dBm 变到 23dBm，测量对应的光载波的电平，结果如图 6.11（a）所示。我们可以在加入 Sagnac 环后，在很大的 LO 功率范围内，光载波都可以得到良好的抑制。同时，对 IF 功率随 LO 功率的变化曲线也进行了测试，结果如图 6.11（b）所示。不加 Sagnac 环的情况下，IF 信号随着 LO 信号的增加而增加，当 LO 信号功率为 22dBm 时，IF 信号达到最大值−38.5dBm，变频增益为−36.5dB。如果加上 Sagnac 环，由于抑制了光载波，得到的 IF 信号比未加 Sagnac 环时大很多。当 LO 功率为 6dBm 时，IF 信号达到最大值−16.6dBm，此时变频增益高达−14.6dB，比未加 Sagnac 环的最大值高 21.9dB，该变频增益达到了之前报道的高效率微波光子混频系统[27,28]的变频增益水平。

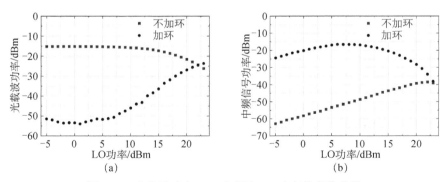

图 6.11　光载波功率、IF 功率随 LO 功率的变化曲线

　　根据上文原理分析，通过 Sagnac 环抑制光载波后，当 LO 和 RF 信号调制指数相同时，最终输出的 IF 信号最大，所以理论最佳的 LO 功率为−2dBm。实验和

理论的偏差主要有两个原因。第一，LO 信号频率下（13.6GHz）调制器的半波电压高于 RF 频率下（2.4GHz）的半波电压，为了实现相同的调制指数，需要更大的 LO 功率。第二，LO 信号过小会导致进入 EDFA 的光功率很低，为了达到设定的输出光功率，实际中的 EDFA 会引入更多的 ASE 噪声，导致有用的 RF 和 LO 边带得不到有效放大。

在加载 Sagnac 环前后，光电探测得到的电信号频谱如图 6.12（a），（b）所示，并且 LO 信号功率分别被设定在最佳值 22dBm 和 6dBm。当未加载 Sagnac 环时，光电探测后的 RF 和 LO 信号仅仅在 $\theta=0$ 或 $\theta=\pi$ 的情况下被抑制，而且抑制效果还会受到调制器消光比和偏置点漂移的限制，如图 6.12（a）所示，LO-IF 的隔离度仅仅为 10.6dB。另外，如果光纤传输后调制器工作设在其他传输点来补偿功率衰落，RF-IF 和 LO-IF 隔离度会进一步下降。当加载 Sagnac 环后，LO-IF 隔离度可以高达 28.8dB，RF-IF 隔离度更高，如图 6.12（b）所示，该高隔离度得益于光载波的抑制，并且抑制条件与调制器直流偏置点无关。

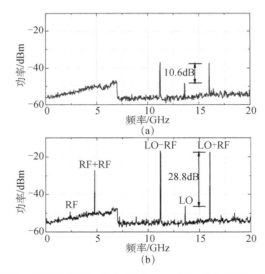

图 6.12   电信号频谱：（a）无 Sagnac 环；（b）有 Sagnac 环

接下来通过实验验证通过调整调制器的直流偏置角来补偿由光纤色散引起的功率衰落。在实验中，起偏器和 EDFA 之间连接一个 25km 的 SMF。光纤的色散参数为 16ps/（nm·km），衰减系数为 0.2dB/km。实验中 LO 信号的频率在 3.6GHz 到 22.6GHz 间变化，因此 IF 信号的频率在 6GHz 到 25GHz 之间，测试对应的 IF 功率，并将其随 IF 频率的变化曲线用虚线绘在图 6.13 中，调制器偏置角为 $\theta=0$。

作为对照，对不加光纤背靠背（back to back，BTB）传输的混频系统的 IF 响应曲线也进行了测量，并在图 6.13 中用实线绘出，调制器偏置角仍为 $\theta = 0$。25km 光纤传输后，在 $(\varphi_{RF} - \varphi_{LO}) = k\pi + 0.5\pi$ 情况下，会出现严重的功率衰落，因此可以计算出 IF 信号前两个功率衰落点在 15.1GHz 和 24.2GHz。从图 6.13 中的实验结果，我们可以看到前两个功率衰落点分别为 15.4GHz 和 24.1GHz，与理论预期基本相符。在该混频系统中，通过调节调制器的直流偏置，IF 信号的频率响应曲线可以任意调节，以补偿功率衰落，其中当 $\theta = 0.5\pi$ 时，IF 信号的频率响应如图 6.13 中点线所示。我们可以看到 IF 信号频率响应发生了改变，之前的功率衰落点 15.4GHz 和 24.1GHz 变成了峰值点。

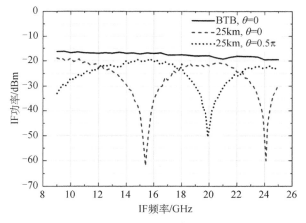

图 6.13　IF 信号的功率随频率的变化曲线

接下来对该混频系统的矢量信号产生及传输性能进行了研究。RF 信号改为载频 2.4GHz、符号速率 20MSym[①]/s 的 16 进制正交幅度调制（quadrature amplitude modulation，QAM）信号，通过该混频系统被上变频到 16GHz。光电检测后的 IF 信号频谱和星座图如图 6.14（a），（b）所示。当调制器偏置角 $\theta = 0$ 时，经过 25km 光纤传输之后的 IF 信号功率相对于 BTB 时下降了 16.3dB，与此同时，误差矢量幅度（error vector magnitude，EVM）从 2.8%增大到 11.5%，这源于色散引起的功率衰落。依据上文分析，当偏置相移角 $\theta = 0.57\pi$ 的时候，16GHz 处的中频信号可以达到最大。调整调制器的直流偏置点到最佳，可以从图 6.14 中看到 IF 信号的功率得到很好的补偿并且 EVM 恢复到了 3.2%，与 BTB 结果接近。

---

① MSym/s 全称为 MSymbol/s。

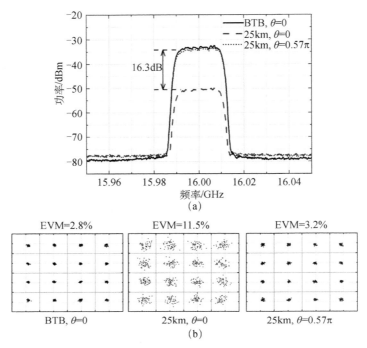

（a）

（b）

图 6.14　IF 信号频谱及星座图

　　在 PD 前放置一个光衰减器来调节进入 PD 的光功率，并对 EVM 随 PD 接收的光功率的变化进行了测量，结果见图 6.15。在 $\theta=0$ 的情况下，与 BTB 相比，光纤传输 25km 后接收机灵敏度变得极差。但在经过功率补偿后（$\theta=0.57\pi$），EVM 得到了降低，接收机灵敏度提升到 BTB 水平。

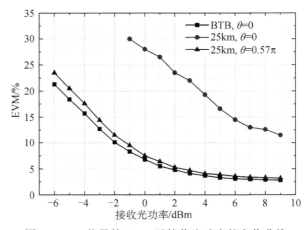

图 6.15　IF 信号的 EVM 随接收光功率的变化曲线

本小节提出的基于 Sagnac 环的光载波抑制方法成本低、容易实现。不像光滤波器，Sagnac 环与波长无关，且不受信号带宽的限制。而且更重要的是，光载波抑制条件与偏置相移无关。如果调制器偏置点发生改变，则光载波仍然被抑制，变频增益依旧很高，同时 RF-IF 和 LO-IF 的隔离度也很高。

由于传输光的偏振状态很容易受到环境的影响，为了提高系统稳定性，在 Sagnac 环中最好使用保偏光纤，以确保顺时针和逆时针的光信号有稳定的光程差。另外，Sagnac 环中的光反射现象会影响光载波的抑制效果，这个问题可以通过减少 Sagnac 环中的光纤接头的使用，或者使用大回波损耗的光纤接头（如倾斜断面接头）来改善。Sagnac 环中光纤的弯曲半径也应该足够大以减少光反射。

6.3.2 基于 PDM-MZM 的微波混频及多通道光纤传输

本节提出一种可适用于多通道光纤传输的高效率微波混频系统，并进行理论分析和实验验证。该混频系统的核心器件是一个 PDM-MZM，它集成了两个并行的子 MZM，这两个子 MZM 分别由 RF 和 LO 信号驱动，调制后的光信号偏振复用后输出 PDM-MZM，然后通过偏振控制后进入起偏器，光电探测后得到混频信号。通过将两个子 MZM 偏置在最小点来抑制光载波，系统变频增益与混频信号纯度显著地提升。除此之外，在 RF 和 LO 调制边带之间的相位差可以通过调整偏振态来任意控制，以此来改变光纤传输后混频信号的频率响应，补偿混频信号的功率衰落。与上文基于 Sagnac 环中 DEMZM 调制的混频系统相比，该方案有其他两个创新点。第一，集成的 PDM-MZM 可以简化系统结构，提高系统的稳定性。第二，调制器输出的偏振复用光信号可以分成多路分别进行不同长度的光纤传输，并且每路可以通过独立调整偏振态避免功率衰落，因此适用于多通道光纤传输。

1）方案原理

基于 PDM-MZM 的混频系统原理如图 6.16 所示，方案中（a）～（e）各处的简易频谱表示在方案图下面。由 LD 所发出的线性偏振光载波通过保偏尾纤进入 PDM-MZM 中。该集成化的 PDM-MZM 在数字光通信系统中通常用于双偏振二进制相移键控（bipolarized-binary phase shift keying，DP-BPSK）调制，它由一个 Y 型分束器、两个平行的 MZM（X-MZM 和 Y-MZM）以及一个 PBC 构成。RF 和 LO 信号分别驱动 X-MZM 和 Y-MZM，所以 RF 和 LO 之间预期有较高的隔离度。每个子 MZM 的工作点分别通过各自的直流偏置电压所控制。

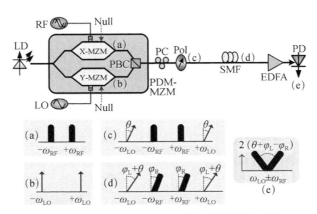

图 6.16　基于 PDM-MZM 的混频系统原理图

　　假设进入到 PDM-MZM 中的光载波可以表示成 $E_{c}(t)=E_{c}\exp(j\omega_{c}t)$，其中 E_{c} 和 ω_{c} 是光载波的幅度和角频率。RF 和 LO 信号可以分别表示成 $V_{RF}\sin(\omega_{RF}t)$ 和 $V_{LO}\sin(\omega_{LO}t)$，其中 V_{RF} 和 V_{LO} 分别是两个信号的幅度，ω_{RF} 和 ω_{LO} 分别是两个信号的角频率。为简单起见将射频信号设为单音信号。每个子 MZM 的半波电压均为 V_{π}，所以 RF 和 LO 信号的调制指数（MI）可以分别写成 $m_{RF}=\pi V_{RF}/V_{\pi}$ 和 $m_{LO}=\pi V_{LO}/V_{\pi}$。这两个子 MZM 均是双电极调制器，但为了简化方案，每个调制器仅使用一个电极。从 X-MZM 和 Y-MZM 输出的光信号可以表示成

$$E_{X,Y}(t)=\frac{\sqrt{2\mu}E_{c}(t)}{4}\Big[\exp\big(jm_{RF,LO}\sin\omega_{RF,LO}t\big)+\exp\big(j\theta_{X,Y}\big)\Big]$$

$$\approx\frac{\sqrt{2\mu}E_{c}(t)}{8}\Big[m_{RF,LO}\exp\big(j\omega_{RF,LO}t\big)-2m_{RF,LO}\exp\big(-j\omega_{RF,LO}t\big) \quad (6\text{-}40)$$

$$+2\exp\big(j\theta_{X,Y}\big)\Big]$$

其中 μ 表示插入损耗，$\theta_{X,Y}$ 表示 X-MZM 和 Y-MZM 的直流偏置角。在以上公式中假设调制指数较小，并且忽略了高阶边带。两路平行的光信号通过偏振复用后，形成正交的偏振态（TE 和 TM 模）输出调制器，可表示为

$$E_{PDM\text{-}MZM}(t)=e_{TE}\cdot E_{X}(t)+e_{TM}\cdot E_{Y}(t) \quad (6\text{-}41)$$

　　通过 PC 之后，偏振复用信号到达起偏器，RF 和 LO 所调制的光信号被干涉为同一偏振态。通过调整 PC，将调制器和起偏器的主轴角度设成 45°，同时 TE 模与 TM 模之间的角度 δ 可以任意调整。从起偏器输出的光信号可以表示为

$$E_{\text{pol}}(t) = \frac{1}{\sqrt{2}}\left[E_{\text{X}}(t) + E_{\text{Y}}(t)\exp(\text{j}\delta)\right]$$

$$= \frac{\sqrt{\mu}E_{\text{c}}(t)}{8}\left[m_{\text{RF}}\exp(\text{j}\omega_{\text{RF}}t) - m_{\text{RF}}\exp(-\text{j}\omega_{\text{RF}}t)\right. \tag{6-42}$$

$$+ 2 + 2\exp(\text{j}\theta_{\text{X}}) + m_{\text{LO}}\exp(\text{j}\omega_{\text{LO}}t + \text{j}\delta)$$

$$\left. -m_{\text{LO}}\exp(-\text{j}\omega_{\text{LO}}t + \text{j}\delta) + \left[2 + 2\exp(\text{j}\theta_{\text{Y}})\right]\exp(\text{j}\delta)\right]$$

其主要包含 RF 和 LO 信号调制的光边带和光载波。经过 PD 之后，RF 和 LO 光边带相互拍频，从而产生角频率为 $(\omega_{\text{RF}} \pm \omega_{\text{LO}})$ 的混频信号。

光载波不包含 RF 和 LO 信息，它对于混频来说是多余的，而且光载波的存在会降低变频增益以及增加系统噪声。同时，光载波将会和各个边带进行拍频，从而使混频结果中出现 RF 和 LO 信号，这样会减小 RF-IF 与 LO-IF 之间的隔离度。在这个方案中，通过将 X-MZM 和 Y-MZM 偏置在最小点，光载波可以得到抑制，此时从起偏器输出的光信号可以表示为

$$E_{\text{pol}}(t) = \frac{\sqrt{\mu}E_{\text{c}}(t)}{8}\left\{m_{\text{RF}}\left[\exp(\text{j}\omega_{\text{RF}}t) - \exp(-\text{j}\omega_{\text{RF}}t)\right]\right. \tag{6-43}$$

$$\left. + m_{\text{LO}}\left[\exp(\text{j}\omega_{\text{LO}}t) - \exp(-\text{j}\omega_{\text{LO}}t)\right]\exp(\text{j}\delta)\right\}$$

在抑制载波之后，从 X-MZM、Y-MZM 以及起偏器输出的光信号频谱如图 6.16（a）～（c）所示。

在光电探测之前可以加入光纤实现光混频信号的长距离传输。根据上文式（6-12）所表示的 SMF 的传递函数，光信号通过长度 L 的 SMF 之后可以表示为

$$E_{\text{SMF}}(t) = \frac{\sqrt{\mu}E_{\text{c}}(t)}{8}\exp(-\alpha_{\text{SMF}}L/2)$$

$$\times\left\{m_{\text{RF}}\left[\exp(\text{j}\omega_{\text{RF}}t) - \exp(-\text{j}\omega_{\text{RF}}t)\right]\exp(\text{j}\varphi_{\text{RF}})\right. \tag{6-44}$$

$$\left. + m_{\text{LO}}\left[\exp(\text{j}\omega_{\text{LO}}t) - \exp(-\text{j}\omega_{\text{LO}}t)\right]\exp\left[\text{j}(\delta + \varphi_{\text{LO}})\right]\right\}$$

其中 $\varphi_{\text{RF}} = \beta_2 L\omega_{\text{RF}}^2/2$ 和 $\varphi_{\text{LO}} = \beta_2 L\omega_{\text{LO}}^2/2$ 分别是 RF 和 LO 光边带由色散引起的相移。从光纤输出的光谱如图 6.16（d）所示。

为了提高变频增益，采用 EDFA 来进行功率放大，然而 PD 的功率处理能力有限，为了避免 PD 饱和，EDFA 工作在 APC 模式，保持输出光功率固定。假设从 EDFA 输出（或进入 PD）的光功率为 P_{PD}，则 EDFA 的增益可以计算为

$$F = \frac{32P_{\text{PD}}}{\mu E_{\text{c}}^2\exp(-\alpha_{\text{SMF}}L)(m_{\text{RF}}^2 + m_{\text{LO}}^2)} \tag{6-45}$$

经过 PD 探测后，输出的交流信号电流可以表示为

$$i(t) = \eta F \left| E_{\mathrm{SMF}}(t) \right|^2$$

$$= \frac{\eta P_{\mathrm{PD}}}{2\left(m_{\mathrm{RF}}^2 + m_{\mathrm{LO}}^2\right)}$$

$$\times \Big\{ 2m_{\mathrm{RF}}m_{\mathrm{LO}}\cos(\delta + \varphi_{\mathrm{LO}} - \varphi_{\mathrm{RF}})\cos\left[(\omega_{\mathrm{RF}} - \omega_{\mathrm{LO}})t\right] \qquad (6\text{-}46)$$

$$- 2m_{\mathrm{RF}}m_{\mathrm{LO}}\cos(\delta + \varphi_{\mathrm{LO}} - \varphi_{\mathrm{RF}})\cos\left[(\omega_{\mathrm{RF}} + \omega_{\mathrm{LO}})t\right]$$

$$- m_{\mathrm{RF}}^2 \cdot \cos(2\omega_{\mathrm{RF}}t) - m_{\mathrm{LO}}^2 \cdot \cos(2\omega_{\mathrm{LO}}t) \Big\}$$

可以发现，检测到的电信号包括上变频信号和下变频信号，角频率分别是 $\omega_{\mathrm{RF}} + \omega_{\mathrm{LO}}$ 和 $\omega_{\mathrm{RF}} - \omega_{\mathrm{LO}}$。由于光载波被抑制，检测到的电信号中不包含 RF 和 LO 信号，这样预期能达到良好的 RF-IF 和 LO-IF 隔离度。

由于 RF 和 LO 是 DSB 调制，所以无论是上变频信号还是下变频信号，均来源于两个拍频项，且这两个拍频项存在 $2(\delta + \varphi_{\mathrm{LO}} - \varphi_{\mathrm{RF}})$ 的相位差。因此，对于一个特定的 δ，IF 信号的功率会随着光纤的长度，或 RF 和 LO 信号的频率而发生周期性变化。尤其当相位差 $2(\delta + \varphi_{\mathrm{LO}} - \varphi_{\mathrm{RF}}) = \pi$ 时，两个拍频项将会相互抵消从而造成严重的频率衰落。在本方案中，RF 和 LO 边带之间的相位差 δ 可以从 0 到 2π 任意调节。我们可以通过调节起偏器前光信号的偏振态找到最优的 $\delta(\delta_{\mathrm{opt}})$，满足以下条件来补偿功率衰落

$$\delta_{\mathrm{opt}} = \varphi_{\mathrm{RF}} - \varphi_{\mathrm{LO}} \qquad (6\text{-}47)$$

在功率补偿之后，中频信号的电流可以表示为

$$i_{\mathrm{IF}}(t) = \frac{\eta P_{\mathrm{PD}} m_{\mathrm{RF}} m_{\mathrm{LO}}}{\left(m_{\mathrm{RF}}^2 + m_{\mathrm{LO}}^2\right)}\cos\left[(\omega_{\mathrm{RF}} \pm \omega_{\mathrm{LO}})t\right] \qquad (6\text{-}48)$$

在上变频系统中，一般较为关心的是上变频信号的功率。根据上述公式我们可以发现，当 RF 和 LO 信号的调制指数相同时，上变频信号的电流最大。在实际应用中，RF 和 LO 调制指数的具体值还要参考系统噪声和交调失真。

然而在接收机的下变频系统中，接收到 RF 信号的功率通常是未知的，一般更关注变频增益。输入的 RF 信号功率可以表示为

$$P_{\mathrm{RF}} = V_{\mathrm{RF}}^2 / (2R_{\mathrm{in}}) = V_\pi^2 m_{\mathrm{RF}}^2 / (2R_{\mathrm{in}}\pi^2) \qquad (6\text{-}49)$$

由此可以得到该混频系统的变频增益

$$\mathrm{Gain} = R_{\mathrm{in}}R_{\mathrm{out}}\left[\frac{\pi \eta P_{\mathrm{PD}} m_{\mathrm{LO}}}{V_\pi\left(m_{\mathrm{RF}}^2 + m_{\mathrm{LO}}^2\right)}\right]^2 \qquad (6\text{-}50)$$

在小 RF 信号情况下，变频增益可以近似表示为

$$\text{Gain} \approx R_{\text{in}} R_{\text{out}} \left[\frac{\pi \eta P_{\text{PD}}}{V_\pi m_{\text{LO}}} \right]^2 \qquad (6\text{-}51)$$

理论上，小 LO 调制指数可以提高变频增益。然而当 LO 调制指数过小的时候，根据式（6-50）可知变频增益会随 RF 信号的功率发生明显变化。这种情况在许多接收机中都是应该避免出现的。另外根据式（6-45），当 LO 调制指数过小时，EDFA 需要很大的功率增益来达到特定的输出功率，这样有可能超过实际 EDFA 的功率增益范围。

在许多应用中，如双基或多基地雷达系统、广播或组播的 RoF 系统。混频信号需要传输到不同距离的多个位置。此时光信号可以简单地分成几部分后分别进行光纤传输。然而由上文可知，功率补偿的条件是跟光纤长度有关的，所以每路需要单独控制以补偿不同的功率衰落。在 6.3.1 节中提出的基于 Sagnac 环中 DEMZM 调制的混频系统中，通过调整调制器的工作点来达到功率补偿，所以它不能对实现多路应用中功率衰落的同时补偿。

在这里提出的基于 PDM-MZM 的混频方案中，可以将混频信号进行多个光纤通道的传输并同时补偿每路功率衰落。该混频系统在多信道天线拉远系统中可能的结构如图 6.17 所示。RF 和 LO 信号通过 PDM-MZM 在中心站（center office，CO）进行混频。可以使用一个商用的调制器偏置控制器（modulator bias controller，MBC）来提供直流偏置，同时避免偏置漂移。从调制器输出的光信号在功率放大之后被分成 N 部分。每一部分都经过长度不同（L_1，L_2，$\cdots$，L_n）的光纤，然后到达远端天线单元（remoting antenna unit，RAU）（RAU1，RAU2，$\cdots$，RAUn），最后将中频信号提取出来。在每一个通道，可以根据光纤长度的不同，独立地调节 RF 和 LO 边带之间的相位差（δ_1，δ_2，$\cdots$，δ_n），从而同时补偿所有通道的功率衰落。

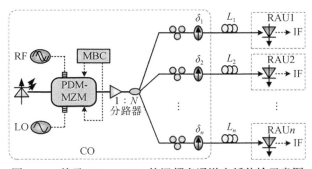

图 6.17 基于 PDM-MZM 的混频多通道光纤传输示意图

应该指出的是，所有的偏振控制器和检偏器可以根据应用的需要设置在 CO（在 SMF 之前）或者在 RAU 处（在 SMF 之后）。放在 CO 预期能够使系统具有更佳的性能。如果偏振控制器和起偏器在 RAU 中，由于环境的干扰，通过长距离光纤到达 RAU 的偏振复用信号很难保持稳定的偏振态，所以系统稳定性差。另外，偏振复用的光信号在长距离光纤传输后，混频信号也会因为光纤的偏振模色散而发生恶化。

2）实验结果与分析

根据图 6.16 搭建实验链路。DFB 激光器（Emcore 1782 产生光功率为 15dBm、波长为 1552.2nm、RIN 为−150dB/Hz 的光载波，通过保偏光纤进入 PDM-MZM（Fujitsu FTM7980EDA）。矢量信号产生器（Rohde & Schwarz SMW200A）产生的 RF 信号用于驱动 X-MZM。微波模拟信号产生器（Agilent N5183A MXG）产生的 LO 信号用于驱动 Y-MZM。调制器半波电压为 3.5V，插入损耗大约为 6dB。调制器输出的偏振复用光信号通过偏置控制器和起偏器后被 EDFA（KEOPSYS，KPS-STD-BT-C-19-HG）放大。最后，光信号被送到 PD（Finisar XPDV2120RA）中探测。光信号和电信号可以分别通过光谱分析仪（Advantest Q8384）和信号源分析仪（Rohde & Schwarz FSW50）观测。

首先，混频系统单独工作，不进行光纤传输。EDFA 工作在 APC 模式，进入 PD 的光功率固定为 9dBm。功率为 2dBm、频率为 5GHz 的正弦信号作为 RF 信号。LO 信号的频率为 33GHz，功率以 1dB 步进从−13dBm 到 22dBm 变化，测得 38GHz 中频信号的功率如图 6.18 所示。可以看到，当 LO 信号功率为 8dBm 时，IF 信号功率达到最大。根据上文原理分析，当 LO 信号功率与 RF 相等（2dBm）时 IF 信号功率最大。理论与实验误差主要是由于调制器在 33GHz 处的半波电压大于在 5GHz 处的半波电压。除此之外，由于电缆的频率相关特性，LO 信号会多 1～2dB 的功率损耗。

在载波没有被抑制的时候（X-MZM 和 Y-MZM 偏置在正交点）IF 功率随 LO 功率的变化曲线也进行了测试并绘在图 6.18 中。在这种情况下，EDFA 的输入光功率和功率增益主要由光载波主导，所以一个大的 LO 调制参数可以提高中频信号的功率，最佳的 LO 信号功率大约为 15dBm。通过比较两条曲线可知，在载波抑制之后变频增益会有明显的提高。抑制载波之后最大的变频增益为−15.4dB，此值比有载波情况下提高了 27.6dB。

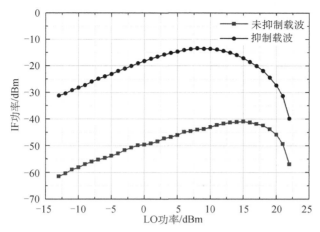

图 6.18　IF 信号功率随 LO 信号功率的变化曲线

　　抑制载波前后分别在最佳的 LO 功率下，起偏器输出的光信号频谱如图 6.19 所示。当两个子调制器工作在最小点时，相比正交点的情况下光载波抑制比超过 40dB，残留的光载波来源于调制器有限的消光比。由于光载波的抑制，PD 探测到的信号中 RF 和 LO 信号也被抑制。当子调制器偏置在正交调制点时，光载波将会和 LO 边带拍频，光电探测后产生一个较大的 LO 信号，如图 6.20（a）所示，LO-IF 的隔离度为负值 −23.7dB。在抑制载波之后，光电探测后 LO 信号很小，LO-IF 的隔离度达到 31.6dB，比抑制载波前提高了 55.3dB。

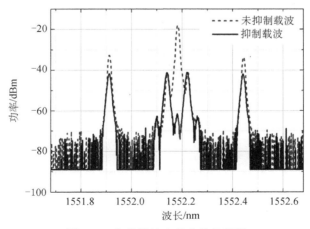

图 6.19　起偏器输出的光信号频谱

　　接下来，在起偏器和 EDFA 之间插入一段 25km 的 SMF，色散系数大约为 16ps/（nm·km），差损为 0.2dB/km。RF 信号为 5GHz，通过将 LO 频率依次从 7GHz 变

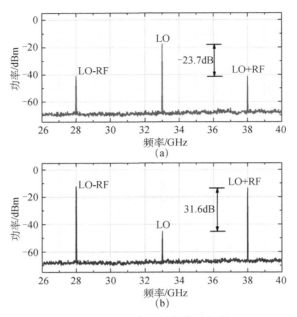

图 6.20　PD 输出的电信号频谱

化到 40GHz, 依次测量 12~45GHz 的 IF 信号功率, 得到 IF 信号的频率响应曲线, 如图 6.21 所示。中频频率的范围是 12GHz 到 45GHz。为了对比, RF 和 LO 边带之间的相位差 δ 起初设置成 0, 计算和实验测试结果分别在图 6.21 中用实线和原点表示, 实验结果和理论预测一致, 可以看到在 18GHz, 27GHz, 33.5GHz, 38.5GHz 以及 43GHz 附近出现严重的功率衰落。

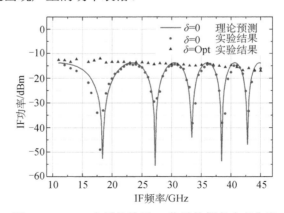

图 6.21　25km 光纤传输后 IF 信号的频率响应曲线

为了避免功率衰落, 通过调整起偏器之前的偏振控制器, 找到每个 IF 频点

对应的最佳相位差 δ_{Opt}。每个 IF 频点在功率补偿后的功率测量结果在图中用三角符号标示。我们可以看到在每一个频率下 IF 信号功率都是最大。理论上，在功率补偿之后 IF 信号的频率响应应该是平坦的，但实验中却随频率的增加而缓慢减小，这是因为在高频处调制器半波电压增大，PD 响应度降低。

在接下来的实验中，利用该混频系统，将中心频率 5GHz、符号速率 100MSym/s、16QAM 调制的 RF 信号通过一个 33GHz 的 LO 信号上变频为 38GHz，光混频信号被等分成四路，每路经过不同长度的 SMF：无光纤（BTB）、4km、25km 和 50km。每路进入到 PD 的光功率固定为 4dBm。由于实验设备的限制，仅仅使用了一套 PC、起偏器和 PD，分别对每路进行测试。

首先，在 BTB 模式，通过设置 PC 使 $\theta = 0$，此时 IF 信号功率最大，频谱和星座如图 6.22（a）所示，频谱电平为 -39.2dBm，星座图较好，EVM 为 2.82%。其次，PC 保持不变（$\delta = 0$），4km，25km 和 50km 的 SMF 依次接到起偏器之后，PD 探测后电信号频谱和星座图分别在图 6.22（b）～（d）中显示。因为 PD 接收到的光功率保持不变，如果没有功率衰落，那么在光纤传输后 IF 信号的频谱电平应该是接近 BTB 模式下的结果。然而，在 4km，25km 以及 50km 光纤传输后测量到的频谱电平分别为 -56dBm，-51dBm 和 -43.5dBm，这表明 IF 信号或多或少地遭受了功率衰落。功率衰落越严重，IF 信号的信噪比越低，因而 EVM 恶化更为严重。在 4km，25km 以及 50km 光纤传输情况下所测得的 EVM 分别为 7%，5.3% 和 3.7%。

下一步，在每个传输通道通过调整 PC 来找到 δ_{Opt}，功率补偿后的 IF 信号频谱和星座图分别在图 6.22（b）～（d）中显示。测量到的 4km，25km，50km 光纤传输后的 IF 信号的频谱电平分别是 -39.8dBm，-40.1dBm 和 -41.6dBm，非常接近在 BTB 模式下的频谱电平。对应的，功率补偿后三个通道的 EVM 也分别恢复到了 2.85%，3% 和 3.2%。

最后，将一个可调光衰减器（AQ2200-311A）放置在 PD 前，以 1dB 为步进，进入 PD 的光功率从 -10dBm 到 4dBm 变化，并分别测 EVM 值。当 $\delta = 0$ 时，四个通道的 EVM 以及通过设置 δ_{Opt} 补偿功率衰落后的 EVM 测量结果如图 6.23 所示。当 $\delta = 0$ 时，通过 4km，25km，50km 光纤传输后的 EVM 曲线相比 BTB 模式恶化均十分明显。通过设置 δ_{Opt} 补偿功率衰落后，这三个通道的 EVM 曲线都得到显著改善，接近于 BTB 结果，验证了该功率补偿方法十分有效。

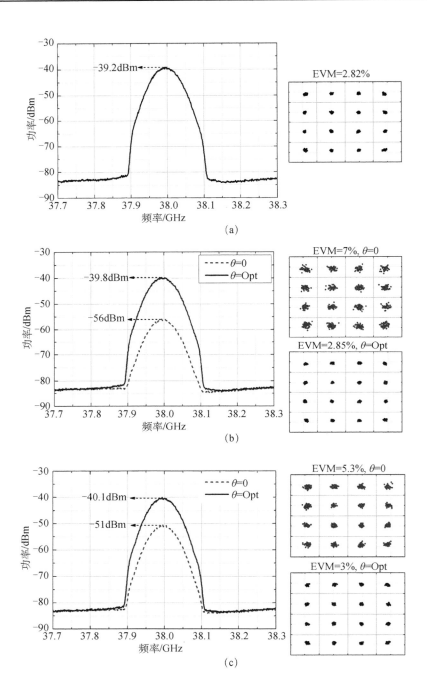

（a）

（b）

（c）

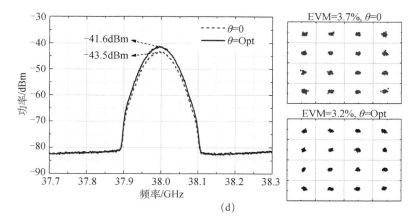

图 6.22 四路混频信号的频谱和星座图

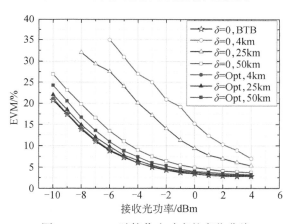

图 6.23 EVM 随接收光功率的变化曲线

6.4 本 章 小 结

本章研究了光纤色散引起的 RF 信号周期性功率衰落问题。在 DSB 调制的光链路，光纤色散对两个光边带引入的相移，导致光电探测后两个频率分量可能相干抵消，产生严重的功率衰落。本章分析总结了目前几种有效的色散功率衰落补偿方案，并提出基于 Sagnac 环中相位调制的功率补偿技术，该方案利用 Sagnac 环实现 PM-IM 转换，不需要直流偏压，仅仅通过偏振态调谐即可实现有效的功率补偿。在 25km 和 50km 光纤传输实验中，经过该技术功率补偿后，20GHz 带宽内的任意频点的 RF 信号均能有较好的链路增益和 SFDR。

本章又将微波光子混频与光纤传输有效地结合，提出两种可补偿混频信号功率衰落的混频系统。

基于 Sagnac 环中 DEMZM 调制的混频系统中，通过调整 DEMZM 的直流偏置，可实现 RF 和 LO 边带相位差的调整，以此校正光纤色散引入的相移，从而补偿 IF 信号功率衰落。同时利用 Sagnac 环抑制光载波，提高变频增益和 IF 信号频谱纯度。

基于 PDM-MZM 的混频系统同样也可以实现 IF 信号的功率衰落补偿、光载波抑制、提高变频增益和 IF 信号频谱纯度，另外还具有两个优势：采用集成的 PDM-MZM 作为核心器件，提高了系统稳定度；光信号可分为多路进行光纤传输，每路可以根据其光纤长度的不同，独立地调整偏振态来补偿功率衰落，实现多通道 IF 信号的有效传输。通过该混频系统得到的 12～45GHz 的 IF 信号光纤传输 25km，经过功率补偿后，变频增益较高且较为平坦（典型变频增益-15.4dB），IF-LO 隔离度 30dB 以上。在多通道光纤传输实验中，100MSym/s 的 16QAM 矢量信号被上变频为 38GHz，分别经过 BTB 及 4km、29km、50km 的光纤传输。其中经过 4km、29km、50km 传输的矢量信号经过功率补偿后，频谱、星座图、EVM 及接收机灵敏度均成功恢复到 BTB 水平，显示出良好的多通道功率补偿效果。

本章研究中将微波光子混频与光纤传输有机结合，同时实现高效率的微波混频及混频信号的长距离光纤传输，在多基地雷达、天线拉远等系统中具有较大的应用潜力。

参 考 文 献

[1] Yao J P, Zeng F, Wang Q. Photonic generation of ultrawideband signals[J]. Journal of Lightwave Technology, 2007, 25 (11): 3219-3235.

[2] Howerton M M, Moeller R P, Gopalakrishnan G K, et al. Low-biased fiber-optic link for microwave downconversion[J]. IEEE Photonics Technology Letters, 1996, 8 (12): 1692-1694.

[3] Yu J J, Jia Z S, Yi L L, et al. Optical millimeter-wave generation or up-conversion using external modulators[J]. IEEE Photonics Technology Letters, 2006, 18 (1): 265-267.

[4] Pagán V R, Haas B M, Murphy T E. Linearized electrooptic microwave downconversion using phase modulation and optical filtering[J]. Optics Express, 2011, 19 (2): 883-895.

[5] Middleton C, Borbath M, Wyatt J, et al. Measurement of SFDR and noise in EDF amplified analog RF links using all-optical down-conversion and balanced receivers[J]. Proceedings of SPIE - The International Society for Optical Engineering, 2008: 69750Q-12.

[6] Cox C H I. Analog Optical Links: Theory and Practice[M]. New York: Cambridge University Press, 2004.

[7] Juodawlkis P W, Plant J J, Loh W, et al. High-power, low-noise 1.5-μm slab-coupled optical waveguide (SCOW) emitters: physics, devices, and applications[J]. IEEE Journal of Selected Topics in Quantum Electronics, 2011, 17 (6): 1698-1714.

[8] Zhao Y G, Luo X N, Tran D, et al. High-power and low-noise DFB semiconductor lasers for RF photonic links[C]. IEEE Avionics, Fiber- Optics and Photonics Digest CD. 2012: 271-285.

[9] Campbell J C, Beling A, Piels M, et al. High-power, high-linearity photodiodes for RF photonics[C]. International Conference on Indium Phosphide and Related Materials, 2014: 1-2.

[10] Zhou Q G, Cross A S, Beling A, et al. High-power v-band InGaAs/InP photodiodes[J]. IEEE Photonics Technology Letters, 2013, 25 (10): 907-909.

[11] Helkey R, Twichell J C, Cox C. A down-conversion optical link with RF gain[J]. Journal of Lightwave Technology, 1997, 15 (6): 956-961.

[12] Zhou Q G, Cross A S, Fu Y, et al. Balanced InP/InGaAs photodiodes with 1.5-W output power[J]. IEEE Photonics Journal, 2013, 5 (3): 6800307.

[13] Farwell M L, Chang W S C, Huber D R. Increased linear dynamic range by low biasing the Mach-Zehnder modulator[J]. IEEE Photonics Technology Letters, 1993, 5 (7): 779-782.

[14] Zhang H T, Pan S L, Huang M H, et al. Linear analog photonic link based on cascaded polarization modulators[C]. Asia Communications and Photonics Conference, 2012: AF4A.40.

[15] Ackerman E I, Betts G E, Burns W K, et al. Signal-to-noise performance of two analog photonic links using different noise reduction techniques[J]. IEEE MTT-S International Microwave Symposium digest. IEEE MTT-S International Microwave Symposium, 2007: 51-54.

[16] Urick V J, Godinez M E, Devgan P S, et al. Analysis of an analog fiber-optic link employing a low-biased Mach–Zehnder modulator followed by an Erbium-Doped fiber amplifier[J]. Journal of Lightwave Technology, 2009, 27 (12): 2013-2019.

[17] Devenport J, Karim A. Optimization of an externally modulated rf photonic link[J]. Fiber & Integrated Optics, 2007, 27 (1): 7-14.

[18] Betts G E, Donnelly J P, Walpole J N, et al. Semiconductor laser sources for externally modulated microwave analog links[J]. IEEE Transactions on Microwave Theory & Techniques, 1997, 45 (8): 1280-1287.

[19] LaGasse M J, Charczenko W, Hamilton M C, et al. Optical carrier filtering for high dynamic range fibre optic links[J]. Electronics Letters, 1994, 30 (25): 2157-2158.

[20] Esman R D, Williams K J. Wideband efficiency improvement of fiber optic systems by carrier subtraction[J]. IEEE Photonics Technology Letters, 1995, 7 (2): 218-220.

[21]Tang Z Z, Pan S L. Microwave photonic mixer with suppression of mixing spurs[C]. 2015 14th International Conference on Optical Communications and Networks（ICOCN），2015.

[22]Hraimel B，Zhang X P，Pei Y Q，et al. Optical single-sideband modulation with tunable optical carrier to sideband ratio in radio over fiber systems[J]. Journal of Lightwave Technology，2011，29（5）：775-781.

[23]Madjar A，Malz O. A balanced fiberoptic communication link featuring laser RIN cancellation [C]. IEEE MTT-S International Microwave Symposium Digest. IEEE MTT-S International Microwave Symposium，1992，2：563-566 vol.2.

[24]Yang B，Jin X F，Chen Y，et al. Photonic microwave up-conversion of vector signals based on an optoelectronic oscillator[J]. IEEE Photonics Technology Letters，2013，25（18）：1758-1761.

[25]Gao Y S，Wen A J，Wu X H，et al. Efficient photonic microwave mixer with compensation of the chromatic dispersion-induced power fading[J]. Journal of Lightwave Technology，2016，34（14）：3440-3448.

[26]Tang Z Z，Zhang F Z，Zhu D，et al. A photonic frequency downconverter based on a single dual-drive Mach-Zehnder modulator[C]. 2013 IEEE International Topical Meeting on Microwave Photonics. 2013：150-153.

[27]Gao Y S，Wen A J，Zhang H X，et al. An efficient photonic mixer with frequency doubling based on a dual-parallel MZM[J]. Optics Communications，2014，321（12）：11-15.

[28]Chan E H E，Minasian R A. Microwave photonic downconverter with high conversion efficiency[J]. Journal of Lightwave Technology，2012，30（23）：3580-3585.

第 7 章 微波光子 I/Q 解调技术

在以上章节中的微波光子混频技术研究中，主要以超外差射频收发机为应用背景进行研究。本章研究了微波光子混频系统在零中频接收机和 I/Q 调制与解调中的应用。

（1）对基于微波光子混频及移相的 I/Q 解调技术进行深入研究，提出基于偏振复用马赫-曾德尔调制器（polarization division multiplexing Mach-Zehnder modulator，PDM-MZM）的微波光子混频及多通道移相系统，并利用该系统实现微波矢量信号的正交下变频及 I/Q 解调。

（2）设计了基于全光宽带微波 I/Q 混频器的光子零中频接收机，可以直接将射频矢量信号下变频到基带。所提出的光子 I/Q 混频器是使用全光技术构建的，没有任何微波耦合器、正交耦合器、移相器或色散器件，因此它具有超宽的工作频带（10~40GHz）。

（3）研究分析了基于偏振复用双平行马赫-曾德尔调制器（polarization division multiplexing dual-parallel Mach-Zehnder modulator，PDM-DPMZM）的全光宽带 I / Q 下变频系统，并利用该系统实现了谐波 I/Q 零中频接收。

7.1 基于微波光子 I/Q 混频的零中频收发机

目前为止，超外差结构几乎在所有的射频系统应用中都占据着主导地位。通过对中频和滤波器进行适当的频率设计，超外差接收机具有低杂散和高灵敏度的优点[1]。然而由于镜像抑制和通道选择滤波器的不可调谐性，超外差接收机在工作频率上不灵活。此外，高 Q 滤波器通常尺寸较大，不能与其他射频电路集成在一块芯片中，这增加了接收机的成本和尺寸[2]。

零中频接收机可以解决上述问题，其接收的 RF 信号使用微波 I/Q 混频器直接转换为同相（I）和正交（Q）基带信号。镜像产物可以在 I/Q 下变频中自然地被消除而无需滤波，因此接收器频率变得灵活，可用于具有不同或多个操作频带的许多应用。同时，小型且全集成的接收机变得可行，这在大规模天线相控阵系统中是非常需要的。另外，与超外差接收机中的 IF 信号相比，I/Q 基带信号对模数转换器（analog-digital converter，ADC）的工作频率和采样率要求较低。但是，当前的零中频接收机的性能在很大程度上取决于 I/Q 混频器，并且存在以下问题[3]：

（1）本振（local oscillator，LO）和射频（radio frequency，RF）之间的非理想隔离导致 LO 泄漏，干扰其他 RF 通道。

（2）LO 泄漏导致其自混频产生直流（DC）偏移，降低信噪比并使后端放大器或 ADC 饱和。

（3）I/Q 失衡。非理想 I/Q 混频器的功率和相位失衡会导致 I 和 Q 路信号混叠并减少镜像抑制。

（4）偶数阶失真，主要是自混频引起的二阶交调失真。

基于微波光子学的零中频接收机有望解决传统零中频接收机中存在的上述问题。首先，由于固有的 EMI 屏蔽，光子系统可以支持有效的 LO-RF 隔离，以避免 LO 泄漏和直流偏移。其次，大多数光子混合和相移技术与频率无关[4]，因此有可能在宽频带上实现 I/Q 平衡。其次，已经报道了许多用于模拟光子链路和光子混频器的线性化方法[5-9]，这些方法可以引入到光子零中频接收机中以抑制二阶交调失真（second-order intermodulation distortion，IMD2）和三阶交调失真（third-order intermodulation distortion，IMD3）。此外，与光子超外差接收机相比，光子零中频接收机由于其直接下变频结构，有望提高转换增益、噪声系数、接收机灵敏度和无杂散动态范围。

矢量信号的 I/Q 调制与解调是无线通信、雷达等电子系统收发机中必不可少的模块。在发射机的矢量信号调制过程中，I/Q 两路基带数据经过低通滤波器（low-pass filter，LPF）成形滤波后，分别通过一对相互正交的 LO 信号上变频，然后叠加得到 RF 矢量信号，LO 信号的频率即为 RF 矢量信号的载频，如图 7.1（a）所示。类似地，在接收机的矢量信号解调过程中，RF 矢量信号分为两路，分别与一对相互正交的 LO 信号进行混频，其中 LO 信号频率等于 RF 信号载频，混频并低通滤波得到的两路基带信号可进行抽样判决得到 I/Q 数据。

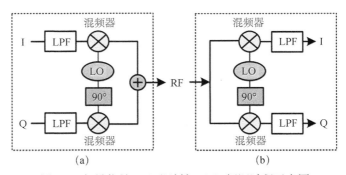

图 7.1　矢量信号（a）调制与（b）解调过程示意图

由于 ADC 及数字信号处理（digital signal processing，DSP）技术的成熟，在目前多数电子系统中，矢量信号的 I/Q 调制与解调在数字域完成。现在最常用的一种超外差接收机结构如图 7.2 所示，这种接收机结构的可靠性很好，但存在镜像频率干扰问题，一般需要在混频之前采用高 Q 值的带通滤波器达到镜像抑制（image rejection），或采用 IR 混频器，这两种器件无法实现片上集成。另外这种超外差接收机有时需要多级下变频和滤波，导致结构复杂。

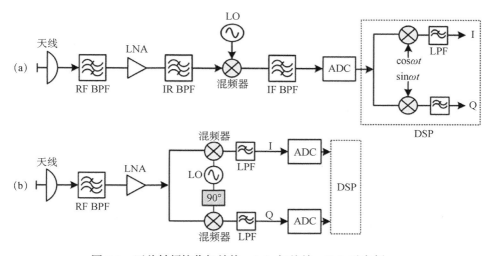

图 7.2 两种射频接收机结构：（a）超外差；（b）零中频

天线接收到的 RF 信号可以直接进行正交下变频实现 I/Q 解调，形成零中频接收机，结构如图 7.1（b）所示，接收到的 RF 矢量信号经过带通滤波和放大后，直接进入正交下变频器，LO 信号频率与 RF 载频相等，进而中频（intermediate frequency，IF）信号频率为零，也就是基带信息。由于两路中 LO 相位正交，下变频后的基带信息就是 I/Q 波形。这种结构具有体积小、易于单片集成、无镜像干扰的特点[10]，已成为大规模天线雷达、电子战等系统接收机中极具竞争力的一种结构。另外，与超外差接收机相比，待 ADC 处理的信号变为两路带宽减半的基带信号，降低了 ADC 的带宽和采样率需求，尤其适合宽带信号的处理。

然而传统的 RF 矢量信号 I/Q 解调面临诸多限制，首先是正交混频器的工作频段和带宽不易提高，然后是 LO 泄漏、直流偏差、偶次失真、I/Q 不平衡、闪烁噪声等会导致调制与解调性能变差。与之相比，光子学矢量信号 I/Q 解调技术具有明显的优势。首先是微波光子混频技术不受工作频率和带宽的限制，可直接将高频宽带 RF 信号下变频为基带。其次微波光子混频系统中 RF 与 LO 的隔离度可以做到很大,避免了 LO 泄漏。再次,可以将微波光子混频与微波光子移相技术结合,并通过微波光子精确移相,实现两个下变频通道的严格正交,提高 I/Q 平衡度。另外,直流偏差和偶次失真可以通过光链路中成熟的平衡探测技术进行抑制。

目前已经有一些针对微波光子 I/Q 调制解调的研究报道[11-17]。2002 年,Jemison 等针对无线数字通信应用需求,提出一种微波光子矢量信号调制方案[16,17],该方案中上变频采用光子学方法实现,但 LO 信号的功分和正交移相仍旧采用微波正交耦合器,I/Q 两路的平衡度难以保证,工作频率的调谐性以及信号带宽也受限。2015 年,Pagán 和 Murphy 提出的基于谐波下变频的矢量信号解调方案[15],也存在这个问题。2005 年,Piqueras 等提出微波光子矢量信号调制与解调收发机[13],采用两个波长分别实现 I/Q 两路的上下变频,通过色散光纤,实现不同波长通道 LO 信号相位的正交。类似方案后来被 Emami 等采用并改进优化,实现工作频率可重构、大带宽、可面向捷变雷达的微波光子 I/Q 调制与解调系统[11,12]。但是基于不同波长下色散引入的 90°移相与工作频率相关,改变工作频率须重新设置光波长或色散值,仍旧限制了系统工作频率和带宽的调谐性。2016 年,北京邮电大学喻松等人提出一个可实现 IF 信号移相的下变频系统[18],也是采用两个波长实现双通道下变频,不过每个通道的移相角度可以通过调制器偏置电压单独控制,且与工作频率和带宽无关。但该方案中,两个通道的变频和移相分别需要两套激光器和调制器,LO 信号也需要分为两路分别电光调制,结构较为复杂。

在 7.2 节,本书将对微波光子 I/Q 解调技术进行进一步的研究,构建一个微波光子混频及多通道移相系统,RF 和 LO 信号只需要调制一次,通过光学方法扩展通道,并在每个通道实现不同的移相,并利用一对正交通道,实现 RF 矢量信号的正交下变频和 I/Q 解调。通过减少电耦合器、电移相器、色散光纤等与频率相关器件的使用,来提高系统的工作带宽和信号带宽,提高 I/Q 平衡度,并降低系统复杂度。

7.2   基于微波光子同时混频和移相的 I/Q 解调技术

7.2.1   基于 PDM-MZM 的混频及多通道移相

本节提出一个可以同时实现微波信号下变频和多通道移相的光子系统。RF 和 LO 信号分别驱动 PDM-MZM 中并行的两个子调制器,产生偏振复用的抑制载波双边带(carrier-suppressed double sideband,CS-DSB)信号。用一个光带通滤波器滤出一个偏振复用边带，经过起偏器（polarizer）干涉为一个偏振态后光电探测得到差频 IF 信号。通过改变起偏器前的偏振态，IF 信号的相位可在 360°内连续调谐。另外，该系统可以扩展到多通道应用中，每个通道 IF 信号的相移可独立控制。

1）方案原理

基于 PDM-MZM 的混频及多通道移相系统如图 7.3 所示，方案中（a）～（d）各处的简易频谱表示在方案图下面。它主要包括激光二极管（laser diode，LD）、PDM-MZM、掺铒光纤放大器（erbium doped fiber amplifier，EDFA）、光带通滤波器（optical bandpass filter，OBPF）、光分路器、起偏器和光电探测器（photodetector，PD）。光载波从 LD 中产生，表示为 $E_c(t)$，注入到 PDM-MZM 并且通过 X-MZM 和 Y-MZM 被 RF 和 LO 信号调制。两个子调制器都偏置在最小工作点以抑制光载波。RF 信号表示为 $V_{RF}\sin\left[\omega_{RF}t+\varphi(t)\right]$，其中 V_{RF} 和 $\varphi(t)$ 分别表示幅度和相位信息，ω_{RF} 表示角频率。考虑到 RF 信号通常很小，从 X-MZM 输出的 CS-DSB 光信号可以近似表示为

$$E_X(t)\approx\frac{\pi E_c(t)V_{RF}}{4\sqrt{2}V_\pi}\left\{\exp\left[j\omega_{RF}t+j\varphi(t)\right]-\exp\left[-j\omega_{RF}t-j\varphi(t)\right]\right\} \quad (7\text{-}1)$$

RF 调制的 CS-DSB 信号示意图如图 7.3（a）所示。

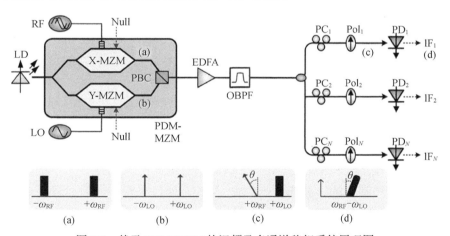

图 7.3 基于 PDM-MZM 的混频及多通道移相系统原理图

LO 信号表示为 $V_{LO}\sin(\omega_{LO}t)$，其中 V_{LO} 和 ω_{LO} 分别是其幅度和角频率。LO 信号被用来驱动 Y-MZM，输出的 CS-DSB 光信号可以近似表示为

$$E_Y(t)\approx\frac{\pi E_c(t)V_{LO}}{4\sqrt{2}V_\pi}\left\{\exp\left(j\omega_{LO}t\right)-\exp\left(-j\omega_{LO}t\right)\right\} \quad (7\text{-}2)$$

类似的，LO 调制的 CS-DSB 信号示意图如图 7.3（b）所示。PBC 将 RF 和 LO 调制的 CS-DSB 信号偏振复用后输出，在经过 EDFA 放大后，通过 OBPF 滤波，滤出上边带（或下边带），形成偏振复用的抑制载波单边带（carrier-suppressed single sideband，CS-SSB）信号，表示为

$$E(t) = \frac{\pi E_c(t)}{4\sqrt{2}V_\pi} \Big[e_{TE} \cdot V_{RF} \exp\big[j\omega_{RF}t + j\varphi(t) \big] + e_{TM} \cdot V_{LO} \exp\big(j\omega_{LO}t \big) \Big] \quad (7\text{-}3)$$

滤波后的光信号被光分束器分为 N 路，每路光信号分别经过 PC 和 Pol。Pol 将每路中相互正交的偏振光干涉为同一偏振的光信号。通过调节 Pol 前的 PC，使调制器的主轴和 Pol 的主轴角度为 45°，另外两个正交偏振光的相差 δ_n（$n=1\sim N$）也可以通过 PC 调节[19]。在第 n 个通道中，Pol 输出的光信号可以表示为

$$E_{pol\_n}(t) = \frac{\pi E_c(t)}{8V_\pi} \Big[V_{RF} \exp\big[j\omega_{RF}t + j\varphi(t) \big] + V_{LO} \exp\big(j\omega_{LO}t - j\delta_n \big) \Big] \quad (7\text{-}4)$$

光谱示意图如图 7.3（c）所示。

通过 PD 光电转换，下变频后的 IF 信号电流可以近似表示为

$$i_n(t) \propto V_{RF} \cos\big[(\omega_{RF} - \omega_{LO})t + \varphi(t) + \delta_n \big] \quad (7\text{-}5)$$

电谱示意图如图 7.3（d）所示。我们可以看到每个通道中，RF 信号下变频到角频率为 $\omega_{RF} - \omega_{LO}$ 的 IF 信号。而且 IF 信号的初始相位 δ_n 由 Pol 处偏振复用光的相位差决定，可通过调节 Pol 前的 PC 进行 360°范围的调节。另外，需要指出的是，对 IF 信号的相移不会改变 IF 信号的幅度，这是移相器一个很好的特性。

2）实验结果与分析

参照图 7.3 搭建实验链路。分布反馈式（distributed feedback，DFB）激光器（Emcore，1782）产生一个功率为 15dBm、波长为 1552nm 的连续光波进入 PDM-MZM（Fujitsu FTM7980EDA）。该调制器带宽在 30GHz 以上，插入损耗为 6dB，两个子调制器的半波电压都约为 3.5V。通过矢量信号发生器（Rohde & Schwarz SMW200A）产生的 RF 信号，以及微波信号发生器（Agilent N5183A MXG）产生的 LO 信号分别驱动两个子调制器，两个子调制器工作在最小点。调制器输出的光信号通过 EDFA 放大后为 18dBm，用一个带宽为 0.4nm、抑制比大于 20dB 的 FBG 作为 OBPF 来提取上边带。随后一个光分路器将光信号等分为两路，每路均有一个 PC 和一个 Pol。最后用两个带宽在 1GHz 以下，响应度为 0.88A/W 的 PD 探测出 IF 信号。

首先对该光子系统的下变频性能进行测试。一个 40GHz 的正弦信号作为 RF

信号，LO 信号频率设为 39.9GHz，用来产生 100MHz 的 IF 信号。RF 和 LO 信号的功率分别为-10dBm 和 10dBm。测得经过光滤波器前后的光信号频谱以及滤波器的通带响应如图 7.4 所示。由于光谱分析仪（Advantest，Q8384）的分辨带宽仅为 0.01nm，光谱中 RF 和 LO 信号边带不能分辨出来。由图 7.4 可以看出，在光滤波器后，光信号其他频率成分被抑制了超过 20dB，最后产生了相对纯净的 CS-SSB 信号。

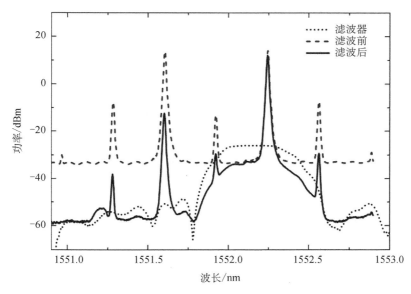

图 7.4　光滤波器的通带响应及滤波前后的光信号频谱

然后 RF 信号的频率以 1GHz 步进在 1～40GHz 范围内变化，以验证混频系统的频率调谐性。LO 信号的频率也发生同步变化，以保证 IF 信号频率始终为 100MHz。测量每个 RF 频率下的变频增益，即输出 IF 信号与输入 RF 信号功率之比，结果如图 7.5 所示。可以看到变频增益在 8～40GHz 的频率范围内都很平坦，仅有 3dB 的浮动，平均变频增益达到-6.2dB，表明该微波光子下变频系统具有良好的频率调谐性。由于光滤波器的边沿特性不理想，所以变频增益在小于 8GHz 时变小。

接下来，加入第三个信号发生器（Agilent 83630B）进行双音信号下变频测试。考虑到第三个信号发生器的带宽限制，双音信号频率设置为 26GHz 和 26.02GHz，LO 信号频率设置为 25.9GHz。依次改变双音信号的功率，并分别测量 IF 信号的基波项、二阶交调 IMD2、三阶交调 IMD3 以及噪声底，结果如图 7.6

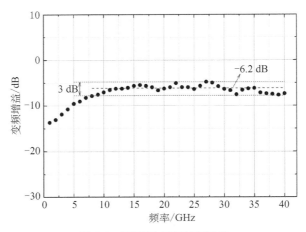

图 7.5   不同频点的变频增益

所示。测得 SFDR$_2$ 和 SFDR$_3$ 分别为 69dB·Hz$^{1/2}$ 和 96.4dB·Hz$^{2/3}$。现有采用超外差接收模式的电子系统，IF 信号一般是亚倍频程，此时的 IMD2 可以用滤波器滤除，不影响 IF 信号质量。但在多倍频程应用中，如下文中的零中频 I/Q 解调，该下变频系统的 SFDR 主要受限于 IMD2。由于微波信号发生器的最高频率限制，40GHz 频点的 SFDR 没有测量出来。

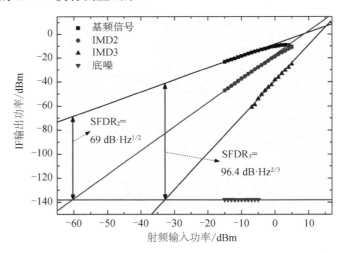

图 7.6   下变频系统动态范围测试结果

为了验证系统对 IF 信号的相移功能，一个 40GHz 的正弦信号作为 RF 信号通过两个通道（CH1 和 CH2）下变频到 100MHz。两个 IF 信号被同时送入实时示波器（Tektronix MDO3102）的两个通道内，示波器带宽为 1GHz。将示波器通道 1 设为触发源，捕捉到的波形如图 7.7（a）所示。另一通道中，通过调整偏振控制器来实现 IF 信号的相移。通道 2 中 IF 信号相对于通道 1 的相移为 0°，45°，90°，135°，180°，225°，270°和 315°时的波形分别被示波器捕捉，显示在图7.7（b）～（i）中。从图中还可以看出，不同相移下的 IF 信号波形的幅度未发生改变，这符合理论分析。两个通道的波形带有直流项，为了方便观测，图 7.7中将直流分量统一去除。

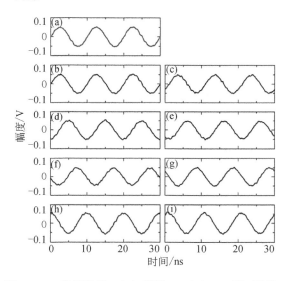

图 7.7　IF 信号波形：（a）通道 1；（b）～（i）通道 2

如果三桨手调式的偏振控制器（polarization controller，PC）被电控 PC、偏振调制器（polarization modulator，PolM）[19]或者偏振相关相位调制器[20]代替，IF 信号的调谐速度、精度以及系统的稳定性预期可得到改善。另外，以上实验中只演示了两个通道的移相。该系统可以通过一分多路光分束器扩展为多通道应用，每个通道中 IF 信号相位均可通过偏振态实现 360°的连续调谐。

该系统同样可以实现上变频及多通道移相。此时需要将 RF 调制的上边带（或下边带）与 LO 调制的下边带（或上边带）保留，因此一般可以采用带通滤波器滤掉 LO 的其中一个边带。该系统可将中频信号上变频为多通道的激励信号，每个激励信号相位可单独调节，可应用到相控阵天线系统的发射机中。

7.2.2　矢量信号的微波光子 I/Q 解调

将基于 PDM-MZM 的混频及多通道移相系统进行改进，采用两个相位差 90°

的正交下变频通道，可将微波矢量信号直接进行 I/Q 解调，实现零中频接收。

1）方案原理

基于 PDM-MZM 的微波矢量信号 I/Q 解调系统原理如图 7.8 所示。系统架构与 7.2.1 节中的混频与多通道移相系统类似，不过这里只采用两个下变频通道。待解调的微波矢量信号可表示为 $d_1(t)\sin(\omega t)+d_Q(t)\cos(\omega t)$，其中 $d_1(t)$ 和 $d_Q(t)$ 分别代表 I 路和 Q 路的幅度信息。被微波矢量信号调制后 X-MZM 输出的 CS-DSB 信号如图 7.8（a）所示，可表示为

$$E_X(t)\approx\frac{\pi E_c(t)}{4\sqrt{2}V_\pi}\Big\{d_1(t)\big[\exp(j\omega t)-\exp(-j\omega t)\big]$$
$$+d_Q(t)\big[\exp(j\omega t+j\pi/2)-\exp(-j\omega t-j\pi/2)\big]\Big\} \tag{7-6}$$

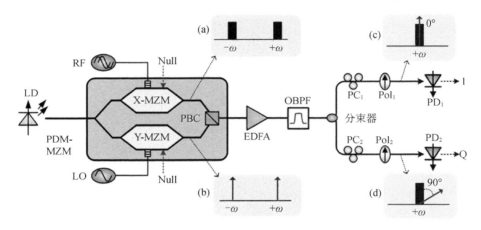

图 7.8　基于 PDM-MZM 的微波矢量信号 I/Q 解调系统

为了实现解调，LO 信号的频率应与微波矢量信号的中心频率相同（$\omega_{LO}=\omega$）。被 LO 信号调制后 Y-MZM 输出的 CS-DSB 信号如图 7.8（b）所示，可表示为

$$E_Y(t)\approx\frac{\pi E_c(t)V_{LO}}{4\sqrt{2}V_\pi}\big[\exp(j\omega t)-\exp(-j\omega t)\big] \tag{7-7}$$

PDM-MZM 输出的偏振复用信号通过 OBPF 滤波，滤出上边带，形成偏振复用的 CS-SSB 信号，表示为

$$E(t)=\frac{\pi E_c(t)}{4\sqrt{2}V_\pi}\Big\{e_{TE}\cdot\big[d_1(t)\exp(j\omega t)+d_Q(t)\exp(j\omega t+j\pi/2)\big]$$
$$+e_{TM}\cdot V_{LO}\exp(j\omega t)\Big\} \tag{7-8}$$

滤波后的光信号被光分束器分为两路,每路通过调节 Pol 前的 PC,使调制器的主轴和 Pol 的主轴角度为 α ,此时两个 Pol 输出的光信号可以表示为

$$
\begin{aligned}
E_{\mathrm{Pol}_n}(t) = \frac{\pi E_{\mathrm{c}}(t)}{8V_\pi} \Big[& d_{\mathrm{I}}(t)\cos\alpha_n \exp(\mathrm{j}\omega t) \\
& + d_{\mathrm{Q}}(t)\cos\alpha_n \exp(\mathrm{j}\omega t + \mathrm{j}\pi/2) \\
& + V_{\mathrm{LO}}\sin\alpha_n \exp(\mathrm{j}\omega_{\mathrm{LO}}t - \mathrm{j}\delta_n) \Big]
\end{aligned}
\tag{7-9}
$$

PD 后的光电流可以表示为

$$
\begin{aligned}
i_n(t) &= \eta\left| E_{\mathrm{Pol}_n}(t) \right|^2 \\
&= \frac{\pi^2 \eta P_{\mathrm{in}}}{64 V_\pi^2} \Big[\underbrace{V_{\mathrm{LO}} d_{\mathrm{I}}(t)\sin 2\alpha_n \cos\delta_n}_{\mathrm{I}} - \underbrace{V_{\mathrm{LO}} d_{\mathrm{Q}}(t)\sin 2\alpha_n \sin\delta_n}_{\mathrm{Q}} \\
&\quad + \underbrace{d_{\mathrm{I}}^2(t)\cos^2\alpha_n + d_{\mathrm{Q}}^2(t)\cos^2\alpha_n}_{\mathrm{IMD2}} + \underbrace{V_{\mathrm{LO}}^2 \sin^2\alpha_n}_{\mathrm{DC}} \Big]
\end{aligned}
\tag{7-10}
$$

上式中右边主要分为四个部分,分别是 I 路信息、Q 路信息、二阶交调失真项 IMD2 以及直流项 DC。暂时忽略 IMD2 和 DC,两个通道得到的 I/Q 基带信息电流分别为

$$
i_n(t) = \frac{\pi^2 \eta P_{\mathrm{in}}}{64 V_\pi^2} V_{\mathrm{LO}} \sin 2\alpha_n \left[\underbrace{d_{\mathrm{I}}(t)\cos\delta_n}_{\mathrm{I}} - \underbrace{d_{\mathrm{Q}}(t)\sin\delta_n}_{\mathrm{Q}} \right]
\tag{7-11}
$$

在第 1 个通道,调节 PC 使两个偏振态之间的相位差 $\delta_1 = 0°$;在第 2 个通道,调节 PC 使 $\delta_2 = -90°$ 。这样一来,两个通道分别只剩下 I 路和 Q 路信息,分别是

$$
i_1(t) = \frac{\pi^2 \eta P_{\mathrm{in}}}{64 V_\pi^2} V_{\mathrm{LO}} \sin 2\alpha_1 d_{\mathrm{I}}(t)
\tag{7-12}
$$

$$
i_2(t) = \frac{\pi^2 \eta P_{\mathrm{in}}}{64 V_\pi^2} V_{\mathrm{LO}} \sin 2\alpha_2 d_{\mathrm{Q}}(t)
\tag{7-13}
$$

由上式可见,将两个通道中的微波矢量信号边带与 LO 边带的相位差设置为正交,如图 7.8（c）,（d）所示,则两个通道可分别得到 I 路和 Q 路信息。

值得指出的是,通过调整两路中的偏振控制器,首先可以通过调节 δ_n 使两路相位严格正交,进而消除 I/Q 相位不均衡的问题;其次可以通过调节 α_n 使两路幅度严格相等,进而消除 I/Q 幅度不均衡的问题。

2）实验结果与分析

依照图 7.8 所示的原理图进行实验链路配置。从矢量信号发生源产生一个载波频率为 40GHz,符号速率为 100Msym/s、功率为−10dBm 的微波矢量信号驱动

X-MZM。频率为40GHz、功率为10dBm的LO信号与微波矢量信号保持同步，用于驱动Y-MZM。实验中矢量信号调制格式分别尝试了二进制相移键控（binary phase shift keying，BPSK）、四进制相移键控（quarternary phase shift keying，QPSK）、八进制相移键控（8PSK），以及不同位的正交幅度调制（quadrature amplitude modulation，QAM）：16QAM、32QAM、64QAM。两个PD输出的正交基带信号同时被示波器的两个通道捕获。为了观测解调后信号的星座图，示波器采样率与矢量信号符号速率相等，为100Msym/s，采用X-Y模式显示，I路数据作为水平轴，Q路数据作为垂直轴。矢量信号解调后示波器捕获的星座图在图7.9中显示。可以看到，无论哪种调制格式，矢量信号均被成功解调出清晰的星座图。因为矢量信号发生器的调制带宽限制，实验中未验证更高的符号速率。

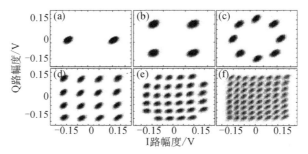

图7.9　不同调制格式的矢量信号解调后的星座图

在现有的电子系统中，接收到的微波信号首先被下变频到IF信号，然后通过ADC数字化，最后在数字域进行正交解调。然而，随着现代通信和雷达系统瞬时带宽的增长，传统ADC逐渐不能提供高效的采样率和操作速率。使用光子正交解调技术，待数字化的信号变为两个基带信号，且只有IF信号一半的带宽，极大地减少了对于ADC工作带宽和采样速率的限制。另外，由于I/Q两路幅度和相位可以简单地调节，且与工作频率无关，所以该I/Q解调系统的I/Q平衡度很好，且在宽带信号应用中具有良好的幅频/相频一致性。

需要指出，矢量信号解调过程中，IF频率为零，下变频后的信号是多倍频程的基带，此时偶次交调失真，尤其是IMD2会落入基带信号内产生失真信息，且无法用滤波器滤除。从图7.9所示的解调后的星座图中，可以看到星座图有一定的扭曲失真，这主要是受IMD2的影响。由7.2.1节动态范围测试结果图7.6可知，IMD2使整个系统的SFDR只有69dB·Hz$^{1/2}$。另外，由式（7-12）可知，每路光信号经过 PD 后会产生直流分量，此直流分量与进入 PD 的平均光功率成正比。此直流分量（或直流偏差）不携带 I/Q 信息，但它的存在容易导致后端 ADC 过载及量化精度变差，是许多接收机中应该避免的。因此，采用优化方法对直流偏差和 IMD2 进行抑制，可以使该 I/Q 解调系统能够更好地应用于电子系统接收机中。7.2.3 节对该方案进行改进优化。

7.2.3　基于平衡探测的偶次失真抑制

本节提出一种基于全光宽带微波 I/Q 混频器的光子零中频接收机。与 7.2.1 节和 7.2.2 节中的工作类似，所提出的 RF 接收机是基于 PDM-MZM 的，但是有以下改进：首先，使用双通道波分复用器（wavelength division multiplexer，WDM）来提取上下光学边带。与 7.2.1 节中使用单通道和环境敏感的光纤布拉格光栅（fiber bragg grating，FBG）滤波器的频率下变频器相比，频谱效率加倍以提高转换增益和噪声系数（noise figure，NF），系统对环境变化的鲁棒性更强。其次，采用偏振分束器（polarization beam splitter，PBS）和适当的偏振设置实现了平衡探测，不仅抑制了直流偏差和 IMD2，而且提高了转换增益、NF 和 SFDR。此外，还实验分析了最佳 LO 功率、I/Q 功率，相位不平衡，误差向量幅度（error vector magnitude，EVM）和比特误码率（bit error rate，BER）性能。最后，在同一个光子系统上进行了谐波 I/Q 下变频解调实验。

1）方案原理

A. 基于 PDM-MZM 的微波光子 I/Q 混频器

所提出的微波光子 I/Q 混频器如图 7.10 所示，由激光二极管（LD）、PDM-MZM、WDM、一对偏振控制器（PC）、PBS 和平衡光电二极管（balanced photodetector，BPD）组成。PDM-MZM 又称为双偏振二进制相移键控（dual polarization binary phase shift keying，DP-BPSK）调制器，常用于光相干 DP-BPSK 传输系统中。它集成了一个 Y 型光分路器、两个 MZM（X-MZM 和 Y-MZM）和一个偏振合束器（polarization beam combiner，PBC）。X-MZM 和 Y-MZM 都是双电极调制器。为了简化实验，仅分别使用 X-MZM 和 Y-MZM 的一个电极，如图 7.10 所示，方案中（a）～（h）各处的简易频谱表示在方案图下面。

LD 产生的光波表示为 $E_c(t) = E_c \exp(j\omega_c t)$，其中 E_c 和 ω_c 分别为振幅和角频率。在等功率分配后，两个光波分别被 RF 和 LO 信号调制。幅度和/或相位调制 RF 矢量信号可以写为 $s(t) = d_I(t)\cos(\omega t) + d_Q(t)\sin(\omega t)$，其中 ω 是中心角频率，$d_I(t)$ 和 $d_Q(t)$ 是 I/Q 数据。LO 信号具有相同的角频率 ω，振幅为 V_{LO}，可以表示

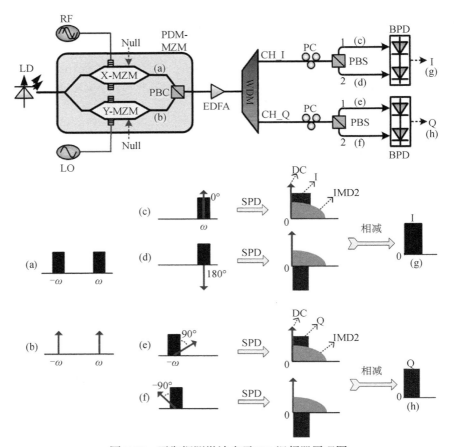

图 7.10 平衡探测微波光子 I/Q 混频器原理图

为 $V_{LO} \sin(\omega t)$。两个子 MZM 均偏置在最小点以抑制光载波并提高转换效率[11]。

从 X-MZM 和 Y-MZM 输出的调制光信号可以分别表示为

$$
\begin{aligned}
E_X(t) &= \frac{E_c(t)}{2\sqrt{2}}\left\{\exp\left[j\frac{\pi}{V_\pi}s(t)\right]-1\right\} \\
&= \frac{E_c(t)}{2\sqrt{2}}\left\{\sum_{n=-\infty}^{\infty}j^n J_n\left[\frac{\pi}{V_\pi}d_I(t)\right]\exp(jn\omega t)\right. \\
&\quad\left.\times\sum_{n=-\infty}^{\infty}J_n\left[\frac{\pi}{V_\pi}d_Q(t)\right]\exp(jn\omega t)-1\right\} \\
&\approx \frac{\pi E_c(t)}{4\sqrt{2}V_\pi}\left\{\begin{array}{l}\left[jd_I(t)+d_Q(t)\right]\exp(j\omega t) \\ \left[jd_I(t)-d_Q(t)\right]\exp(-j\omega t)\end{array}\right\}
\end{aligned}
\tag{7-14}
$$

$$E_Y(t) = \frac{E_c(t)}{2\sqrt{2}}\left\{\exp\left[jm_{LO}\sin(\omega t)\right]-1\right\}$$

$$= \frac{E_c(t)}{2\sqrt{2}}\left[\sum_{n=-\infty}^{\infty}J_n(m_{LO})\exp(jn\omega t)-1\right] \qquad (7\text{-}15)$$

$$\approx \frac{E_c(t)}{4\sqrt{2}}m_{LO}\left[\exp(j\omega t)-\exp(-j\omega t)\right]$$

其中，V_π 是调制器的半波电压，$m_{LO}=\pi V_{LO}/V_\pi$ 是 LO 信号的调制指数，$J_n(\cdot)$ 是 n 阶第一类 Bessel 函数，n 为整数。为了简化分析，忽略上述两式中的高阶贝塞尔函数。RF 和 LO 调制的上、下边带的频谱图如图 7.14（a）和（b）所示。两束光信号经 PBC 合并后，从 PDM-MZM 传输出去

$$E_{\text{PDM-MZM}}(t)=e_{\text{TE}}\cdot E_X(t)+e_{\text{TM}}\cdot E_Y(t) \qquad (7\text{-}16)$$

其中 e_{TE} 和 e_{TM} 分别表示 TE 模和 TM 模的单位向量。

利用掺铒光纤放大器（erbium-doped fiber amplifier，EDFA）进行功率补偿后，双通道 WDM 形成两个相邻的带通滤波器，分别提取偏振复用信号的上、下边带。两个通道的光输出（CH_I 和 CH_Q）可以分别表示为

$$E_{\text{CH\_I}}(t)=\frac{\pi E_c(t)}{4\sqrt{2}V_\pi}\exp(j\Omega t)\left\{e_{\text{TE}}\cdot\left[jd_I(t)+d_Q(t)\right]+e_{\text{TM}}\cdot V_{\text{LO}}\right\} \qquad (7\text{-}17)$$

$$E_{\text{CH\_Q}}(t)=-\frac{\pi E_c(t)}{4\sqrt{2}V_\pi}\exp(-j\Omega t)\left\{e_{\text{TE}}\cdot\left[jd_I(t)-d_Q(t)\right]+e_{\text{TM}}\cdot V_{\text{LO}}\right\} \qquad (7\text{-}18)$$

然后，使用起偏器或 PBS 将每个通道中的偏振复用信号转换为单偏振光。在 PBS 的一个输出端口（端口 1）上，CH_I 和 CH_Q 中的光信号可以分别写为

$$E_{\text{PBS\_I1}}(t)=\frac{\pi E_c(t)}{4\sqrt{2}V_\pi}\exp(j\omega t)$$
$$\times\left\{\left[jd_I(t)+d_Q(t)\right]\cos\alpha_I+V_{\text{LO}}\sin\alpha_I\exp(j\delta_I)\right\} \qquad (7\text{-}19)$$

$$E_{\text{PBS\_Q1}}(t)=-\frac{\pi E_c(t)}{4\sqrt{2}V_\pi}\exp(-j\omega t)$$
$$\times\left\{\left[jd_I(t)-d_Q(t)\right]\cos\alpha_Q+V_{\text{LO}}\sin\alpha_Q\exp(j\delta_Q)\right\} \qquad (7\text{-}20)$$

其中，$\alpha_{I,Q}$ 是调制器和 PBS 输出端口之间的轴向角，$\delta_{I,Q}$ 是两个偏振模之间的相位差，可以通过两个通道中的 PC 进行调整。

两个信号分别注入单光电二极管（single photodiode，SPD）中，相应的光电流可以分别写为

$$i_{\mathrm{I1}}(t) = \eta \left| E_{\mathrm{PBS\_I1}}(t) \right|^2$$
$$= \frac{\pi^2 \eta E_{\mathrm{c}}^2}{32 V_\pi^2} \left\{ V_{\mathrm{LO}} \sin 2\alpha_{\mathrm{I}} \left[d_{\mathrm{I}}(t) \sin \delta_{\mathrm{I}} + d_{\mathrm{Q}}(t) \cos \delta_{\mathrm{I}} \right] \right. \tag{7-21}$$
$$\left. + V_{\mathrm{LO}}^2 \sin^2 \alpha_{\mathrm{I}} + \left[d_{\mathrm{I}}^2(t) + d_{\mathrm{Q}}^2(t) \right] \cos^2 \alpha_{\mathrm{I}} \right\}$$

$$i_{\mathrm{Q1}}(t) = \eta \left| E_{\mathrm{PBS\_Q1}}(t) \right|^2$$
$$= \frac{\pi^2 \eta E_{\mathrm{c}}^2}{32 V_\pi^2} \left\{ V_{\mathrm{LO}} \sin 2\alpha_{\mathrm{Q}} \left[d_{\mathrm{I}}(t) \sin \delta_{\mathrm{Q}} - d_{\mathrm{Q}}(t) \cos \delta_{\mathrm{Q}} \right] \right. \tag{7-22}$$
$$\left. + V_{\mathrm{LO}}^2 \sin^2 \alpha_{\mathrm{Q}} + \left[d_{\mathrm{I}}^2(t) + d_{\mathrm{Q}}^2(t) \right] \cos^2 \alpha_{\mathrm{Q}} \right\}$$

在上述两个方程式中，第一项包含基波 I/Q 数据。为了最大化转换增益，CH_I 和 CH_Q 中的轴向角都设置为 $\alpha_{\mathrm{I,Q}} = 45°$。并且将两个相位差都设置为正交以获得无混叠 I/Q 解调信号

$$\begin{cases} \delta_{\mathrm{I}} = 90° \\ \delta_{\mathrm{Q}} = 180° \end{cases} \tag{7-23}$$

然后可以将两个光电流重写为

$$i_{\mathrm{I1}}(t) = \frac{\pi^2 \eta E_{\mathrm{c}}^2}{64 V_\pi^2} \left[\overbrace{2V_{\mathrm{LO}} d_{\mathrm{I}}(t)}^{\mathrm{I}} + \overbrace{V_{\mathrm{LO}}^2 + d_{\mathrm{I}}^2(t) + d_{\mathrm{Q}}^2(t)}^{\mathrm{DC+IMD2}} \right] \tag{7-24}$$

$$i_{\mathrm{Q1}}(t) = \frac{\pi^2 \eta E_{\mathrm{c}}^2}{64 V_\pi^2} \left[\overbrace{2V_{\mathrm{LO}} d_{\mathrm{Q}}(t)}^{\mathrm{Q}} + \overbrace{V_{\mathrm{LO}}^2 + d_{\mathrm{I}}^2(t) + d_{\mathrm{Q}}^2(t)}^{\mathrm{DC+IMD2}} \right] \tag{7-25}$$

图 7.10（c）和（e）中绘制了两个通道 SPD 前的光信号频谱图，并且还显示了相应的光电流。

两个通道中的转换增益相等，可以近似表示为[21]

$$\mathrm{Gain} \propto \left[\frac{\pi \eta P_{\mathrm{PD}} m_{\mathrm{LO}}}{V_\pi \left(m_{\mathrm{RF}}^2 + m_{\mathrm{LO}}^2 \right)} \right]^2 \tag{7-26}$$

其中 m_{RF} 是 RF 信号的调制指数，P_{PD} 是 PD 处的光功率。在 RF 输入功率较小的情况下，转换增益可以近似表示为

$$\mathrm{Gain} \propto \left[\frac{\pi \eta P_{\mathrm{PD}}}{V_\pi m_{\mathrm{LO}}} \right]^2 \tag{7-27}$$

如果 PD 处的光功率保持不变，则由公式（7-27）可得，低 LO 调制指数有助于增加转换增益。但是，当 RF 输入功率足够大时，从公式（7-26）中可以看到，转换增益随 m_{RF} 的增大而减小。这表明较小的 m_{LO} 将使转换增益提前减小，从而使输出 IF 信号压缩得更快。

除了所需 I/Q 基波项外，光电流中还存在包括直流和 IMD2 在内的干扰项。接下来，引入平衡探测来解决该问题。

B. 基于偏振控制的平衡探测

在上述 I/Q 混频器中，仅使用两个 PBS 中的端口 1。在该方案中，为了实现平衡探测，两个 PBS 的输出端口都被使用。由于两个输出端口的主轴是正交的，所以可以将每个通道中 PBS 的另一个输出端口（端口 2）处的光信号分别表示为

$$E_{\mathrm{PBS\_I2}}(t) = \frac{\pi E_{\mathrm{c}}(t)}{4\sqrt{2}V_{\pi}}\exp(\mathrm{j}\omega t)$$
$$\times \left\{ \left[\mathrm{j}d_{\mathrm{I}}(t) + d_{\mathrm{Q}}(t) \right]\sin\alpha_{\mathrm{I}} - V_{\mathrm{LO}}\cos\alpha_{\mathrm{I}}\exp(\mathrm{j}\delta_{\mathrm{I}}) \right\} \tag{7-28}$$

$$E_{\mathrm{PBS\_Q2}}(t) = -\frac{\pi E_{\mathrm{c}}(t)}{4\sqrt{2}V_{\pi}}\exp(-\mathrm{j}\omega t)$$
$$\times \left\{ \left[\mathrm{j}d_{\mathrm{I}}(t) - d_{\mathrm{Q}}(t) \right]\sin\alpha_{\mathrm{Q}} - V_{\mathrm{LO}}\cos\alpha_{\mathrm{Q}}\exp(\mathrm{j}\delta_{\mathrm{Q}}) \right\} \tag{7-29}$$

将 $\alpha_{\mathrm{I,Q}} = 45°$ 和式（5-25）代入上式，可得产生的光电流为

$$i_{\mathrm{I2}}(t) = \frac{\pi^2\eta E_{\mathrm{c}}^2}{64V_{\pi}^2}\left[\overbrace{-2V_{\mathrm{LO}}d_{\mathrm{I}}(t)}^{\mathrm{I}} + \overbrace{V_{\mathrm{LO}}^2 + d_{\mathrm{I}}^2(t) + d_{\mathrm{Q}}^2(t)}^{\mathrm{DC+IMD2}} \right] \tag{7-30}$$

$$i_{\mathrm{Q2}}(t) = \frac{\pi^2\eta E_{\mathrm{c}}^2}{64V_{\pi}^2}\left[\overbrace{-2V_{\mathrm{LO}}d_{\mathrm{Q}}(t)}^{\mathrm{Q}} + \overbrace{V_{\mathrm{LO}}^2 + d_{\mathrm{I}}^2(t) + d_{\mathrm{Q}}^2(t)}^{\mathrm{DC+IMD2}} \right] \tag{7-31}$$

通过偏振设置使每个 PBS 中端口 1 和端口 2 的两个光信号互补，如图 7.10（c）～（f）所示。结果，从端口 1 和端口 2 产生的光电流中的奇数项（I/Q 基波）的幅度相等，但相位相反，而偶数项（DC 和 IMD2）具有相同的幅度和相位。使用 BPD，两个光电流相减，仅获得所需的 I/Q 基波项，而没有 DC 和 IMD2 项。

$$i_{\mathrm{I}}(t) = \frac{\pi^2\eta E_{\mathrm{c}}^2}{16V_{\pi}^2}V_{\mathrm{LO}}d_{\mathrm{I}}(t) \tag{7-32}$$

$$i_{\mathrm{Q}}(t) = \frac{\pi^2\eta E_{\mathrm{c}}^2}{16V_{\pi}^2}V_{\mathrm{LO}}d_{\mathrm{Q}}(t) \tag{7-33}$$

解调后的 I/Q 数据的简化频谱如图 7.10（g）～（h）所示。

此外，如果注入每个光电二极管的光信号保持不变，则平衡探测将使 I/Q 基波光电流增加一倍，并将转换增益提高 6dB。由于可以消除相对强度噪声（relative intensity noise，RIN）/放大自发辐射（amplified spontaneous emission，ASE）噪声与来自同一路径的 RF 或 LO 边带拍频所产生的共模噪声，因此系统 NF 也会减小[22,23]。

C. 谐波 I/Q 混频器

在 A. 和 B. 小节中，因为假设 LO 信号的调制指数较小，所以仅考虑 LO 调制信号的一阶边带。如果我们使用相对较大的调制指数来增强二阶边带，并将 LO 角频率设置为 $\Omega/2$，则可以将 Y-MZM 输出的光信号重写为

$$
\begin{aligned}
E_Y(t) &= \frac{E_c(t)}{2\sqrt{2}} \left[\sum_{n=-\infty}^{\infty} J_n(m_{LO}) \exp(jn\omega t/2) - 1 \right] \\
&\approx \frac{E_{in}(t)}{4\sqrt{2}} \Big\{ m_{LO} \left[\exp(j\omega t/2) - \exp(-j\omega t/2) \right] \\
&\quad \times \left(\frac{m_{LO}}{2} \right)^2 \left[\exp(j\omega t) + \exp(-j\omega t) \right] \Big\}
\end{aligned}
\tag{7-34}
$$

在 WDM 之后，LO 信号的一阶和二阶边带均存在并送入 PBS 和 BPD。其他系统配置保持不变，仅将两个相位差按以下方式调整

$$
\begin{cases} \delta_I = 90° \\ \delta_Q = 0° \end{cases}
\tag{7-35}
$$

在 BPD 中，二阶 LO 边带将与一阶 RF 边带拍频生成 I/Q 基波项

$$
i_I(t) = \frac{\pi^3 \eta E_c^2}{64 V_\pi^3} V_{LO}^2 d_I(t)
\tag{7-36}
$$

$$
i_Q(t) = \frac{\pi^3 \eta E_c^2}{64 V_\pi^3} V_{LO}^2 d_Q(t)
\tag{7-37}
$$

与 I/Q 混频器相比，谐波混频器对 LO 频率的要求降低了一半，但由于调制效率相对较低，因此其转换增益可能降低。其他光学边带，包括一阶和高阶 LO 边带，也将与 RF 边带拍频。但是，这些拍频结果的频率比 I/Q 基带信号高得多，并且可以使用低速 BPD 或低通滤波器简单地滤除。

2）实验结果与分析

实验连接如图 7.11 所示。从分布式反馈 LD（EMCORE，1782）中产生波长为 1552nm、平均功率为 17dBm、线宽为 1MHz、最大 RIN 为 160dB/Hz 的连续波光波，并通过保偏光纤传送到 PDM- MZM（富士通、FTM7980EDA、40Gbit/s）。如图 7.11（a）所示，调制器的半波电压为 3.5V，插入损耗为 6dB。射频信号由矢量信号发生器（VSG、Rohde & Schwarz、SMW200A、40GHz）产生，用于驱动 X-MZM 中的一个射频端口。LO 信号由微波信号源（Agilent N5183A MXG，40GHz）产生，用于驱动 Y-MZM 中的一个 RF 端口。使用相同的 10MHz 参考时

钟，使 LO 发生器与 RF 发生器同步。X-MZM 和 Y-MZM 均偏置在最小点。PDM-MZM 输出的光信号通过 EDFA（Keopsys，KPS-STD-BT-C-19-HG）进行功率补偿，NF 为 4.5dB。然后将其发送到 32 信道平顶 WDM（Coreray，AAWG-C325H41FM）的公共端口，其信道间隔为 50GHz，信道隔离度超过 35dB。使用了在光载波波长附近的 WDM 的两个通道，每个输出信号后分别是一个三桨手调式 PC 和一个 PBS。最后，使用两个 BPD 来探测电信号。如图 7.11（b）所示，BPD 是基于四个带宽约为 1GHz 的 PIN 光电二极管自制的。四个光电二极管的测量响应度分别为 1.14A/W、1.17A/W、1.18A/W 和 1.23A/W。每个光电二极管接收的光功率约为 4dBm。

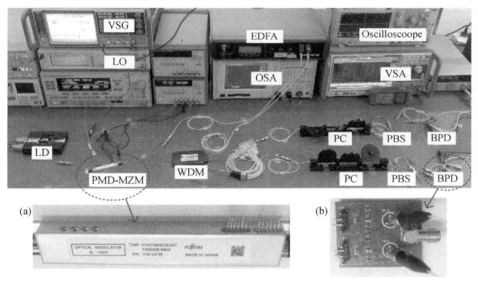

图 7.11　实验装置实物图

LO 和 RF 信号分别为频率为 25.9GHz 和 26GHz 的正弦信号，其功率分别为 10dBm 和 0dBm。CH_I 和 CH_Q 的波长响应和进入 WDM 前的光信号如图 7.12（a）所示。可以看出，两个通道是对称的，具有相等的插入损耗和平坦的顶部。结果如图 7.12（b）所示，上、下光边带被分开后分别以 CH_I 和 CH_Q 通道输出，分开后的上、下边带隔离度较好，功率也基本相同。由于光谱分析仪（OSA，Advantest，Q8384）的分辨率有限（0.01nm），因此在光谱中没有分离出具有 100MHz 频率差的 LO 和 RF 边带。

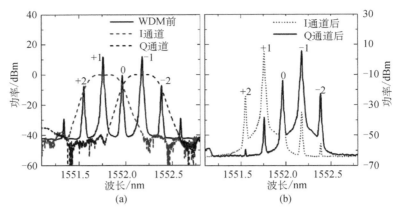

图 7.12　（a）WDM 的 CH_I（I 通道）和 CH_Q（Q 通道）的波长响应以及 WDM 前的光谱；
　　　　　（b）CH_I（I 通道）和 CH_Q（Q 通道）之后的光谱

A. 下变频和平衡探测实验分析

首先分析了用于频率下变频的最佳 LO 功率。在实验中，LO 功率依次设置为 4dBm、6dBm、8dBm、10dBm、12dBm 和 14dBm，并且利用矢量信号分析仪（VSA，Rohde＆Schwarz，FSW50）得到了 100MHz IF 信号的输出功率和噪底与输入 RF 功率的关系，结果如图 7.13（a）所示。从结果看出，转换增益随 LO 功率的增加而逐渐减小。这是因为实验中使用的 EDFA 在自动功率控制模式下工作并且具有固定的输出功率。当输入 RF 信号较小时，低 LO 功率有助于优化 RF 和 LO 边带的功率比，并提高系统转换效率，这在文献[24]之前已经进行了研究。但是，在低 LO 驱动功率的情况下，输出 IF 信号会更快地压缩。此外，转换增益的提高是以 EDFA[5]引入更多的噪声为代价的，而更低的 LO 功率将无助于减小 NF，如图 7.13（b）所示。在图 7.13（b）中，使用以下公式计算 NF

$$NF = 174 - G + N \text{ (dB)} \tag{7-38}$$

其中 G 是测得的转换增益，N 是测得的底噪。同时还测量了不同 LO 功率下三阶 SFDR（third-order spurious free dynamic range，$SFDR_3$）的值，如图 7.13（b）所示。由于三阶输入截取点（input third-order intercept point，IIP3）与调制非线性有关，与 LO 功率无关，因此 $SFDR_3$ 与 NF 相比具有相反的变化曲线，并且在 LO 功率为 10dBm 时达到最佳。

为了证明平衡探测的线性化效果，将频率为 26GHz 和 26.01GHz 且功率为 0dBm 的双音信号作为输入 RF 信号，分别分析有/无平衡探测的下变频 IF 信号。仅将

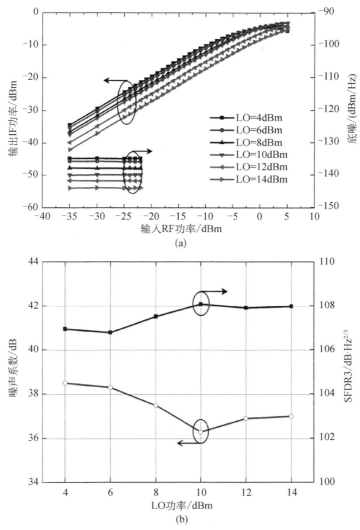

图 7.13 　（a）输出 IF 功率和底噪与输入 RF 功率的关系；
　　　　　（b）NF 和 SFDR₃ 与 LO 功率的关系

PBS 的一个输出端口连接到 SPD 来测量无平衡探测的 IF 频谱，如图 7.14（a）所示。生成两个下变频的基波项（100MHz 和 110MHz）以及三阶交调失真（Third-order Intermodulation Distortion，IMD3）（90MHz 和 120MHz）。值得注意的是，还生成了功率为 -19.6dBm 的 10MHz 二阶交调失真（second-order intermodulation distortion，IMD2）。然后将 PBS 的两个输出端口连接到 BPD，优

化偏振进行平衡检测。IF 信号的频谱如图 7.14（b）所示，其中 IMD2 被显著抑制到-68.1dBm，比图 7.14（a）低 48.5dB。同时，平衡探测后，基波项和 IMD3 提高了 5.9dB。

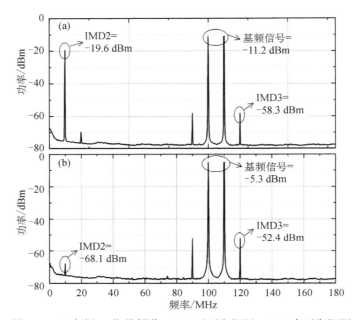

图 7.14　下变频 IF 信号频谱：（a）无平衡探测；（b）有平衡探测

　　然后，使用上述 LO 和双音 RF 信号测量下变频的动态范围。射频输入功率的范围为-35.5dBm，分别测量基波项、IMD2、IMD3 和噪底的功率。图 7.15（a）为没有平衡探测的结果，其转换增益为-8.3dB，NF 为 38.6dB，IIP3 为 24.2dBm。尽管 $SFDR_3$ 达到 106.4dB $\cdot$ $Hz^{2/3}$，但 IMD2 始终是主要失真，并将二阶无杂散动态范围（second-order spurious free dynamic range，$SFDR_2$）拖至仅为 71.4dB $\cdot$ $Hz^{1/2}$，这影响了系统整体的 SFDR。加入平衡探测后，转换增益为-2.3dB，改善了 6dB，与理论预期非常吻合。作为奇数阶失真，IMD3 也增加了约 6dB，因此 IIP3 与无平衡探测的结果几乎相同。有平衡探测的 NF 为 36.4dB，$SFDR_3$ 为 107.9dB $\cdot$ $Hz^{2/3}$，与无平衡探测相比也有所改进。最重要的是，有平衡探测的 $SFDR_2$ 达到了 101.7dB $\cdot$ $Hz^{1/2}$，提高了 30.3dB。

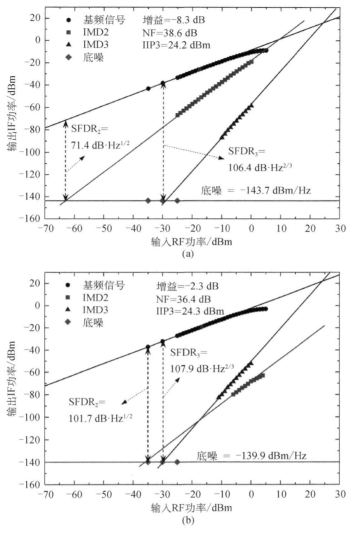

图 7.15　动态范围测试结果：（a）无平衡探测；（b）有平衡探测

此外，详细测量了有平衡探测时下变频的频率响应。RF 频率以 1GHz 为步长从 4GHz 变化到 40GHz。通过相应地调整 LO 频率，将 IF 频率分别设置为 100MHz、500MHz 和 1GHz。在这些 IF 频率下，测得转换增益、噪底、NF 和 $SFDR_3$ 随输入 RF 频率的变化关系，如图 7.16（a）和（b）所示。RF 频率由 10～40GHz 时，转换增益范围为-3.7～-0.4dB，NF 范围为 31.7～40.4dB。由于 WDM 的非理想滤波响应，当 RF 频率低于 10GHz 时，转换增益和噪底相对较小。此外，当 RF 频率增加到 25GHz 以上时，调制器的调制效率降低，转换增益、噪底和 NF

显著降低。随着调制效率的降低,IIP3 也将增加。当 RF 频率为 4～25GHz 时,SFDR₃ 基本保持不变,为 106～108dB·Hz$^{2/3}$。由于微波信号发生器(Agilent 83630B,26.5GHz)的工作频率有限,因此未测量具有较高 RF 频率的 SFDR₃。考虑到转换增益和 NF 的曲线,预测 SFDR₃ 在较高的工作频率下会降低。

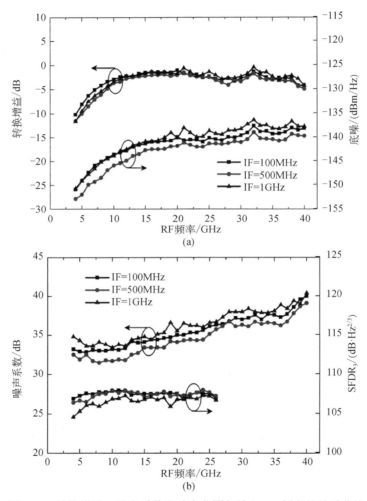

图 7.16　转换增益、噪声系数和动态范围与输入 RF 频率的关系曲线

B. I/Q 下变频实验分析

接下来同时利用 CH_I 和 CH_Q 通道以实现 I/Q 下变频。首先演示了两个下变频 IF 信号之间可调谐的相位差。在实验中将 26GHz 正弦波 RF 信号通过 25.9GHz 的 LO 信号分别下变频为 CH_I 和 CH_Q 中的两个 100MHz IF 信号,并

通过多通道示波器（Tektronix DPO7254）同时捕捉 IF 波形。来自 CH_I 的 IF 波形如图 7.17（a）所示，设置为示波器的触发源。通过调整 CH_Q 中的偏振状态，可以将相应 IF 信号的相移从 0 连续调谐到 360°。例如，在 CH_Q 中具有 0°、90°、180°和 270°相对相位差的 IF 信号如图 7.17（b）～（e）所示。可以观察到，具有不同相移的 IF 信号的幅度保持不变。

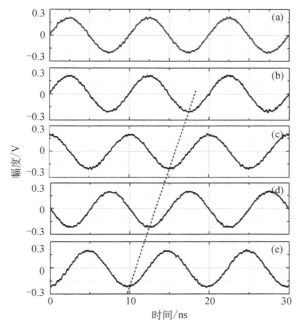

图 7.17　CH_I 和 CH_Q 通道不同相位差的 IF 信号波形

将两个 IF 信号的相位差设置为正交的 90°，测量两路相位差和功率随 RF 和 IF 频率变化的情况。首先，在实验中以 1GHz 为步进将 RF 频率从 4GHz 调谐到 40GHz。对 LO 信号的频率进行相应调整，以使 IF 频率保持在 100MHz。CH_I 和 CH_Q 中测得的 I/Q 两路 IF 信号的相位差和功率如图 7.18（a）所示。可以看到，相位差保持在 90°左右，并且 I/Q 两路 IF 功率的 3dB 带宽为 10～40GHz，相位不平衡度仅为-0.8°～0.9°，幅度不平衡度小于 0.4dB。然后将 LO 频率设置为 26GHz，并将 RF 频率从 26.1GHz 调谐到 27.4GHz。随 IF 频率变化的相位和幅度平衡如图 7.18（b）所示。IF 的 3dB 工作带宽从 100MHz～1GHz，相位失衡范围为-0.9°～0.7°，最大幅度失衡值为 0.5dB。

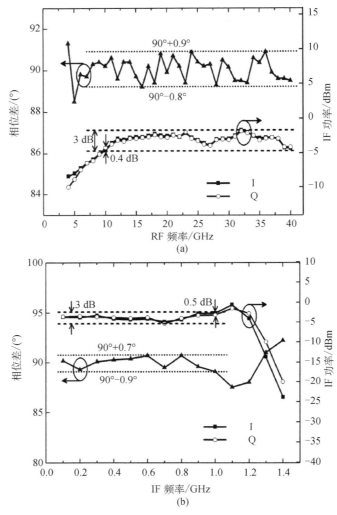

图 7.18 双通道 IF 信号相位差和功率与 RF 频率和 IF 频率的关系

C. 矢量 I/Q 解调实验分析

基于 I/Q 下变频器可以实现微波矢量信号的 I/Q 解调。在实验中，从 VSG 生成了一个射频矢量信号，其载波频率为 26GHz，符号速率为 100MHz（数据速率为 400Mbit/s），调制格式为 16QAM。使用提出的 I/Q 混频器，RF 信号被 26GHz 的 LO 信号直接下变频为 I/Q 基带。CH_I 中平衡探测之前和之后的基带信号频谱分别如图 7.19（a）和（b）所示，再次验证了平衡探测的优化效果。然后在 VSA 中对 I/Q 基带信号进行分析，获得平衡探测之前和之后的星座图分别如图

7.19（c）和（d）所示。由于无平衡探测时 IMD2 过大，图 7.19（c）中的星座图明显失真。尽管测得的 EVM 为 25.6%，但 BER 为 0.5，解调完全不正确，这是由于直流偏差使星座图偏离了轴心。而在图 7.19（d）中具有平衡探测的情况下，可以获得失真很小的正确 16QAM 星座图。测得的 EVM 为 5.2%，BER 低于 10^{-7}。在实验中，被测块包含 10^7 位，因此 BER 低于 10^{-7} 表示在被测块中未发现误码。

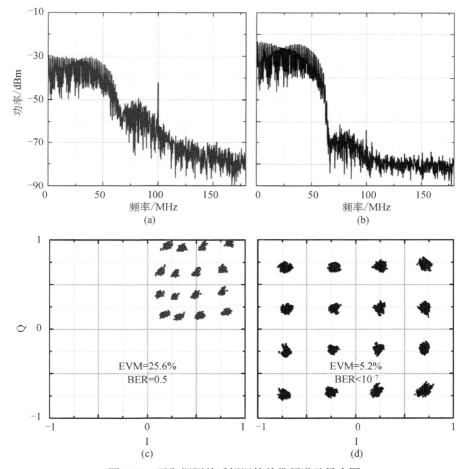

图 7.19　平衡探测前后解调的基带频谱及星座图

工作频率为 26GHz 的 RF 矢量信号的功率从 −25dBm 调谐到 15dBm，并测量了相应的 EVM 和 BER 曲线，如图 7.20（a）和（b）所示。当 RF 功率在 −25dBm 至 10dBm 范围内时，EVM 基本在 10% 之下，表明系统的动态范围很大。尤其是在 −15dBm 至 5dBm 的 RF 功率的情况下，测得的 BER 低于 10^{-7}。一方面，当射频输入功率过小时，星座图和 EVM 会因信噪比降低和残余直流偏差而恶化。另一方面，如果输入 RF 功率过大，则由于交调失真的增加，星座图和 EVM 会恶化。然后，RF 矢量信号的载波频率分别更改为 16GHz 和 36GHz。在使用 16GHz 和 36GHz 的 LO 信号进行 I/Q 解调后，EVM 和 BER 与 RF 输入功率的关系也如图 7.20（a）和（b）所示。可以看到，16GHz 和 36GHz 频率下的 EVM 和 BER 曲线与 26GHz 频率下的曲线接近。

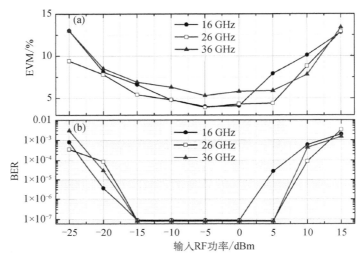

图 7.20　在不同工作频率下，测得的 EVM 和 BER 与输入 RF 功率的关系

此外，令输入 RF 功率分别为−20dBm、−10dBm、0dBm 和 10dBm，测量 EVM 和 BER 与 RF 功率的关系，如图 7.21 所示。当输入 RF 功率为−10dBm 和 0dBm 时，在 6～40GHz 的带宽范围内 EVM 低于 6.2%，BER 低于 10^{-7}。当输入 RF 功率为−20dBm 和 10dBm 时，测得的 EVM 为 6%～10.6%，BER 约为 10^{-5}～10^{-3}。图 7.20 和图 7.21 中的结果可能会有一些差异，这是系统不稳定引起的测量误差。

为了验证该光子 I/Q 混频器的调制格式透明特性，将 RF 矢量信号的调制格式依次更改为正交和 8 位相移键控（QPSK，8PSK）、32QAM、64QAM 和 128QAM，相应的数据速率分别为 200Mbit/s、300Mbit/s、500Mbit/s、600Mbit/s 和 700Mbit/s。载波频率为 36GHz，输入 RF 功率为 0dBm。在不调整其他实验参数的情况下，由 VSA 直接分析解调后的 I/Q 信号。如图 7.22（a）～（e）所示，得到了清晰的星座图，EVM 的范围为 5.3%～5.7%。由于 IF 信号的相位直接由 PBS 之前的光信号的偏振态决定，所以相位失真可能是由偏振波动引起的。

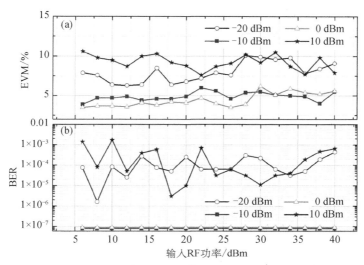

图 7.21　不同输入 RF 功率时，测得的 EVM 和 BER 与 RF 功率的关系

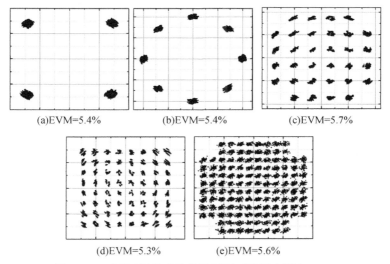

(a)EVM=5.4%　　(b)EVM=5.4%　　(c)EVM=5.7%

(d)EVM=5.3%　　(e)EVM=5.6%

图 7.22　不同调制格式的信号解调后的星座图和 EVM

D. 谐波 I/Q 下变频和解调实验分析

在以下实验中，将 LO 信号的频率设置为 18GHz，并将其功率增加到 18dBm。WDM 之前的光谱以及 CH_I 和 CH_Q 的通道响应如图 7.23（a）所示，通道滤波之后的两个光信号如图 7.23（b）所示。可以看出，LO 调制的二阶光边带由于大功率驱动而增强，可用于谐波 I/Q 下变频和解调。

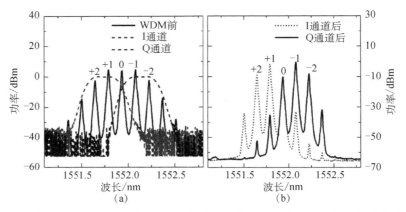

图 7.23　二次谐波 I/Q 解调：（a）CH_I 和 CH_Q 的通道响应以及 WDM 之前的光谱；
（b）CH_I 和 CH_Q 之后的光谱

在实验中，LO 频率以 1GHz 的步长从 3～20GHz 调谐，频率从 5.9～39.9GHz 且功率为 0dBm 的正弦 RF 信号分别下变频为两个 100MHz IF 信号，位于 CH_I 和 CH_Q 中。将两个 IF 信号之间的相位差设置为正交，并测量随 RF 频率变化的相位和幅度平衡，如图 7.24 所示。在 6～40GHz 的宽频带下，两个通道之间的最大相位不平衡度仅为 0.9°，最大幅度不平衡度仅为 0.8dB。

然后，分别通过 QPSK 和 16QAM 矢量信号以 200Mbit/s 和 400Mbit/s 的数据速率调制 36GHz RF 信号。在使用 18GHz LO 信号进行 I/Q 解调之后，星座图分别为图 7.25（a）和（b）。获得了清晰的星座图，测得的 EVM 分别为 5.8% 和 7.1%，这证明了所提出的谐波 I/Q 混频器的可行性。

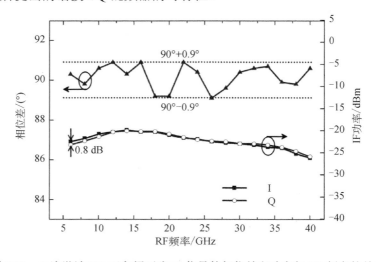

图 7.24　二次谐波 I/Q 下变频两路 IF 信号的相位差和功率与 RF 频率的关系

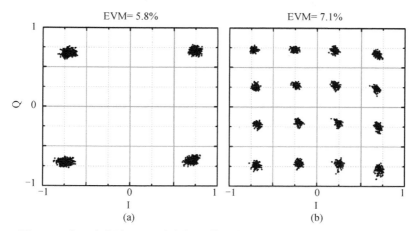

图 7.25　由二次谐波 I/Q 下变频解调的星座图：（a）QPSK；（b）16QAM

最后，测量了 LO 和 RF 端口之间的隔离度，如图 7.26 所示。工作频率为 4～23GHz 时，LO-RF 隔离度低于−40dB，而频率为 23～40GHz 时，隔离度则低于−30dB。

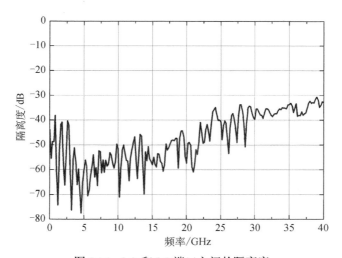

图 7.26　LO 和 RF 端口之间的隔离度

本节提出的光子微波 I/Q 混频器旨在应用于零中频接收机，可以直接将射频矢量信号下变频到基带。与文献[25]～[31]中的光子 I/Q 混频器不同，该光子 I/Q 混频器是使用全光技术构建的，没有任何微波耦合器、正交耦合器、移相器或色散器件，因此它具有超宽的工作频带（10～40GHz），如图 7.16、图 7.18、图 7.21 和图 7.24 所示。唯一与频率相关的光学器件是基于 WDM 的光学滤波器，它的非理想过渡带限制了最小工作频率。考虑到微波信号源的带宽有限，实验中没有进行 40GHz 以上的测量。由于当前铌酸锂调制器的带宽可以达到 110GHz，因此可以进一步提高所提出的 I/Q 混频器的高频范围。

该 I/Q 混频器由于其结构简单、集成度高、功耗优化而非常高效。如文献 [17] 所述，与级联混频器相比，并联结构混频器的功率损耗更小，转换增益也更高。在不使用任何电放大器的情况下，所提出的 I/Q 混频器中−2.3dB 的转换增益比最近报道的大多数混频器[9,12, 15, 25-29,30-34]的转换增益要大。

与 7.2.1 节和 7.2.2 节中提出的混频器相比，本方案中 NF 和 SFDR$_3$ 有所改进，主要是因为使用 WDM 同时提取了上下光边带，提高了频谱效率，而不是简单地使用 FBG 滤除单边带。平衡探测可以消除共模噪声，共模噪声包括 RIN/ASE 噪声和来自同一路径的 RF 或 LO 边带之间的拍频，但是 RIN 和 ASE 引起的涉及交叉拍频、散粒噪声和热噪声的噪声是不能消除的[22,23]。在所提出的 I/Q 混频器中进行平衡探测后，总噪声的增加小于转换增益，从而改进了 NF 和 SFDR$_3$。平衡探测最重要的作用是消除直流偏差和 IMD2，如图 7.14、图 7.15 和图 7.19 所示，上图中的残留直流和 IMD2 可能是由于偏振设置不精确、两条光路的功率不相等以及 BPD 的响应度和匹配电路的不平衡造成的[35]。

I/Q 平衡是镜像抑制频率下变频和矢量解调的关键参数，但以前报道的微波光子 I/Q 混频器并未对此进行分析。在本实验中测量了基波和谐波 I/Q 混频器在宽频带上的功率和相位平衡。实际上，由于可以使用光学衰减或后置数字信号处理器中的数字加权来简单地校准幅度平衡，因此相位平衡引起了更多关注。本方案中 I/Q 混频的精确相位平衡得益于两个通道之间相位差的连续可调性。此外，由于正交相位差是基于频率独立的偏振控制来实现的，因此在超宽频带上可获得良好的相位平衡。

由于上述优良特性，所提出的微波光子 I/Q 混频器有望应用于零中频接收机，如图 7.27 所示。天线接收的 RF 信号被电子低噪声放大器（low noise amplifier, LNA）放大，然后发送到 PDM-MZM。商用的调制器偏置控制器（modulator bias controller，MBC）[36]用于控制调制器的直流偏置，避免偏置漂移。在实验中系统性能受到偏振抖动的影响。为了提高偏振稳定性，在 PBS 之前应用两个电控偏振控制器（electric polarization controller，EPC）进行实时自动偏振控制[37]。解调后的 I/Q 数据用两个 ADC 进行数字化，并在 DSP 中进行匹配滤波和时钟恢复。LO 信号由压控振荡器（voltage controlled oscillator，VCO）和锁相环（phase locked loop，PLL）产生，基准时钟由 DSP 提供。

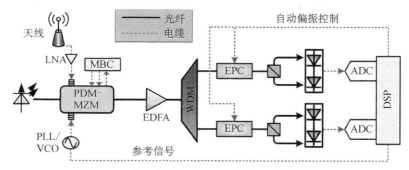

图 7.27　基于微波光子 I/Q 混频的零中频接收器

整个接收机的噪声和失真特性与常规的基于电子的超外差或零中频无线电接收机的噪声和失真特性相似。可以使用常规的公式计算总 NF

$$NF = NF_E + \frac{NF_P - 1}{G_E} \tag{7-39}$$

其中 NF_E 和 G_E 是 I/Q 混频器之前的电模块（天线和 LNA）的噪声系数和功率增益，NF_P 是随后的光子 I/Q 混频器的噪声系数。可以看到，在微波光子 I/Q 混频器之前进行电放大之后，整个接收器的 NF 可以大大降低。

LNA 的非线性也可能引入 IMD2 和 IMD3。IMD2 可能与 LO 信号的二次谐波混合并在基带中产生失真。一种解决方案是在 LNA 之后放置一个带通滤波器来滤除 IMD2。IMD3 不能被带通滤波器滤除，它将与 RF 信号一起被 I/Q 解调，导致 I/Q 基带信号的失真。

在将该方案应用于零中频接收机之前，其性能还需要进一步提高。首先，其转换增益相对较低，通常低于−20dB，如图 7.24 所示。此外，光谱中还存在很多干扰项，尤其是一阶边带，如图 7.23 所示。在非理想的平衡探测之后将会导致更多的残留直流偏差。此外，由于有限的 LO-RF 隔离，RF 信号中的 LO 泄漏将会和一阶 LO 边带拍频，并产生新的直流偏差，即使使用理想的平衡检测也无法消除。采用谐波混频技术可以降低 LO 泄漏对系统的影响。

7.3　微波光子谐波 I/Q 解调技术

为了进一步提升系统性能，在 7.2 节的基础上，本节进一步推进工作，提出了一种基于偏振复用双平行马赫-曾德尔调制器（PDM-DPMZM）的全光宽带 I/Q 下变频器。两个并行的光信号分别被 RF/LO 信号调制，然后合并为偏振复用信号。经过光学滤波、功率分束和独立的偏振调整后，最终获得了 I/Q 频率下变频通道。选择适当的 LO 调制指数以优化转换增益和 NF。由于采用了全光操控方法，该 I/Q 下变频器具有较宽的工作频带和良好的 I/Q 平衡。此外，I/Q 下变频通道均采用平衡探测以抑制偶数阶项，从而显著减少了直流偏差和失真并改善了系统动态范围。在所提出系统的基础上，实验中实现了零中频 I/Q 解调。除了基波 I/Q 下变频之外，该方案还可以实现有效的谐波 I/Q 下变频，这不仅降低了对 LO 信号的频率要求，并且在谐波 I/Q 混频中抑制了一阶分量，降低了 LO 泄漏。

1）方案原理

全光基波/谐波微波 I/Q 下变频方案图如图 7.28 所示。由 LD 产生光载波，记为 $E_c(t)$，注入 PDM-DPMZM。PDM-DPMZM 包含两个并行子 DPMZM（X-DPMZM 和 Y-DPMZM）。X-DPMZM 和 Y-DPMZM 均有两个子调制器（Xa、Xb、Ya 和 Yb）。X-DPMZM 中的 Xa 由 RF 信号驱动，Xb 空置。对称地，Y-DPMZM 中的 Ya 由 LO 信号驱动，而 Yb 空置。Xa、Xb、Ya 和 Yb 都偏置在最小点处以抑制光载波。

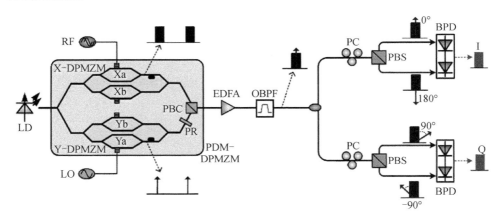

图 7.28　全光基波/谐波微波 I/Q 下变频器的示意图

假设 RF 信号功率较小，并表示为 $V_{RF}\sin(\omega_{RF}t)$，其中 V_{RF} 为振幅，ω_{RF} 为角频率，则子调制器 Xa 的输出为

$$E_{Xa}(t)=E_c(t)\left\{\exp\left[jm_{RF}\sin(\omega_{RF}t)\right]-\exp\left[-jm_{RF}\sin(\omega_{RF}t)\right]\right\}/4$$

$$=E_c(t)\left\{\sum_{n=-\infty}^{\infty}J_n(m_{RF})\exp(jn\omega_{RF}t)\left[1-(-1)^n\right]\right\}/4 \qquad （7-40）$$

$$\approx E_c(t)J_1(m_{RF})\left[\exp(j\omega_{RF}t)-\exp(-j\omega_{RF}t)\right]/2$$

其中 $m_{RF}=\pi V_{RF}/V_\pi$ 表示射频调制指数，V_π 是调制器的半波电压。$J_n(\cdot)$ 是第一类

n 阶贝塞尔函数，n 为整数。光信号包含射频调制的上、下边带，其频谱如图 7.28 所示。由于子调制器 Xb 偏置在最小点且不受 RF 信号驱动，所以没有光信号传出。因此，X-DPMZM 的输出光场为

$$E_X(t) = E_{Xa}(t)/\sqrt{2}$$
$$= E_c(t) J_1(m_{RF}) \left[\exp(j\omega_{RF}t) - \exp(-j\omega_{RF}t) \right] / 2\sqrt{2} \tag{7-41}$$

类似地，假设 LO 信号表示为 $V_{LO}\sin(\omega_{LO}t)$，其中 V_{LO} 是振幅，ω_{LO} 为角频率，则 Y-DPMZM 的输出光场为

$$E_Y(t) = E_c(t) \left\{ \exp\left[jm_{LO}\sin(\omega_{LO}t) \right] - \exp\left[-jm_{LO}\sin(\omega_{LO}t) \right] \right\} / 4\sqrt{2}$$
$$= E_c(t) \left\{ \sum_{n=-\infty}^{\infty} J_n(m_{LO}) \exp(jn\omega_{LO}t) \left[1 - (-1)^n \right] \right\} / 4\sqrt{2} \tag{7-42}$$
$$\approx E_c(t) J_1(m_{LO}) \left[\exp(j\omega_{LO}t) - \exp(-j\omega_{LO}t) \right] / 2\sqrt{2}$$

其中 $m_{LO} = \pi V_{LO}/V_\pi$ 为 LO 调制指数。该光信号通过 90° 偏振旋转器（polarization rotator，PR）。然后，来自两个子 DPMZM 的光信号由偏振合束器（PBC）合并，并在 PDM-DPMZM 之后生成偏振复用光信号，表示如下

$$E_{PDM}(t) = \begin{vmatrix} E_X \\ E_Y \end{vmatrix} = E_c(t) \cdot \begin{vmatrix} J_1(m_{RF}) \left[\exp(j\omega_{RF}t) - \exp(-j\omega_{RF}t) \right] \\ J_1(m_{LO}) \left[\exp(j\omega_{LO}t) - \exp(-j\omega_{LO}t) \right] \end{vmatrix} / 2\sqrt{2} \tag{7-43}$$

光信号被 EDFA 放大，并由光带通滤波器（OBPF）滤波。OBPF 用于获取光信号的一个边带。OBPF 之后的偏振复用单边带光信号为

$$E_{OBPF}(t) = E_c(t) \cdot \begin{vmatrix} J_1(m_{RF}) \exp(j\omega_{RF}t) \\ J_1(m_{LO}) \exp(j\omega_{LO}t) \end{vmatrix} / 2\sqrt{2} \tag{7-44}$$

相应的光谱也绘制在图 7.28 中。然后，光信号被分光路器分为两个通道（I/Q）。在每个信道中，使用偏振控制器（PC）和偏振分束器（PBS）形成两个光信号为

$$E_1(t) = E_c(t) \left[J_1(m_{RF}) \exp(j\omega_{RF}t)\cos\alpha + J_1(m_{LO}) \exp(j\omega_{LO}t)\sin\alpha \exp(j\delta) \right] / 4 \tag{7-45}$$

$$E_2(t) = E_c(t) \left[J_1(m_{RF}) \exp(j\omega_{RF}t)\sin\alpha - \left[J_1(m_{LO}) \exp(j\omega_{LO}t)\cos\alpha \exp(j\delta) \right] \right] / 4 \tag{7-46}$$

其中，α 是偏振方位角，δ 是两个偏振分量之间的相位差。为了实现平衡探测，将 PC 调整为 $\alpha = 45°$。在平衡光电二极管（BPD）中，两个光电流彼此相减，经过 BPD 之后电流如下

$$i(t) \propto |E_1(t)|^2 - |E_2(t)|^2 \propto J_1(m_{RF}) J_1(m_{LO})\cos\left[(\omega_{RF} - \omega_{LO})t - \delta \right] \tag{7-47}$$

经过平衡探测后，可获得所需的差频项或 IF 信号，并消除了直流偏差和偶数阶失真。并且还可以发现，IF 信号的相位与 δ 相关，可通过偏振控制任意调谐。为了构建 I/Q 频率下变频通道，两个通道中的 PC 应该按以下方式独立调整。

在第一个通道中，将 PC 调整为 $\delta = 0°$，PBS 之后的两个光谱如图 7.28 所示。BPD 之后的光电流可以写为

$$i_1(t) \propto J_1(m_{RF}) J_1(m_{LO}) \cos\left[(\omega_{RF} - \omega_{LO})t\right] \tag{7-48}$$

获得了同相下变频的 IF 信号。在另一个通道中，将 PC 调整为 $\delta = 90°$，PBS 之后的两个光谱也如图 7.28 所示。BPD 之后的光电流可以写为

$$i_Q(t) \propto J_1(m_{RF}) J_1(m_{LO}) \sin\left[(\omega_{RF} - \omega_{LO})t\right] \tag{7-49}$$

此时，即可得到正交下变频的 IF 信号。

在具有超外差结构的 RF 接收器中，两个 IF 信号可以通过耦合器进行组合以实现镜像抑制[38]。在具有零中频结构的 RF 接收器中，LO 频率等于 RF 载波频率，并且在 I/Q 下变频之后获得 I/Q 基带信号。

该系统还可以实现谐波 I/Q 下变频。在此操作模式下，应用相对较大的 LO 调制指数，并且 Y-DPMZM 中的 Ya 偏置在最大点，以生成二阶边带以及光载波。Y-DPMZM 中的 Yb 偏置在特定点处，其偏置相移用 θ 表示。主调制器 Y-DPMZM 偏置在最小点，则 Y-DPMZM 的输出光场被重写为

$$
\begin{aligned}
E_Y(t) &= E_c(t) \left\{ \exp\left[jm_{LO} \sin(\omega_{LO} t) \right] + \exp\left[-jm_{LO} \sin(\omega_L t) \right] \right. \\
&\quad \left. - 2\cos(\theta/2) \right\} / 4\sqrt{2} \\
&= E_c(t) \left\{ \sum_{n=-\infty}^{\infty} J_n(m_{LO}) \exp(jn\omega_{LO} t)\left[1 + (-1)^n \right] - 2\cos(\theta/2) \right\} / 4\sqrt{2} \\
&\approx E_c(t) \left\{ J_2(m_{LO})\left[\exp(j2\omega_{LO} t) + \exp(-j2\omega_{LO} t) \right] \right. \\
&\quad \left. + J_0(m_{LO}) - \cos(\theta/2) \right\} / 2\sqrt{2}
\end{aligned}
\tag{7-50}
$$

从 Yb 输出的光载波的幅度与 θ 有关，可以调整为与从 Ya 输出的光载波相等。通过将 Y-DPMZM 偏置在最小点来抵消光载波。光载波抑制条件可以表示为

$$J_0(m_{LO}) = \cos(\theta/2) \tag{7-51}$$

则可以将 Y-DPMZM 的输出光场写为

$$E_Y(t) = E_c(t) J_2(m_{LO})\left[\exp(j2\omega_{LO} t) + \exp(-j2\omega_{LO} t) \right] / 2\sqrt{2} \tag{7-52}$$

之后用 OBPF 过滤一个二阶边带。保持系统其他配置不变，平衡探测后的光电流为

$$i_1(t) \propto J_1(m_{RF})J_2(m_{LO})\cos\left[(\omega_{RF} - 2\omega_{LO})t\right] \tag{7-53}$$

$$i_Q(t) \propto J_1(m_{RF})J_2(m_{LO})\sin\left[(\omega_{RF} - 2\omega_{LO})t\right] \tag{7-54}$$

因此实现了微波光子谐波微波 I/Q 下变频。

2）实验结果与分析

实验连接如图 7.28 所示。从 LD（Emcore 1782）输出的光载波的波长约为 1552.2nm，功率为 50mW，相对强度噪声低于−160dBm。将光载波注入具有线性偏振的 PDM-DPMZM（FTM7977HQA）中。调制器的半波电压约为 3.5V，消光比为 30dB。RF 和 LO 信号分别由矢量信号发生器（SMW200A）和微波信号发生器（N5183A MXG）产生。两个信号发生器的最大频率均为 40GHz。RF 和 LO 信号根据图 7.28 所示方式连接，并使用两个直流稳定电源（E3631A）手动控制其直流偏置。EDFA（KPS-STD-C-19-HG）的固定输出功率为 17dBm，NF 为 4.5dB。紧随其后的 OBPF 具有 0.6nm 的 3dB 带宽和 0.93nm 的 20dB 带宽。OBPF 的响应曲线由光谱分析仪（Advantest Q8384）以 0.01nm 的分辨率测量，结果在图 7.29 中使用黑点线绘制。两个 BPD 是使用响应度为 1.1A/W 的四个 1GHz 光电二极管制作的。光电二极管后的匹配电路对称设计以减少长度不匹配。由于实验条件有限，在实验中未验证两个 BPD 的长度匹配。

A. 基波 I/Q 下变频实验分析

首先验证了基波 I/Q 下变频。PDM-DPMZM 中的四个子调制器均偏置在最小点。基波 I/Q 下变频器使用 25.9GHz 的 LO 信号将 26GHz 的 RF 信号直接下变频为 100MHz IF 信号。通过 OBPF 前后的光谱分别在图 7.29 中使用虚线和实线绘制。可以看到，经过光滤波后，较低的一阶光边带被很好地抑制了约 25dB。

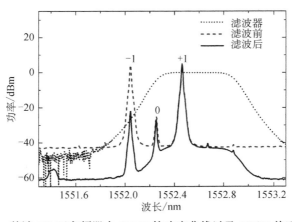

图 7.29　基波 I/Q 下变频器中 OBPF 的响应曲线以及 OBPF 前后的光谱

以 1dB 为步长将 LO 功率从 2dBm 调节到 17dBm，测得变频增益和 NF 并绘制在图 7.30 中。在此操作中，仅使用单个光电二极管。由于注入光电二极管的光功率保持不变（EDFA 的固定输出功率），因此较低的 LO 功率有助于优化 LO 和 RF 边带之间的功率比，从而最大化拍频项（或下变频的 IF 信号）[21,24,39]。因此，变频增益与 LO 功率成反比。然而，随着进一步泵送 EDFA 来提高变频增益，EDFA 的放大自发辐射噪声不可避免地会增强。此外，低 LO 功率将导致 EDFA 的输入功率较小。为了确保所需的输出功率，需要大的功率增益，这可能超出 EDFA 的能力。这就是为什么在低 LO 功率下变频增益几乎没有增加并且 NF 明显劣化的原因。作为权衡，在下面的实验中将 LO 功率设置为 10dBm。

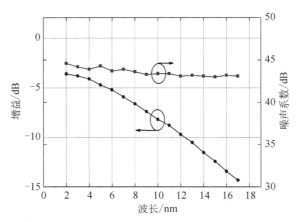

图 7.30　基波 I/Q 下变频器中的变频增益和 NF 与 LO 功率的关系

然后进行双音测试，并测量 SFDR。每路信号功率均为 0dBm 的双音 RF 信号（26GHz 和 26.01GHz）被下变频为 100MHz 和 110MHz 的 IF 基频信号。通过电信号分析仪（FSW50）测量一个光电二极管后的 IF 信号频谱，如图 7.31（a）所示。除了两个基波项外，在 90MHz 和 120MHz 的频率处还发现了小的三阶交调失真（IMD3），这是由于调制器和光电二极管固有的非线性所致。此外，还可以在 10MHz 的频率上观察到功率为-18.9dBm 的 IMD2，这是由双音 RF 信号的自拍频引起的。当使用两个光电二极管时，可以通过适当的偏振校准实现平衡探测。图 7.31（b）绘制了 BPD 之后的 IF 频谱。我们可以看到 10MHz 的 IMD2 降低到-69dBm，比没有平衡检测的 IMD2 低 50.1dB。同时，基本项和 IMD3 均提高了 5.5dB，接近理论预测值（6dB）。图 7.31（b）中对于 IMD2 的抑制还表明了 BPD 的响应度平衡和长度匹配良好。

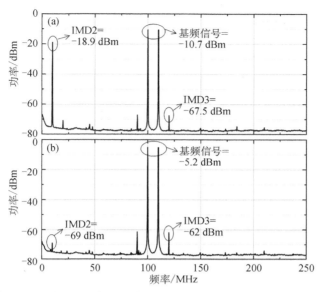

图 7.31　基波 I/Q 下变频器中使用（a）单光电二极管和（b）BPD

　　然后，将双音 RF 信号的功率从−30dBm 逐渐改变到 6dBm，并测量下变频的 IF 基波项、IMD2、IMD3 和本底噪声，如图 7.32 所示。当射频功率很小时，IMD2 和 IMD3 都比噪声小，所以基波、IMD2 和 IMD3 的点数不相等。转换增益为 −2.4dB，NF 为 40.6dB。与图 7.30 中没有平衡探测的结果相比，转换增益和 NF 略有改善。三阶输入截距点（IIP3）为 28.6dBm。$SFDR_2$ 和 $SFDR_3$ 分别为 $100.2dB \cdot Hz^{1/2}$ 和 $108dB \cdot Hz^{2/3}$。

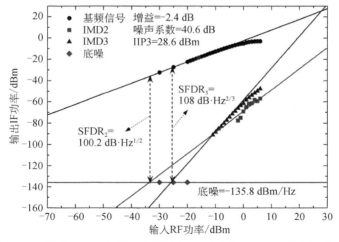

图 7.32　基波 I/Q 下变频器中的输出 IF 功率与输入 RF 功率的关系

　　然后对相位平衡和功率平衡进行了研究。使用 25.9GHz LO 信号将 26GHz RF 信号下变频为 100MHz I/Q 信号。使用双通道示波器（DPO7254）观察中频波形。同相信号的波形（作为示波器触发器）使用图 7.33 中的黑线绘制。通过偏振调整，正交信号的相对相位被连续任意地调谐。根据下变频的 I/Q 波形调整偏振态（φ 和 α）。当 α=45°时，可以消除 BPD 后的直流偏差。当 φ 为 0°/90°时，两个中频波形之间的相位差是正交的。作为示例，在图 7.33 中保存并绘制相对相位为 0°、90°、180°和 270°的正交 IF 信号的波形。我们还发现不同相位的波形的振幅高度是一致的。

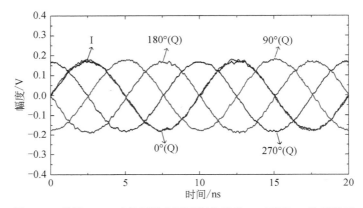

图 7.33　基波 I／Q 下变频器中不同相位差的 I/Q 两路 IF 信号波形

　　在随后的实验中，两个 IF 信号之间的相位差设置为 90°。RF 频率以 1GHz 为步长从 5GHz 变为 40GHz。通过相应地更改 LO 频率，使 IF 频率保持在 100MHz。测量 I/Q 信号的功率及其相位差，如图 7.34（a）所示，我们可以看到 3dB 的 RF 工作带宽范围是 7～40GHz。在这个大带宽上，最大功率不平衡度为 0.5dB，最大相位不平衡度仅为 0.9°。然后，RF 频率设置为 26GHz。通过逐渐调节 LO 频率，使 IF 频率以 0.1GHz 的步长从 0.1GHz 变为 1GHz。 如图 7.34（b）所示，该工作带宽上的功率波动为 3.1dB，最大功率不平衡值为 0.7dB。相位不平衡保持在 0.8° 以下。

B. 基波零中频接收机实验分析

　　所提出的 I/Q 下变频器也可以配置为零中频接收机。在实验中，使用经过相位同步的 26GHz LO 信号将 100MHz 码速率、16QAM 调制格式的 26GHz RF 矢量信号直接下变频到基带。同时分析 I/Q 基带信号，计算误差矢量幅度（EVM）。

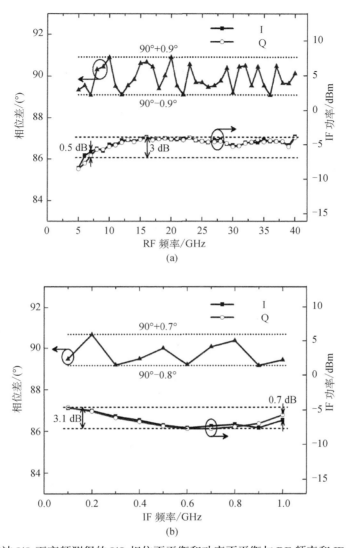

图 7.34　基波 I/Q 下变频测得的 I/Q 相位不平衡和功率不平衡与 RF 频率和 IF 频率的关系

RF 矢量信号的功率从−31dBm 调谐到 10dBm，使用图 7.35 中的圆形符号绘制 EVM 曲线。当 RF 功率从−25dBm 到 7dBm 时，EVM 保持在 10%以下。图中给出了 RF 功率分别为−25dBm 和 5dBm 的星座图，计算得到的 EVM 分别为 8.9% 和 8%。接着，将 RF 载波频率改变为 36GHz，然后使用 36GHz LO 信号直接下变频。EVM 曲线如图 7.35 中三角符号绘制曲线所示。结果表明，两种不同 RF 载频的 EVM 曲线非常相似，表明零中频接收机具有良好的频率可调性。

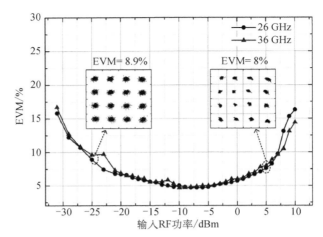

图 7.35　基波零中频接收机中 EVM 与输入 RF 功率的关系

LO/RF 隔离度与工作频率的关系如图 7.36 所示。它在 0～40GHz 上保持在 −30dB 以下，在 0～20GHz 上保持在−40dB 以下。射频和本振端口均被电光屏蔽，残余泄漏主要是由于调制器中两个驱动电极之间的串扰引起的。但这个结果依然明显优于传统的微波 I/Q 混频器。在某些特殊应用中，可能需要更高的 LO/RF 隔离度以减少 LO 泄漏，此时可通过谐波 I/Q 下变频来进一步优化。

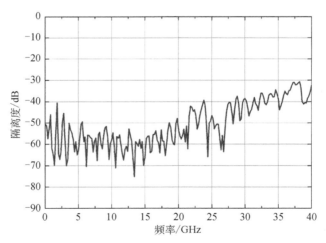

图 7.36　LO/RF 隔离度与工作频率的关系

C. 谐波 I/Q 下变频和零中频接收机实验分析

接下来将系统重新配置为谐波 I/Q 下变频器。通过 17.95GHz LO 信号将 36GHz RF 信号转换为 100MHz IF 信号。X-DPMZM 中的直流偏置保持不变。

Y-DPMZM 中的 Ya 调制器工作在峰值偏压点以抑制一阶光边带并增强二阶光边带。根据贝塞尔函数，二阶边带的调制效率低于一阶边带。因此，为了提高谐波转换增益，本实验选用了 18dBm 的较大 LO 功率。根据分析对子调制器 Yb 和主调制器 Y-DPMZM 的直流偏置进行了调整以抑制光载波。图 7.37 显示了滤光前后的光谱。上二阶边带成为主导项，谐波抑制率约为 18dB。残余的一阶和三阶 LO 边带是由有限的调制器消光比引起的。

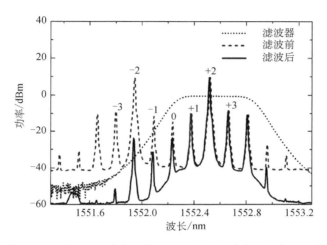

图 7.37　谐波 I/Q 下变频器中 OBPF 前后的滤波器响应和光谱

与基波的 I/Q 下变频器类似，两个 IF 信号之间的相位差可以通过 PC 任意调整。同相 IF 信号和具有不同相对相位的正交 IF 信号的波形如图 7.38 所示。两个波形之间的相位差可以调整到所需值，而其幅度保持不变。

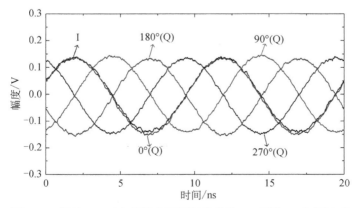

图 7.38　谐波 I/Q 下变频器中不同相位差的 I/Q 两路 IF 信号波形

　　测得的 I/Q 相位和功率不平衡如图 7.39 所示。在 3dB 工作带宽（10～40GHz）中，最大功率不平衡度为 0.6dB，相位不平衡度小于 1°。在 IF 为 0.1～1GHz 的情况下，IF 信号的最大功率波动为 3.3dB。最大功率不平衡度为 0.5dB，相位不平衡度低于 0.8°。

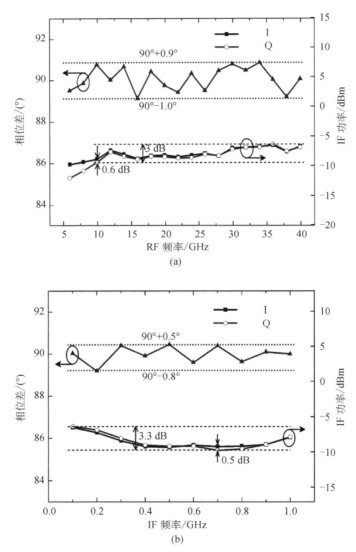

图 7.39　谐波 I/Q 下变频器的 I/Q 相位不平衡和功率不平衡与 RF 频率和 IF 频率的关系

　　谐波 I/Q 下变频器易于配置为镜像抑制接收器，其结果与基波信号中所示的结果相似。使用 18GHz LO 信号将调制格式为 16QAM、带宽为 100MHz 的 36GHz RF 矢量信号直接转换为 I/Q 基带信号。图 7.40 中绘制了不同 RF 功率下测得的 EVM。当功率范围为 31dB（−27～4dBm）时，EVM 低于 10%。图 7.40 还显示了 RF 功率分别为−25dBm 和 5dBm 的星座图，计算出的 EVM 分别为 8.8% 和 10.5%。

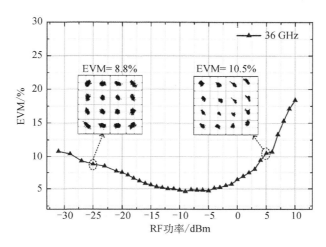

图 7.40　谐波零中频接收机中的解调 EVM 与 RF 功率的关系

尽管光子技术在带宽、损耗和电磁隔离方面显示出优越性，但如何将其有效地应用于现代电子系统仍然是一个挑战。大量工作证明了基于光子的单个模块（如基于光子的微波混合器、滤波器、移相器、倍频器等）的可行性。然而，实际的电子系统，如射频发射机/接收机或微波仪器，往往是涉及上述几个模块的复杂系统。由于电光调制和光电探测效率较低，直接集成这些模块往往会导致噪声和非线性积累，最终导致性能下降。本节的主要工作是设计一个多功能、简单的微波光子系统，使之更接近实际应用。在所提出的基波 I/Q 下变频器中，微波下变频和相移被有效地集成在一个简单的全光系统中。在谐波 I/Q 下变频器中还引入了 LO 信号的附加倍频。该系统的亮点在于，在实验中，下变频和移相均获得了良好的性能：下变频增益高、IIP3 高、SFDR 大，移相任意连续可调。

由于采用全光结构，该系统具有超宽带特性：基波 I/Q 下变频器为 7～40GHz，谐波下变频为 10～40GHz。此外，由于频率无关和功率无关的相移，在宽工作带宽上实现了超低 I/Q 相位不平衡（<1°）和功率不平衡（<0.7dB）。当应用于镜像抑制接收机时，良好的 I/Q 平衡使其具有较大的镜像抑制；而在零中频接收机中，它可以避免解调的 I/Q 基带信号的混叠。宽带功能使 I/Q 下变频器在许多现代微

波和毫米波应用中具有通用性。例如,它在频率捷变雷达或多波段卫星有效载荷中可能具有吸引力。

该系统中的正交频率下变频通道还可以用作鉴相器或鉴频器,应用于锁相环[14]、相位噪声分析[40]、到达角测量[41]、多普勒频移估计[42]。发射信号作为 LO 信号,多普勒频移回波信号作为 RF 信号。多普勒频移的数值等于两个下变频中频信号的频率,多普勒频移的方向可以由两个中频信号之间的相位差导出。

在镜像抑制接收机中,可以不考虑直流偏差和偶数阶失真。然而,在零中频接收机中,直流偏差和偶阶(主要是二阶)失真将落入下变频 I/Q 基带,且不能被滤除。相位/鉴频器中也存在类似的问题[43]。在所提出的基波和谐波 I/Q 下变频器中,通过平衡探测消除了直流和二阶失真,从而获得了较高的 SFDR₂。

由有限的 LO/RF 隔离度引起的 LO 泄漏是限制零中频接收机实际应用的另一个重要问题。一方面,本振泄漏会通过接收天线传播出去,对其他信道产生干扰。另一方面,LO 泄漏可能会被反射回来,与 LO 信号混频,产生新的直流偏差量[1],且这种直流偏差不能通过平衡探测消除。谐波频率转换是解决 LO 泄漏的有效方法[44]。文献[15]报道了利用电相移技术实现光子谐波 I/Q 下变频。然而,LO 调制光信号包含许多不希望的分量,这不仅降低了转换增益,而且加剧了 LO 自混合所引起的直流偏差。在所提出的谐波 I/Q 下变频器中,光信号的光谱纯度得到了极大的提高,如图 7.37 所示。因此直流偏差不明显,其通过图 7.34 和图 7.39 中的 IF 波形以及图 7.35 和图 7.40 中的解调星座图得到验证。最后,所提出的谐波 I/Q 下变频器将减少 LO 信号和驱动放大器一半的带宽需求。

但当前系统中还存在一些挑战,首先调制器偏置漂移是一个问题。在基波 I/Q 下变频器中,四个子调制器都偏置在最小点,这可以通过自动反馈电路控制[34,45]。但是,当系统在谐波 I/Q 下变频中运行时,由 LO 信号驱动的子 DPMZM 会在特殊点处偏置,该特殊点的自动偏置控制较难实现。

其次,偏振对环境敏感。由于 I/Q 相位差和平衡检测直接取决于偏振,因此偏振抖动将明显导致性能下降。在实验中,偏振是手动调谐的,在实际应用中不太可行。一种解决方案是使用自动偏振控制[37],但可能会增加系统复杂性。

为了提高系统稳定性并降低复杂性,可构造一个偏振解复用 I/Q 光电探测器,以代替图 7.28 中的分光器、PC 和 PBS。图 7.41 中绘制了一种可能的偏振解复用 I/Q 光电探测方案,包括三个 PBS、$\frac{1}{2}$ 波片、$\frac{1}{4}$ 波片、50/50 波束分束器和两个 BPD。假设输入偏振复用光信号包含两个正交分量,分别表示为 X 和 Y。第一个

PBS 分离 X 和 Y 分量。随后的 $\frac{1}{2}\Big/\frac{1}{4}$ 波片、50/50 分束器和两个 PBS 构成一个 2×4 正交光耦合器，将 X 和 Y 分量结合，产生四个相位差为 90° 的光信号进行平衡探测。图 7.28 中经过光滤波后的偏振复用光可以表示为

$$
\left|
\begin{aligned}
X &= \frac{E_{c}(t)}{2\sqrt{2}} J_{1}(m_{R}) \exp(j\Omega_{R}t) \\
Y &= \frac{E_{c}(t)}{2\sqrt{2}} J_{1}(m_{L}) \exp(j\Omega_{L}t)
\end{aligned}
\right|
\tag{7-55}
$$

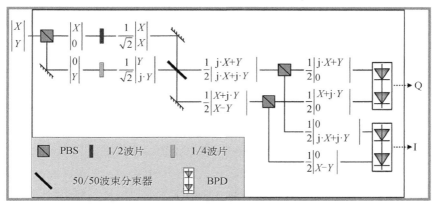

图 7.41 偏振解复用 I/Q 光电探测系统

如果将其注入该偏振解复用 I/Q 光电探测器中，我们可以计算出平衡探测后的 I/Q 信号。所设计的偏振解复用 I/Q 光电探测器易于集成在单片中。同时，为了保证整个系统的偏振稳定，需要一个保偏的 EDFA 和 OBPF。

7.4 本 章 小 结

本章概括分析了微波光子混频技术在零中频接收机中的潜在应用方法。

首先提出一种基于 PDM-MZM 的微波光子下混频及多通道移相系统，利用该系统的一对正交下变频通道，实现了高频宽带微波矢量信号的 I/Q 解调。在所提出的微波光子下混频及多通道移相系统中，RF 和 LO 信号分别在集成 PDM-MZM 的上下子调制器中进行 CS-DSB 调制，然后偏振复用并滤出一个边带。通过起偏器将偏振复用光干涉到一个偏振态后进行光电探测，得到 IF 信号。该下变频器变频增益在 8~40GHz 的频率范围内的浮动小于 3dB，平均变频增益达

到−6.2dB。与此同时，通过简单地调节起偏器前的偏振态，IF 信号的相位可以实现 360°连续调谐，并保持幅度不变。另外该下变频系统可进行多通道扩展，每通道的 IF 信号相位可进行独立调节。接着将以上基于 PDM-MZM 的微波光子下变频及移相系统布局为双通道模式，并将两个通道 IF 信号相位差设为 90°，实现微波信号的正交下变频或 I/Q 解调。实验中，载频为 40GHz、码速率为 100MSym/s、调制格式分别为 BPSK、QPSK、8PSK、16QAM、32QAM、64QAM 的微波矢量信号被成功解调出 I 路与 Q 路基带数据，得到清晰的星座图。提出的微波光子同时变频和移相系统，在许多电子系统中具有普适性应用价值。首先该系统可作为正交下混频系统，实现矢量信号 I/Q 解调，应用于零中频接收机；其次可配合正交电桥，形成镜像抑制混频系统。

其次提出了一种用于零中频接收机的光子微波 I/Q 混频器，并基于 PDM-MZM 进行了实验验证。由于其全光操控，具有 10～40GHz 的超宽工作频率。由于其频谱效率提高并且优化了 LO 功率，变频增益高达−2.3dB。在 10～40GHz 的工作频率上实现了较好的 I/Q 相位平衡（<0.9°）。经过平衡探测后，直流偏差和 IMD2 被显著抑制。在 26GHz 工作频率下测得的 $SFDR_2$ 和 $SFDR_3$ 分别为 101.7dB · $Hz^{1/2}$ 和 107.9dB · $Hz^{2/3}$。使用提出的 I/Q 混频器成功解调了具有各种数据速率（200～700Mbit/s），调制格式（QPSK、8PSK、16QAM、32QAM、64QAM、128QAM）和载波频率（16GHz、26GHz 和 36GHz）的矢量信号，并获得良好的 EVM 和 BER 性能。此外，实验证明了矢量信号的谐波下变频和解调。

最后提出并实验证明了光子微波基波和谐波 I/Q 下变频器。该系统以全光方式运行，没有任何频率依赖模块，因此具有较宽的工作频带（基波 I/Q 下变频器为 7～40GHz，谐波 I/Q 下变频器为 10～40GHz）和良好的 I/Q 平衡（最大 0.7dB 功率不平衡和 1°相位不平衡）。经过本振功率优化和平衡探测后，转换增益和 NF 显著提高，26GHz 下的 $SFDR_2$ 和 $SFDR_3$ 分别达到 100.2dB · $Hz^{1/2}$ 和 108dB · $Hz^{2/3}$。当将其用于零中频接收机时，可以很好地解调 26GHz/36GHz 载波频率下的 100MHz、16QAM 信号，并且 EVM 保持低于 10%，RF 功率范围超过 30dB。由于具有宽带特性，所提的全光和宽带微波基波/谐波 I/Q 下变频器在多频带卫星、超宽带雷达和捷变电子战系统的接收机中具有潜在应用前景。除了镜像抑制超外差接收机和零中频接收机之外，所提出的系统还可用于锁相、相位噪声分析、到达角测量、多普勒频移估计等。

参 考 文 献

[1] Abidi A A. Direct-conversion radio transceivers for digital communications[J]. IEEE Journal of Solid-State Circuits，1995，30（12）：1399-1410.

[2] Sevenhans J，Verstraeten B，Taraborrelli S. Trends in silicon radio large scale integration：Zero IF receiver Zero I & Q transmitter！ Zero discrete passives[J]. IEEE Communications Magazine，2000，38（1）：142-147.

[3] Yamaji T，Tanimoto H，Kokatsu H. An I/Q active balanced harmonic mixer with IM2 cancelers and a 45° phase shifter[J]. IEEE Journal of Solid State Circuits，1998，33（12）：2240-2246.

[4] Capmany J，Domenech D，Muñoz P. Silicon graphene waveguide tunable broadband microwave photonics phase shifter[J]. Optics Express，2014，22（7）：8094-8100.

[5] Marpaung D A I. High dynamic range analog photonic links：design and implementation[D]. University of Twente，2009.

[6] Li S Y，Zheng X P，Zhang H Y，et al. Highly linear radio-over-fiber system incorporating a single-drive dual-parallel Mach–Zehnder modulator[J]. IEEE Photonics Technology Letters，2010，22（24）：1775-1777.

[7] Gao Y S，Wen A J，Cao J J，et al. Linearization of an analog photonic link based on chirp modulation and fiber dispersion[J]. Journal of Optics，2015，17（3）：035705.

[8] Darcie T E，Driessen P F. Class-AB techniques for high-dynamic-range microwave-photonic links[J]. IEEE Photonics Technology Letters，2006，18（8）：929-931.

[9] Pagán V R，Haas B M，Murphy T E. Linearized electrooptic microwave downconversion using phase modulation and optical filtering[J]. Opt. Exp，2011，19（2）：883-895.

[10] 李智群，王志功. 零中频射频接收机技术[J]. 电子产品世界，2004，（13）：69-72.

[11] Emami H，Sarkhosh N，Bui L A，et al. Wideband RF photonic in-phase and quadrature-phase generation[J]. Optics Letters，2008，33（2）：98-100.

[12] Emami H，Sarkhosh N. Reconfigurable microwave photonic in-phase and quadrature detector for frequency agile radar[J]. Journal of the Optical Society of America A Optics Image Science & Vision，2014，31（6）：1320-1325.

[13] Piqueras M A，Vidal B，Corral J L，et al. Photonic vector demodulation architecture for remote detection of M-QAM signals[C]. 2005 International Topical Meeting on Microwave Photonics. IEEE，2005：103-106.

[14] Zhang J Y，Hone A N，Darcie T E. Phase-modulated microwave-photonic link with optical-phase-locked-loop enhanced interferometric phase detection[J]. Journal of Lightwave Technology，2008，26（15）：2549-2556.

［15］Pagán V R，Murphy T E. Electro-optic millimeter-wave harmonic downconversion and vector demodulation using cascaded phase modulation and optical filtering［J］. Optics Letters，2015，40（11）：2481-2484.

［16］Jemison W D，Kreuzberger A J，Funk E. Microwave photonic vector modulator for high-speed wireless digital communications［J］. IEEE Microwave & Wireless Components Letters，2002，12（4）：125-127.

［17］Chandramouli S，Jimison W D，Funk E. Direct carrier modulation for wireless digital communications using an improved microwave-photonic vector modulator （MPVM）approach［C］. IEEE MTT-S International Microwave Symposium digest. IEEE MTT-S International Microwave Symposium. 2002，2：1293-1296.

［18］Jiang T W，Yu S，Wu R H，et al. Photonic downconversion with tunable wideband phase shift［J］. Optics Letters，2016，41（11）：2640-2643.

［19］Bull J D，Kato H，Reid A R，et al. Ultrahigh-speed polarization modulator［C］. 2005 Quantum Electronics and Laser Science Conference. IEEE，2005，（2）：939-941.

［20］Niu T，Wang X，Chan E H W，et al. Dual-polarization dual-parallel MZM and optical phase shifter based microwave photonic phase controller［J］. IEEE Photonics Journal，2016，8（4）：5501114.

［21］Gao Y S，Wen A J，Zhang W，et al. Photonic microwave and mm-wave mixer for multichannel fiber transmission［J］. Journal of Lightwave Technology，2017，35（9）：1566-1574.

［22］Tu K Y，Rasras M S，Gill D M，et al. Silicon RF-photonic filter and down-converter［J］. Journal of Lightwave Technology，2010，28（20）：3019-3028.

［23］Yamashita S，Okoshi T. Suppression of beat noise from optical amplifiers using coherent receivers［J］. Journal of Lightwave Technology，1994，12（6）：1029-1035.

［24］Lim C，Attygalle M，Nirmalathas A，et al. Analysis of optical carrier-to-sideband ratio for improving transmission performance in fiber-radio links［J］. IEEE Transactions on Microwave Theory & Techniques，2006，54（5）：2181-2187.

［25］Strutz S J，Williams K J. A 0.8-8.8-GHz image rejection microwave photonic downconverter［J］. IEEE Photonics Technology Letters，2000，12（10）：1376-1378.

［26］Tang Z Z，Pan S L. Image-reject mixer with large suppression of mixing spurs based on a photonic microwave phase shifter［J］. Journal of Lightwave Technology，2016，34（20）：4729-4735.

［27］Pan S L，Tang Z Z. A reconfigurable photonic microwave mixer using a 90 degrees optical hybrid［J］. IEEE Transactions on Microwave Theory & Techniques，2016，64（9）：3017-3025.

［28］Zhang J，Chan E H W，Wang X，et al. High conversion efficiency photonic microwave mixer with image rejection capability[J]. IEEE Photonics Journal，2016，8（4）：3900411.

[29]Piqueras M A，Vidal B，Corral J L，et al. Photonic vector demodulation architecture for remote detection of M-QAM signals[C]. 2005 International Topical Meeting on Microwave Photonics. IEEE，2005.

[30]Li P X，Zou X H，Pan W，et al. Microwave photonic down-conversion with large image rejection ratio utilizing digital signal processing[C]. Asia Communications & Photonics Conference. 2016.

[31]Gao Y S，Wen A J，Chen W，et al. All-optical，ultra-wideband microwave I/Q mixer and image-reject frequency down-converter[J]. Optics Letters，2017，42（6）：1105-1108.

[32]Sambaraju R，Palaci J，Alemany R，et al. Photonic vector demodulation of 2.5 Gbit/s QAM modulated wireless signals[C]. International Topical Meeting on Microwave Photonics jointly held with the 2008 Asia-Pacific Microwave Photonics Conference. IEEE，2008：117-120.

[33]Jiang T W，Yu S，Wu R H，et al. Photonic downconversion with tunable wideband phase shift[J]. Optics Letters，2016，41（11）：2640-2643.

[34]Li J Q，Xiao J，Song X，et al. Full-band direct-conversion receiver with enhanced port isolation and I/Q phase balance using microwave photonic I/Q mixer[J]. Chinese Optics Letters，2017，15（1）：66-69.

[35]Joshi A，Wang X D，Mohr D，et al. Balanced photoreceivers for analog and digital fiber optic communications[J]. Proceedings of Spie the International Society for Optical Engineering，2005，5814：39-50.

[36]YY Labs inc. Modulator bias controllers[OL]. Available：http://www.yylabs.com/products.php.

[37]Martinelli M，Martelli P，Pietralunga S M. Polarization stabilization in optical communications systems[J]. Journal of Lightwave Technology，2006，24（11）：4172-4183.

[38]Gao Y S，Wen A J，Tu Z Y，et al. Simultaneously photonic frequency downconversion，multichannel phase shifting，and IQ demodulation for wideband microwave signals[J]. Optics Letters，2016，41（19）：4484-4487.

[39]Gao Y S，Wen A J，Zhang W，et al. Ultra-wideband photonic microwave I/Q mixer for zero-IF receiver[J]. IEEE Transactions on Microwave Theory & Techniques，2017，65（11）：4513-4525.

[40]Zhang F Z，Zhu D J，Pan S L. Photonic-assisted wideband phase noise measurement of microwave signal sources[J]. Electronics Letters，2015，51（16）：1272-1274.

[41]Cao Z Z，van den Boom H P A，Lu R G，et al. Angle-of-arrival measurement of a microwave signal using parallel optical delay detector[J]. Photonics Technology Letters IEEE，2013，25（19）：1932-1935.

[42]Lu B，Pan W，Zou X H，et al. Wideband microwave doppler frequency shift measurement and

direction discrimination using photonic I/Q detection[J]. Journal of Lightwave Technology，2016，34（20）：4639-4645.

[43] Onori D，Laghezza F，Scotti F，et al. A DC offset-free ultra-wideband direct conversion receiver based on photonics[C]. 2016 46th European Microwave Conference（EuMC），IEEE，2016：1521-1524.

[44] Yamaji T，Tanimoto H，Kokatsu H. An I/Q active balanced harmonic mixer with IM2 cancelers and a 45° phase shifter[J]. IEEE J. Solid-State Circuits，1998，33（12）：2240-2246.

[45] PlugTech，Automatic bias control [Online]，Available：http：//www.plugtech.hk/main.

第8章 基于微波光子I/Q下变频的镜像抑制接收

在以上章节中的微波光子I/Q解调技术研究中，重点分析了微波光子混频结合移相技术在零中频接收机中的应用。本章对微波光子混频系统在镜像抑制接收技术中的应用进行了探索与分析。

（1）对基于微波光子混频及移相的I/Q混频技术进行深入研究，提出了一种基于双平行马赫-曾德尔调制器（dual parallel Mach-Zehnder modulator，DPMZM）和波分复用器（wavelength division multiplexing，WDM）的结构简单、超宽带、高效率的全光微波I/Q混频系统，并利用该系统实现微波信号镜像抑制下的变频接收。

（2）提出了基于相位调制和I/Q平衡探测的宽带微波光子镜像抑制接收方案，采用了全光架构实现8～40GHz的超宽工作频段。利用全光移相方法的频率独立和功率独立特性，该系统在较宽的工作带宽上可以实现超低的I/Q幅相失衡。另外，利用Sagnac环结构通过两段光纤实现天线拉远功能。

8.1 微波光子镜像抑制接收技术的意义和研究现状

射频正交（I/Q）下变频技术在现代电子系统[1]中起着至关重要的作用，它可用于超外差接收机[2]、零中频接收机[3]和微波测量系统[4]中的镜像抑制。然而，频率依赖性限制了传统微波I/Q下变频器的性能，其中最大的困扰是镜像干扰问题。由于微波光子技术在带宽、损耗和抗电磁干扰能力[5,6]等方面具有明显优势，基于微波光子技术的镜像抑制接收可实现以下突破：

（1）全光下变频和移相技术的频率依赖小，可在超宽的工作频率范围内实现较高的I/Q幅度和相位平衡，进而提高镜像抑制能力；

（2）使用光学平衡探测可以有效抑制直流和偶数阶交调失真，以提高接收机的动态范围；

（3）利用光纤链路的抗电磁干扰特性，射频（radio frequency，RF）和本振（local oscillator，LO）端口可以被有效隔离从而避免LO泄漏。

工作频率范围宽、瞬时带宽大、镜像抑制比高、动态范围大、电磁干扰小的微波光子镜像射频接收技术成为一个重要研究方向。

近年来报道了诸多基于微波光子方法的下变频镜像抑制接收机方案[7-35]。在这些方案中，文献[22]提出了一种基于微波光子 I/Q 混频的镜像抑制接收机，如图 8.1（a）所示，该方案基于两个集成的 I/Q 调制器，同时使用了平衡探测器（balanced photodetector，BPD）对偶阶失真进行了抑制。然而由于方案中使用电耦合器来构造单边带调制，进而限制了该系统的工作带宽。文献[23]提出了一种基于偏振复用马赫－曾德尔调制器（polarization division multiplexing Mach-Zehnder modulator，PDM-DPMZM）的微波光子镜像抑制接收机，如图 8.1（b）所示，该方案只使用了一个集成 PDM-MZM。该方案结构简单，但由于所使用 PDM-MZM 并未工作在最小点，载波过大，影响系统的增益、动态范围，该方案还存在偶阶失真问题，输出端的直流也会导致后端模数转换（analog digital converter，ADC）的分辨率下降的问题，且集成的 PDM-MZM 不能通过光纤实现天线拉远功能，RF 和 LO 的隔离度有限。

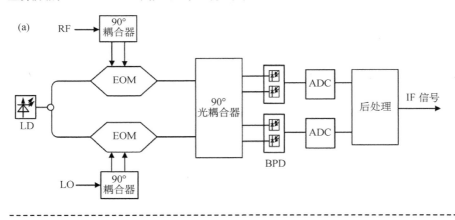

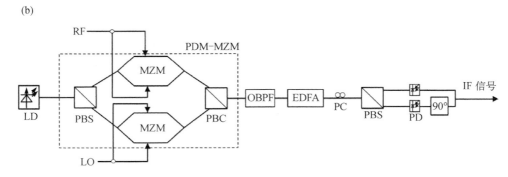

图 8.1　两种基于微波光子学的镜像抑制接收机[22,23]

8.2　基于 DPMZM 和 WDM 的微波光子镜像抑制接收

本小节提出了一种基于 DPMZM 和 WDM 的结构简单、超宽带、高效率的全光微波 I/Q 下变频器。两个下变频中频信号之间的相位差可以通过调制器的直流偏置进行连续和精确的调谐，从而保证了良好的 I/Q 相位平衡。在微波光子 I/Q 下变频的基础上，加入一个中频电耦合器来实现镜像抑制下变频。实验证明在宽工作频带范围内该系统的镜像抑制比可以达到 50dB 以上。

1）方案原理

基于 DPMZM 和 WDM 的微波光子镜像抑制接收系统原理如图 8.2 所示。激光二极管（LD）生成的光载波可表示为 $E_c(t)$，该光载波注入到 DPMZM 中。DPMZM 包含两个并行的子 MZM（X-MZM 和 Y-MZM），这两个子 MZM 均工作在最小点。角频率为 ω_{RF} 的 RF 信号驱动 X-MZM，角频率为 ω_{LO} 的 LO 信号驱动 Y-MZM。X-MZM 和 Y-MZM 分别产生 RF 和 LO 调制的上边带和下边带，如图 8.2（a）、（b）所示。DPMZM 的主调制器相移表示为 θ，DPMZM 输出的光信号可以近似表示为

$$
\begin{aligned}
E(t) \approx\ & E_c(t)/4 \\
& \times \big\{ m_{LO}\big[\exp(j\omega_{LO}t) - \exp(-j\omega_{LO}t)\big]\exp(j\theta) \\
& + m_{RF}\big[\exp(j\omega_{RF}t) - \exp(-j\omega_{RF}t)\big] \big\}
\end{aligned}
\tag{8-1}
$$

其中 m_{RF} 和 m_{LO} 为 RF 和 LO 信号的调制指数[34]。

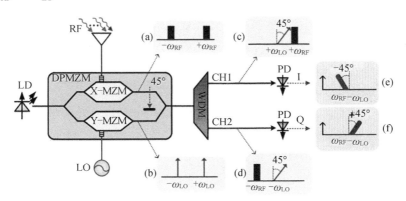

图 8.2　基于 DPMZM 和 WDM 的微波光子镜像抑制接收系统原理图

接着使用双通道 WDM 来分离上边带和下边带。其中一个通道（CH1）输出

RF 和 LO 信号调制的上边带，另一个通道（CH2）输出下边带，分别表示为

$$E_1(t) = E_c(t)/4\left\{m_{\text{LO}}\exp\left[j(\omega_{\text{LO}}t+\theta)\right]+m_{\text{RF}}\exp\left(j\omega_{\text{RF}}t\right)\right\} \qquad (8\text{-}2)$$

$$E_2(t) = -E_c(t)/4\left\{m_{\text{LO}}\exp\left[j(-\omega_{\text{LO}}t+\theta)\right]+m_{\text{RF}}\exp\left(-j\omega_{\text{RF}}t\right)\right\} \qquad (8\text{-}3)$$

偏置角 $\theta=45°$ 相应的光谱如图 8.2（c）、（d）所示。然后使用两个光电二极管（PD）进行光电探测，输出的光电流可以分别表示为[35,36]

$$i_1(t) \propto m_{\text{LO}}m_{\text{RF}}\cos\left[(\omega_{\text{RF}}-\omega_{\text{LO}})t-45°\right] \qquad (8\text{-}4)$$

$$i_2(t) \propto m_{\text{LO}}m_{\text{RF}}\cos\left[(\omega_{\text{RF}}-\omega_{\text{LO}})t+45°\right] \qquad (8\text{-}5)$$

可以看到这两项光电流幅度相同、相位相差 90°，即为 I/Q 两项中频信号。通过正交耦合器即可分离出所需要的信号和镜像信号，即实现了镜像抑制下变频。

2）实验结果与分析

参照图 8.2 进行实验配置，通过分布反馈激光器（Emcore，1782）生成了波长为 1552nm、线宽为 1MHz、平均功率为 16dBm、相对强度噪声为−160dBc/Hz 的光载波。光载波通过保偏光纤注入到 DPMZM（富士通，FTM7961EX）中。40GHz 射频信号和 39.5GHz 本振信号分别由两个微波信号源（Rohde&Schwarz SMW200A；安捷伦 N5183A）生成，且分别驱动两个子 MZM，通过调节直流源使调制器工作在最小点。经过掺铒光纤放大器（erbium doped fiber amplifier，EDFA）将光信号放大到 18dBm 后，再将光信号发送到波分复用器，以分离上、下边带。WDM 的信道间隔为 50GHz，1dB 带宽为 31GHz，临信道隔离度大于 35dB。

首先，通过调整光载波的波长，使光载波位于 WDM 的 CH1 和 CH2 的中间位置。随后通过光谱仪对波分复用前的光谱以及 CH1 和 CH2 的通道响应进行了测量，其结果如图 8.3（a）所示。由图 8.3（a）可看出，CH1 和 CH2 具有相对平衡的插入损耗和平顶响应。经过 CH1 和 CH2 后，通过光谱仪对分离出的上、下边带进行了测量，其结果如图 8.3（b）所示，两个光信号功率平衡，隔离度高。由于光谱仪（爱德万 Q8384）的分辨率仅为 0.01nm，RF 和 LO 光边带无法分辨。随后 CH1 和 CH2 输出的两个光信号由两个带宽为 1GHz、响应度为 0.9A/W 的低速光电探测器（photodetector，PD）进行光电探测。

随后将 LO 功率依次设置为 6dBm、8dBm、10dBm 和 12dBm。图 8.4（a）给出了所测得 IF 输出功率与 RF 输入功率的函数关系，图 8.4（b）给出了转换增益

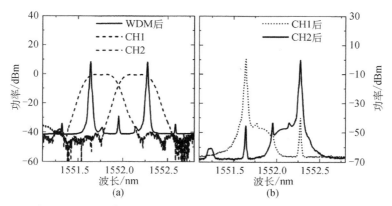

图 8.3   (a)波分复用前的光谱与 CH1 和 CH2 的滤波响应；
(b)CH1 和 CH2 输出光信号的光谱

与 LO 功率的函数关系。低 LO 功率有助于优化低射频本振边带比，提高转换增益[13]。然而转换增益的提升，同样也伴随着 EDFA 噪声的引入，因此所测得的噪声系数（noise figure，NF）几乎没有变化，如 8.4（b）所示。在实际应用中，可以通过在 I/Q 混频器之前添加低噪声放大器，以进一步优化整体 NF。

在接下来的实验中，我们分别将 RF 和 LO 信号的功率设置为 0dBm 和 10dBm。由一个 2.5GHz 带宽的多通道示波器（泰克 DPO7254）同时捕获 CH1 和 CH2 输出的 500MHz 中频信号的波形。用 CH1 的中频（Intermediate Frequency，IF）信号触发示波器，如图 8.5（a）所示。通过调整 DPMZM 的主偏压相位，另一个中频信号的相位在 360° 范围内连续调谐。以 CH2 为例，测量了 CH2 与 CH1 成 0°、45°、90°、135°、180°、225°、270°、315° 的中频信号，如图 8.5（b）～（i）所示。可以看出，不同相移的 IF 信号的幅值保持不变，与理论预期一致。

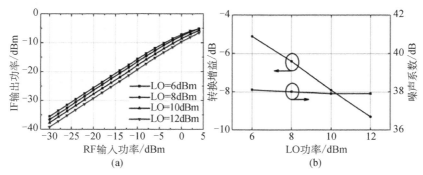

图 8.4   (a)不同 LO 功率下 IF 输出功率随 RF 输入功率变化的函数；
(b)转换增益和噪声系数随本振功率变化的函数

在接下来的实验中,我们分别将 RF 和 LO 信号的功率设置为 0dBm 和 10dBm。由一个 2.5GHz 带宽的多通道示波器(泰克 DPO7254)同时捕获 CH1 和 CH2 输出的 500MHz 中频信号的波形。用 CH1 的 IF 信号触发示波器,如图 8.5(a)所示。通过调整 DPMZM 的主偏压相位,另一个 IF 信号的相位在 360° 范围内连续调谐。以 CH2 为例,测量了 CH2 与 CH1 成 0°、45°、90°、135°、180°、225°、270°、315° 的 IF 信号,如图 8.5(b)~(i)所示。可以看出,不同相移的 IF 信号的幅值保持不变,与理论预期一致。

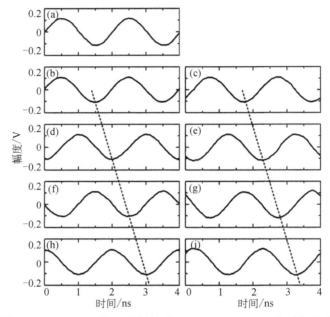

图 8.5　(a)CH1 的 IF 信号波形;(b)~(i)CH2 相对相移为
0°、45°、90°、135°、180°、225°、270°、315° 的波形

随后将偏置相移设置为 45° 以实现微波 I/Q 下变频。我们对 CH1 和 CH2 两个通道输出的 IF 信号的相位差和功率进行了测量。如图 8.6(a)所示,以 1GHz 为步进,将 RF 频率从 3GHz 调至 40GHz,相应的调节 LO 频率,使 IF 始终保持在 0.5GHz。从图中可以看出,系统 3dB 工频带宽为 10~40GHz,在该频率范围内两个下变频的 IF 信号的功率几乎相同,功率不平衡度在 0.27dB 以下。两个 IF 信号在各 RF 频率下的相位差接近 90°,10~40GHz 的频率范围内相位不平衡度小于 ±1.3°。然后将 RF 频率固定在 40GHz,LO 频率以 0.1GHz 为步进从 39GHz 调到 39.9GHz。输出频率为 0.1~1GHz 的 IF 信号,然后对两个通道的相位差和功率进行测试,结果如图 8.6(b)所示。可以看到,相位不平衡度从 −0.4° 到 0.8°,功率不平衡度小于 0.28dB。

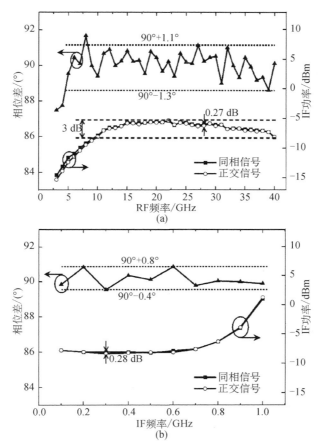

图 8.6　两个下变频中频信号的相位差和功率分别随（a）RF 频率和
（b）IF 频率变化的曲线

商用宽带微波 I/Q 混频器典型的相位失衡为 ±5°。原则上，该系统的相位差应该是精确的 90°，然而实验中的偏压漂移和环境干扰可能会引入误差。但即便如此，本方案中的相位不平衡仍显著优于商用宽带微波 I/Q 混频器的指标。功率不平衡可以在 PD 之前通过光衰减得到进一步的改善，但是考虑到功率不平衡可以在后端系统中简单地使用 DSP 进行校准，所以在实验中没有进行该操作。在实验中，RF 频率低于 10GHz 时，受 WDM 的非理想滤波响应的影响，IF 功率明显降低，而 IF 频率在接近 1GHz 时功率增大则是由于两个 PD 的频响不平坦导致的。

在实际应用中，两个输出的正交中频信号直接通过 ADC 进行模数转换，随后利用 DSP 模块中理想的数字 90°耦合器实现对镜像的抑制。在演示实验中，所提出的 I/Q 混频器之后通过一个模拟 IF90°耦合器（HDH-00803GHD，以实现镜像抑制下变频。该耦合器的带宽为 0.5～1GHz，最大相位不平衡度为±3°，最大功率不平衡度为±0.5dB。随后将 LO 频率设置为39.5GHz，当 RF 频率设置为40GHz时，输出的 0.5GHz IF 信号为所需信号，当 RF 信号为 39GHz 时，下变频的 0.5GHz 信号为镜像干扰信号。两种情况下输出的 IF 信号波形和频谱如图 8.7（a）和（b）所示。很明显，镜像信号非常小，所需信号对镜像干扰信号的抑制比达到 57.2dB。

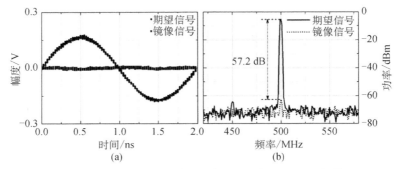

图 8.7　期望信号和镜像信号的（a）波形和（b）频谱

实验中接着分别测量了不同 RF 频率和 IF 频率下的镜像抑制比，如图 8.8（a）和（b）所示。无论 RF 工作频率在 5～40GHz 变化，还是 IF 频率在 0.5～1GHz 范围内变化，镜像抑制比始终在 50dB 以上。

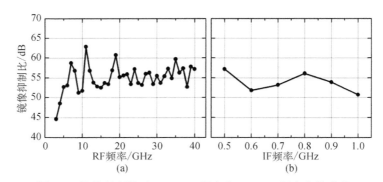

图 8.8　镜像抑制比随（a）RF 频率和（b）IF 频率变化曲线

最后，实验测量了镜像抑制下变频接收的动态范围。考虑到实验中第三个微波信号源（安捷伦 83630B）的带宽为 26.5GHz，实验将 LO 频率设置为其最大值 26.5GHz，频率为 27GHz 和 27.01GHz 的双音信号作为期望的 RF 信号。改变 RF 输入功率，分别测量输出的基频项（0.5GHz 或 0.51GHz）、三阶交调失真（third-order intermodulation distortion，IMD3，0.49GHz 或 0.52GHz）的功率，其结果如图 8.9 所示。系统的转换增益为-1.8dB，NF 为 35.8dB，输入三阶输入截点（input third-order Intercept Point，IIP3）为 23.3dBm，无杂散动态范围（spurious-free dynamic range，SFDR）为 108dB·Hz$^{2/3}$。然后将输入 RF 双音信号的频率设置为 25.99GHz 和 26GHz，并测量镜像信号的输出功率。如图 8.9 所示，在不同的 RF 输入功率下，镜像信号功率平均比期望信号平均低 56.9dB。

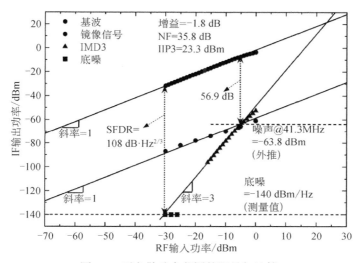

图 8.9　无杂散动态范围的测量与计算

镜像信号和 IMD3 都是基频信号的干扰项，但由于二者上升斜率不同，主要干扰项随射频输入功率的变化而变化。在图 8.9 中，在 RF 输入功率为-5.1dBm 时，输出镜像信号与三阶交调同时达到-63.8dBm。当带宽为 41.3MHz 时，噪声功率为-63.8dBm。因此，对于带宽小于 41.3MHz 的系统，镜像信号是最主要的干扰项；而对于带宽大于 41.3MHz 的系统，镜像信号干扰相对较小，可以忽略。

在实验过程中，我们对主偏置电压在不同工作频率下进行了微调以达到系统最佳状态。在实际应用中，可以通过光电功率校准和自动偏置控制，进一步提高系统的功率和相位平衡，以及系统的稳定性。

8.3　基于相位调制和 I/Q 平衡探测的微波光子镜像抑制接收

在 8.2 节基于 DPMZM 和 WDM 的微波光子镜像抑制接收方案中，光电探测自拍频会产生较为显著的直流和偶次失真。对于中频带宽相对频率较低的亚倍频程应用中，偶次失真可通过滤波器抑制。但对于低中频、多倍频程的应用，偶次失真可能混叠到 IF 信号中，引起严重的交调失真。

针对该问题，本小节提出一种基于双相位调制器（phase modulator，PM）和 I/Q 平衡探测器的微波光子镜像抑制接收机。将两个相位调制器反向放置在 Sagnac 环路中，分别对 RF 和 LO 信号进行调制。通过偏振控制将 I/Q 通道间的相位差调整为 90°，从而实现频率独立、高 I/Q 幅度和相位平衡的 I/Q 混频器。基于偏振控制的平衡探测有助于抑制直流偏置和偶数阶失真，从而提高系统的 SFDR。随后，通过一个模拟的中频 90° 正交耦合器将 I/Q 两路信号合成，从而实现了镜像抑制接收。在实验中，在 8～40GHz 的工作频率范围内，接收机的 I/Q 相位不平衡小于 0.7°，幅度不平衡小于 0.8dB，SFDR$_3$ 大于 99.4dB · Hz$^{2/3}$。利用该镜像抑制接收机，成功地解调了载波频率为 20GHz、符号速率为 40MSym/s 的射频矢量信号。由于抑制了镜像干扰，解调得到的误差矢量幅度（error vector magnitude，EVM）大幅度降低。实验中另外利用两段 5km 长的光纤进行了天线拉远，实现 RF 和 LO 的长距离隔离，经过镜像抑制下变频后依然成功地解调了射频矢量信号，镜像干扰被很好地抑制，接收信号的 EVM 为 8.5%。

1）方案原理

方案如图 8.10 所示，方案中（a）～（h）各处的简易频谱表示在方案图下面。LD 产生的光载波表示为 $E_c(t)$，经过光环形器（optical circulator，OC）进入光偏振分束器（polarization beam splitter，PBS）中。PBS 将光载波分为两个功率相等的光载波，表示为

$$E_1(t)=E_2(t)=\frac{1}{\sqrt{2}}E_c(t) \tag{8-6}$$

从 PBS 端口 1 输出的光载波输入到正向放置的 PM（PM1）的输入端口，被 LO 信号调制。若将 LO 信号表示为 $V_{LO}\sin(2\pi f_{LO}t)$，PM1 输出的光信号可表示为

$$
\begin{aligned}
E_{CK}(t)&=\frac{1}{\sqrt{2}}\alpha_{PM1}E_c(t)\exp\left[jm_{LO}\sin(\omega_{LO}t)\right]\\
&=\frac{1}{\sqrt{2}}\alpha_{PM1}E_c(t)\sum_{n=-\infty}^{+\infty}J_n(m_{LO})e^{jn\omega_{LO}t}\\
&\approx\frac{1}{\sqrt{2}}\alpha_{PM1}E_c(t)\left[J_0(m_{LO})+J_{-1}(m_{LO})e^{-j\omega_{LO}t}+J_1(m_{LO})e^{j\omega_{LO}t}\right]
\end{aligned} \tag{8-7}
$$

其中 $J_{\pm n}(\cdot)$ 是 $\pm n$ 阶第一类贝塞尔函数，$m_{LO}=\pi V_{LO}/V_\pi$ 是本振调制指数，V_π 是调制器的半波电压，α_{PM1} 是 PM1 的插入损耗。该光信号沿顺时针（clockwise，

CK）方向传播。

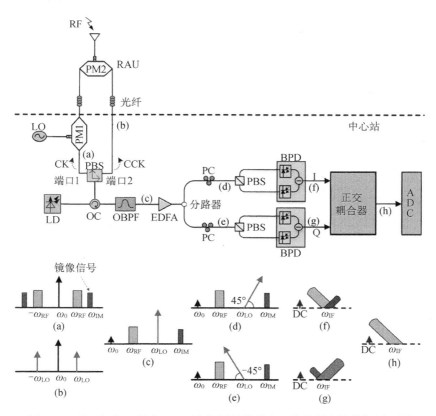

图 8.10　基于相位调制和 I/Q 平衡探测的微波光子镜像射频接收机原理图

　　从 PBS 端口 2 输出的光载波输入到一个反向放置的 PM（PM2）输入端口，被 RF 信号调制。若将 RF 信号表示为 $V_{RF} \sin(2\pi f_{RF} t)$，PM2 输出的光信号可表示为

$$
\begin{aligned}
E_{CCK}(t) &= \frac{1}{\sqrt{2}} \alpha_{PM2} E_c(t) \exp\left[j m_{RF} \sin(\omega_{RF} t) \right] \\
&= \frac{1}{\sqrt{2}} \alpha_{PM2} E_c(t) \sum_{n=-\infty}^{+\infty} J_n(m_{RF}) e^{j n \omega_{RF} t} \qquad (8\text{-}8) \\
&\approx \frac{1}{\sqrt{2}} \alpha_{PM2} E_c(t) \left[J_0(m_{RF}) + J_{-1}(m_{RF}) e^{-j \omega_{RF} t} + J_1(m_{RF}) e^{j \omega_{RF} t} \right]
\end{aligned}
$$

其中 $m_{RF} = \pi V_{RF} / V_{\pi}$ 为射频调制指数，α_{PM2} 表示 PM2 的插入损耗。该光信号沿逆时针（counter-clockwise，CCK）方向传播。由于 PM 具有正向光调制、反向光不调制的特性，沿着 CK 方向传播的光信号在经过 PM1 时被 LO 信号调制，而在通过 PM2 时不会被调制。同样，沿 CCK 方向传播的光信号仅被 PM2 中的 RF 信号

调制，在 PM1 中不被调制。正反两个方向的光信号重新在 PBS 汇合，被 PBS 合束为偏振复用的光信号，其表达式为

$$E_{out}(t)=e_{TE} \cdot \alpha_{PM2} E_{CK}(t) + e_{TM} \cdot \alpha_{PM1} E_{CCK}(t) \tag{8-9}$$

其中 e_{TE} 和 e_{TM} 分别表示 TE 模和 TM 模的单位向量。

通过光带通滤波器（optical bandpass filter，OBPF）滤除低阶光边带和光载波，再通过 EDFA 进行功率补偿，所得到的偏振复用光信号可表示为

$$E_{out\_E}(t) \approx \alpha_{PM} \alpha_O \alpha_E E_c(t) J_1(m) e^{j\omega_{LO}t} \cdot e_{TE}$$
$$+ \alpha_{PM} \alpha_O \alpha_E E_c(t) J_1(m) e^{j\omega_{RF}t} \cdot e_{TM} \tag{8-10}$$

其中，α_{PM} 为 PM1 和 PM2 的总插入损耗，α_O 为 OBPF 的损耗，α_E 为 EDFA 的增益。随后，该光信号被光分路器分到两个通道。每个通道中的光信号经过偏振控制器（polarization controller，PC）和 PBS，PBS 输出两个互补的光信号

$$E_+(t) \approx \frac{1}{\sqrt{2}} \alpha_{PM} \alpha_O \alpha_E J_1(m) E_c(t) \left[e^{j\omega_{LO}t} \cos\theta + e^{j\omega_{RF}t + j\varphi} \sin\theta \right] \tag{8-11}$$

$$E_-(t) \approx \frac{1}{\sqrt{2}} \alpha_{PM} \alpha_O \alpha_E J_1(m) E_c(t) \left[e^{j\omega_{LO}t} \sin\theta - e^{j\omega_{RF}t + j\varphi} \cos\theta \right] \tag{8-12}$$

这两个光信号经过光电探测后，得到两个频率相同的中频信号，电流可以分别表示为

$$I_+(t) \propto |E_+(t)|^2 = \frac{\alpha_{PM}^2 \alpha_O^2 \alpha_E^2 J_1^2(m) E_c^2}{2} \left[1 + \cos(\omega_{LO}t - \omega_{RF}t - \varphi) \right] \tag{8-13}$$

$$I_-(t) \propto |E_-(t)|^2 = \frac{\alpha_{PM}^2 \alpha_O^2 \alpha_E^2 J_1^2(m) E_c^2}{2} \left[1 - \cos(\omega_{LO}t - \omega_{RF}t - \varphi) \right] \tag{8-14}$$

两个光电流在 BPD 中相减后，最终 BPD 输出电流可以表示为

$$I_{out}(t)=I_+(t) - I_-(t) \propto \alpha_{PM}^2 \alpha_O^2 \alpha_E^2 J_1^2(m) E_c^2 \cos(\omega_{LO}t - \omega_{RF}t - \varphi) \tag{8-15}$$

经过平衡探测，得到了下变频的中频信号。观察公式（8-13）和公式（8-14）可发现，使用单个 PD 进行光电探测时，所输出的信号存在较大的直流偏移，这将降低随后 ADC 的分辨率。如果 RF 为宽带信号时还会存在额外的偶次失真。由公式（8-15）可得，经过平衡探测后，自拍频引起的直流偏移和偶次失真会得到良好的抑制。

为了构造出 I/Q 两个下变频通道，分别对两个通道中的 PC 进行调整。在第一通道（Channel_I）中，通过 PC 将 RF 和 LO 信号之间的相位差设置为 $\varphi=0°$，则 BPD 后的光电流可以表示为

$$I_I(t) \propto \alpha_{PM}^2 \alpha_O^2 \alpha_E^2 J_1^2(m) E_c^2 \cos(\omega_{IF}t) \tag{8-16}$$

在第二通道（Channel_Q），通过调整 PC 将设置 $\varphi=90°$，则 BPD 后的光电流表示为

$$I_Q(t) \propto \alpha_{PM}^2 \alpha_O^2 \alpha_E^2 J_1^2(m) E_c^2 \cos\left(\omega_{IF}t - \frac{\pi}{2}\right) \tag{8-17}$$

从而两个下变频通道最终输出相位正交的 IF 信号，实现了微波光子 I/Q 混频。随后通过正交耦合器将两路 IF 信号合成为一路，实现镜像抑制，送入 ADC 进行采样量化和数字信号处理。

由于采用了 Sagnac 环路架构，RF 和 LO 信号通过两个不同的 PM 调制从而实现了物理分离。在此基础上可以利用光纤拉远，在远端天线单元（remoting antenna unit，RAU）对 RF 信号进行调制接收，而 LO 信号放置在中心站，如图 8.10 所示。与传统 RF 拉远技术相比，该光纤拉远方案传输损耗明显降低。此外，由于光纤良好的光电隔离特性，可以有效避免电磁干扰，以及 RF 与 LO 之前的相互泄漏。

2）实验结果与分析

实验装置如图 8.11 所示。在实验中，采用分布式反馈激光器（Conquer，KG-DFB-40-C36）生成频率为 193.6THz 的连续光载波，光载波的平均功率为 16dBm，相对强度噪声（RIN）约为−160dB/Hz。光载波通过保偏光纤和 OC 输入到 PBS 中。PBS 将光载波分为功率相等的两路，从 PBS 端口 2 输出的光载波进入 PM1（iXblue，MPZ-LN-40）的输入端口，PBS 输出端口 3 的光载波进入 PM2（iXblue，MPZ-LN-40）的输入端口。将 OBPF（Yenista，XTM-50）的带宽调为 35GHz，中心频率比光载波高 25GHz。EDFA（Keopsys，CEFA-C-BO-HP）工作在自动增益控制模式下，输出功率固定为 12dBm。两个 BPD 由 4 个 PD 组合而成，它们具有相同的 3dB 带宽（2.5GHz）和响应度（0.8A/W）。

A. I/Q 下变频

实验中首先对 I/Q 下变频进行了验证。两台微波信号发生器（安捷伦，E8257D；惠普，83640A）生成功率为 12dBm、频率为 20GHz 的 LO 信号以及功率为 5dBm、频率为 20.5GHz 的 RF 信号。利用光谱分析仪（BOSA400C+L）分别对 OBPF 之前和 EDFA 之后的光谱进行了测量，如图 8.12（a），（b）所示，光谱分析仪分辨率带宽为 0.01GHz。经过光滤波后，光载波和−1 阶边带被大幅度抑制，其中光载波比+1 阶光学边带低 31.5dB，残留的+2 阶光学边带比+1 阶光学边带低 22.6dB[37]。

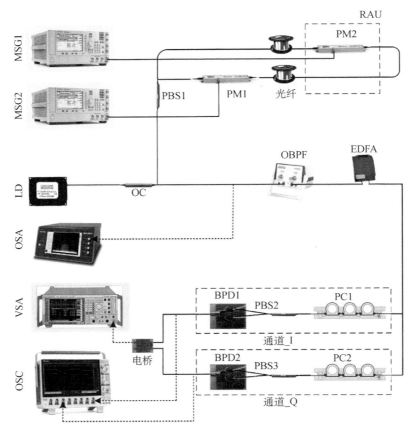

图 8.11　本节所提镜像抑制 RF 接收机的实验装置

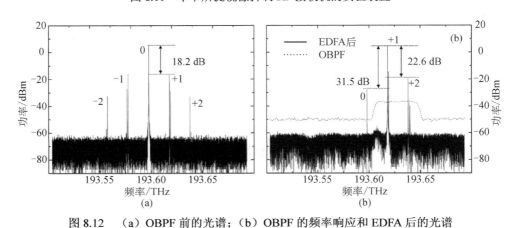

图 8.12　（a）OBPF 前的光谱；（b）OBPF 的频率响应和 EDFA 后的光谱

将输入 RF 频率从 4GHz 以 1GHz 为步进调节至 40GHz，并依次调整 LO 频率，IF 频率设置在 100MHz、500MHz 和 1GHz。变频增益和底噪由频谱分析仪（Rohde&Schwarz FSQ67）测量，如图 8.13 所示。当 RF 频率从 8GHz 调谐到 40GHz 时，测得变频增益变化范围为 $-18.5\sim-15.1$dB，底噪的变化范围为 $-133.9\sim-138.6$dBm/Hz。由于滤波器的滤波响应不理想，当 RF 和 LO 频率过低时，所需的光边带会被抑制。因此当射频频率低于 8GHz 时，变频增益降低且底噪明显增大。

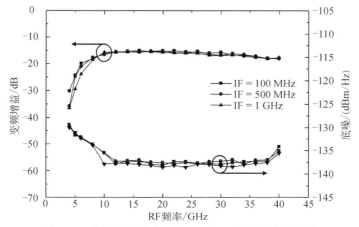

图 8.13　变频增益及底噪随 RF 和 IF 频率的变化曲线

随后在实验中进行了双音测试，得到系统的三阶无杂散动态范围（SFDR$_3$）。由于第三台微波信号发生器（Agilent，E8256D）的工作频率最高为 20GHz，SFDR$_3$ 的测量频率范围为 $4\sim20$GHz。如图 8.14 所示，当输入 RF 频率从 4GHz 变化到 40GHz 时，所测得的 NF 从 80.4dB 变化到 51.3dB，SFDR$_3$ 从 77.8dB·Hz$^{2/3}$ 增加到了 100.2dB·Hz$^{2/3}$。

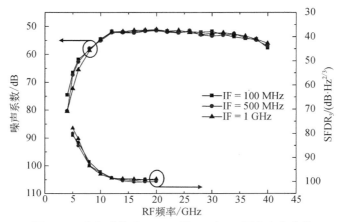

图 8.14　噪声系数及 SFDR$_3$ 随 RF 和 IF 频率变化曲线

　　实验中对未经过平衡探测和经过平衡探测所得到的中频信号的频谱进行了测试和比较。将 LO 信号的频率设置为 20GHz，功率设置为 12dBm。采用频率为 20.09GHz 和 20.1GHz、功率均为 0dBm 的双音 RF 信号来对平衡探测的优化效果进行测试。首先只将 PBS 的一个输出端口连接到一个 PD 上，由频谱分析仪测得下变频中频信号的频谱如图 8.15（a）所示。两个基波信号（90MHz 和 100MHz）的功率为−20.88dBm，80MHz 和 110MHz 处的两个 IMD3 分量功率为−74.42dBm，10MHz 处的 IMD2 分量功率为−32.89dBm。然后将 PBS 的两个输出端口同时连接到 BPD，并在 PBS 之前对 PC 进行调整以抑制 IMD2。平衡探测后输出的下变频信号频谱如图 8.15（b）所示，IMD2 功率从−32.89dBm 被抑制到−66.08dBm。

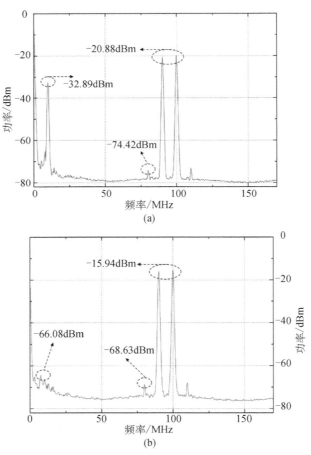

图 8.15　下变频 IF 信号频谱（a）未经过平衡探测，（b）经过平衡探测

该系统的一个优点是可通过偏振态控制实现两个下变频 IF 信号相位差的连续任意调谐。为了验证这个特点，在实验中将 LO 信号的频率与功率分别设置为 20GHz 和 12dBm，将 RF 信号的频率与功率分别设置为 20.001GHz 和 0dBm。使用双通道示波器（Tektronix，TDS5054B）对通道 Channel_I 和 Channel_Q 输出的两个 1MHz 的 IF 信号波形进行测试。Channel_I 和 Channel_Q 的相位差分别为 0°、90°、180°、270°时的波形如图 8.16 所示。从得到的波形可以看出，不同相位的波形几乎具有相同的幅度。

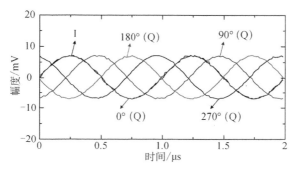

图 8.16　具有不同相位差异的 I/Q IF 信号波形

在许多 I/Q 变频应用中，I/Q 通道之间的幅度和相位的平衡度非常重要。为了测试本系统的幅度和相位平衡性能，实验中调节 PC 将两个中频信号相位差设置为 90°，然后测量两个通道的幅度和相位平衡度。RF 频率以 2GHz 为步进从 4GHz 变化到 40GHz，参考 RF 频率值，将 LO 频率从 3.9GHz 变化到 39.9GHz，保证输出 IF 信号的频率为 100MHz。I/Q 相位和幅度不平衡度随 RF 频率的变化曲线如图 8.17（a）所示，在工作频率为 8～40GHz 范围内，I/Q IF 信号的功率在 3dB 内浮动，I/Q 相位不平衡度小于 0.7°，I/Q 幅度不平衡度小于 0.76dB。然后 LO 信号频率固定在 20GHz，RF 频率以 0.1GHz 为步进，从 19.9GHz 递减到 18.8GHz，从而实现 IF 信号频率从 0.1～1.2GHz 的变化。从图 8.17（b）可以看出，当中频频率从 0.1GHz 到 1.2GHz 变化时，I/Q 幅度和相位不平衡度分别在 0.39dB 和 0.7°以下。

B. 镜像抑制接收机

随后通过正交耦合器将 I/Q 中频信号合成为一路信号，从而实现镜像干扰信号的抑制。RF 信号频率设置为 19.49GHz，功率为 0dBm，LO 频率设置为 20GHz，

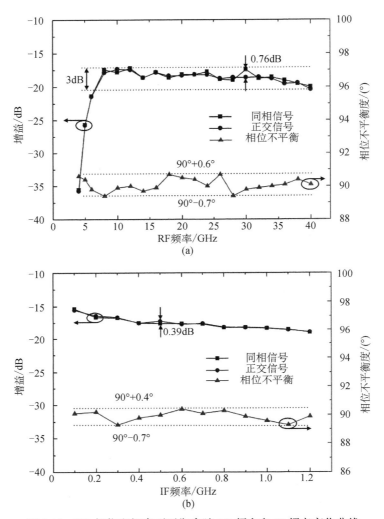

图 8.17 I/Q 相位和幅度不平衡度随 RF 频率和 IF 频率变化曲线

功率为 12dBm。为了清晰地观察镜像的抑制效果，将镜像干扰信号的频率设置为 20.5GHz，功率为 0dBm。由频谱分析仪对 Channel_I 输出的信号频谱进行测试，其频谱如图 8.18（a）所示，频率为 600MHz 的信号即为镜像干扰信号，且其功率高达 −17.3dBm，与 610MHz 处所需要的中频信号功率相同。然后使用模拟正交耦合器将 Channel_I 和 Channel_Q 的输出信号合成为一路，输出信号的频谱如图 8.18（b）所示，其中 600MHz 的镜像干扰信号被抑制了 49.79dB。

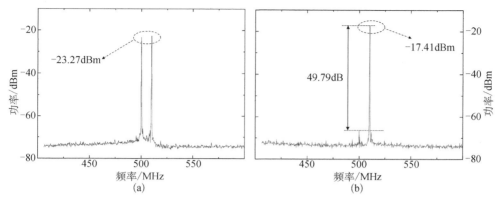

图 8.18　下变频中频信号镜像抑制前后频谱对比

在接下来的实验中，对该镜像抑制接收机的 SFDR₃ 进行测试。双音 RF 信号的频率设置为 19.5GHz 和 19.49GHz，LO 的频率设置为 20GHz。为了清晰观察镜像信号的抑制，将镜像干扰信号设置为 20.6GHz。通过逐步增加 RF 和镜像干扰信号的功率，对输出的基波中频信号（0.5GHz 或 0.51GHz）、IMD3（0.49GHz 或 0.52GHz）、镜像干扰（0.6GHz）和底噪进行测量，其结果如图 8.19 所示。SFDR₃ 为 99.4dB·Hz$^{2/3}$，变频增益为 −17.5dB，NF 为 51.3dB，IIP3 为 32.4dB，镜像抑制比为 50.3dB。

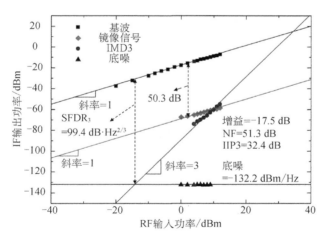

图 8.19　三阶无杂散动态范围测试结果

在接下来的实验中，测量了镜像抑制比随 RF 频率和 IF 频率的变化曲线。受第三个微波信号源的最大工作频率的限制（20GHz），RF 信号频率由 4GHz 增加到 20GHz，且根据 RF 频率相应地调整 LO 频率，使输出 IF 频率分别固定为

250MHz、500MHz 和 1GHz。为了清晰地测量镜像干扰信号，相应调整镜像干扰信号的频率，使下变频后的镜像干扰信号的频率分别为 260MHz、510MHz 和 1.1GHz。镜像抑制比随 RF 和 IF 频率的变化曲线如图 8.20 所示。随着 RF 频率从 4GHz 变化至 20GHz，镜像抑制比从 36dB 变化至 56dB。由于 RF 频率在较低时，系统的变频增益较低，且噪底较高，镜像干扰信号淹没在噪底，因此在 RF 频率较低时所测量到的镜像抑制比偏低。

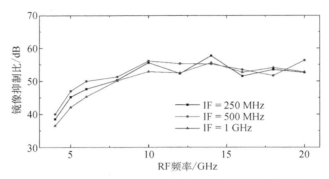

图 8.20　镜像抑制比随 RF 频率和 IF 频率的变化曲线

　　为了评估该系统对宽带通信信号的镜频抑制效果，使用矢量信号源生成频率为 19.5GHz、功率为 5dBm 的矢量信号作为 RF 信号，该 RF 矢量信号的调制格式为 16QAM，码速率为 40MSym/s，滚降因子（RRC）为 0.2。将 LO 信号的频率设置为 20GHz，功率设置为 12dBm。使用一个带宽为 5MHz、功率为 5dBm、频率为 20.5GHz 的频率调制信号作为镜像干扰信号，耦合到 RF 信号中一同送入 PM2 调制。该信号经过下变频后得到了中心频率为 0.5GHz 的中频矢量信号。图 8.21（a）为下变频后单通道 IF 信号的频谱，频谱中既包含所需的矢量信号，又包含调频镜像干扰信号。随后将 I/Q IF 信号进行正交耦合，其输出信号频谱如图 8.21（b）所示，其中频率调制（FM）镜像干扰得到了很好的抑制。使用矢量信号分析仪对镜像抑制前后的中频矢量信号进行解调，并获取星座图。如图 8.21（c）所示，镜像抑制前的 IF 矢量信号 EVM 为 29.2%，解调完全错误。而镜像抑制后，得到的 16QAM 星座图失真较小，如图 8.21（d）所示，计算得到的 EVM 提高到了 6.2%，得到明显改善。

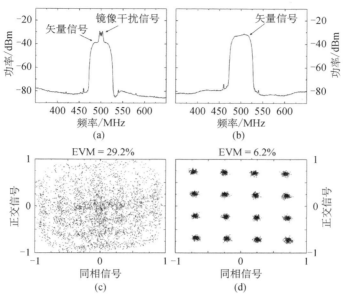

图 8.21　镜像抑制前后下变频的中频信号频谱和星座图

C. 天线光纤拉远

为了验证经过天线拉远后系统的镜像抑制效果，使用两段 5km 长的光纤将 RAU 安置在远离中心站的位置，如图 8.10 所示。矢量信号源生成的 RF 矢量信号频率为 19.5GHz，功率为 5dBm，调制格式为 16QAM，符号速率为 30MSym/s，滚降系数为 0.2。将 LO 信号频率设置为 20GHz，功率设置为 12dBm。将镜像干扰信号的中心频率设置为 20.5GHz，功率设置为 0dBm，频率调制带宽为 10MHz。随后将矢量射频信号和镜像干扰信号通过电子耦合器合为一路信号并发送到 PM2。图 8.22（a）为 Channel_I 通道输出的中心频率为 0.5MHz 中频信号的频谱。可以看到，该频谱既包含所需的矢量信号，又包含调频的镜像干扰。将 Channel_I 的输出信号和 Channel_Q 的输出信号通过正交耦合后，其频谱如图 8.22（b）所示，其中 FM 镜像干扰信号得到了很好的抑制。随后对镜像抑制前后的中频矢量信号进行解调，获取星座图。如图 8.22（c）所示，镜像抑制前的中频矢量信号解调所得到的 EVM 为 29.8%，解调出现明显错误。对镜像抑制后的中频矢量信号进行解调后，得到了正确且清晰的 16QAM 星座图，如图 8.22（d）所示，解调所得到的 EVM 变为 8.5%。

在 Sagnac 环路中，由于不同方向的光信号分别通过相同的两段光纤，所以保证了两段光信号之间的相关性。由于受到 EDFA 的最大增益限制，在使用两段

5km 长的光纤对天线单元进行天线拉远后，该镜像抑制接收机的增益变低。另外光纤的色散也可能导致变频增益下降及信号质量的下降。

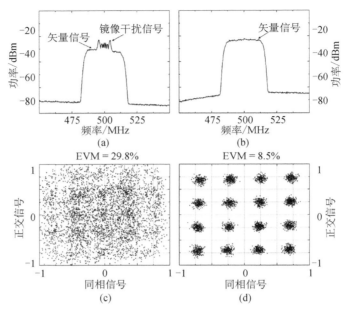

图 8.22　经过两段 5km 光纤拉远后 IF 信号镜像抑制前后解调质量对比

　　本章节所提出的微波光子镜像抑制接收系统，将下变频和相移有效地集成到一个简单的全光系统中。由于使用了 Sagnac 环结构将两个 PM 调制的信号偏振复用，避免了强度调制存在的偏压漂移问题，可以省去偏置控制电路，降低了系统的复杂度并提高了系统的稳定性。此外，本系统可以通过两段光纤轻松地实现天线拉远功能，代替同轴电缆，有效地减小了信号的损耗。且 PM 是无源器件，不需要电源，意味着天线站的体积功耗可以进一步减小。特别是在电子战环境下，这种优势可以有效地提高天线站的隐藏性能。

　　3）对比分析

　　由于采用了全光处理架构，该 I/Q 下变频器具有 8～40GHz 的超宽带宽。此外，由于全光移相方法的频率独立和功率独立特性，本系统在较宽的工作带宽上可以实现超低 I/Q 相位不平衡（<0.8）和功率不平衡（<0.8dB）。由于 I/Q 下变频具有良好的 I/Q 振幅和相位平衡，因此所设计的镜像抑制接收机的镜像抑制比大于 50dB。另外，通过 5km 光纤将 RAU 拉远后，RAU 所接收到的信号星座图良好，EVM 较低（8.5%）。本章所提出方案的宽频带和大镜像抑制特性使得其在现

代微波系统中具有广泛的应用前景。

将本方案与其他文献所报道的微波光子镜像抑制接收机从工作频率范围、镜像抑制比、优点和局限性方面进行了比较，结果如表 8.1 所示。本方案的超宽带优势是由于没有使用频率依赖严重的器件，如文献[20]，[21]中使用的密集波分复用，或文献[22]，[23]中使用的电子耦合器。相比于文献[22]，[23]，在本方案中没有使用 90°光耦合器，通过 PC 对偏振态控制实现全光可调相位控制，所以本方案所构造的 I/Q 信号拥有高幅度和相位平衡度。此外，平衡探测大大抑制了非线性混频脉冲和共模噪声。本方案的工作频率在低频率时由于受到光滤波器截止频率的限制，变频增益变低，而工作频率的最大值受调制器带宽的限制。目前商用调制器的带宽可以达到 100GHz，因此，使用更大带宽的调制器可以增大所提出的微波光子镜像抑制接收机的工作频率范围。

表 8.1　本方案与已有方案对比情况

方案	工作频率范围	镜像抑制比	优势	限制
本方案	8~40GHz	55dB	RAU，超宽带和平衡探测	额外损耗和系统稳定性
文献[20]	7~40GHz	49.5dB	超宽带、平衡探测和低损耗	系统稳定性
文献[21]	10~40GHz	57.2dB	超宽带和低损耗	系统稳定性和交调失真
文献[22]	18~26GHz	32dB	超宽带、平衡探测和低损耗	频率独立性和 I/Q 不平衡
文献[23]	3.5~35GHz	44dB	数字补偿和自动控制	频率独立性和 I/Q 不平衡

4）后期改进

本系统还存在一些问题。首先，Sagnac 环结构引入了较大的光损耗。在 Sagnac 环路中，两个光信号分别通过了两个 PM，相比于其他平行结构混频器，本系统引入了两倍的调制器插损。另外是当使用光纤进行天线拉远时，两段光纤会引入双倍的损耗和色散。虽然说光功率补偿和色散补偿可以解决这一问题，但会增加本系统的复杂性和成本。

其次，偏振态对环境非常敏感，特别是长光纤的传输会导致偏振态不稳定。这将直接导致 I/Q 相位平衡和变频增益的降低，进而降低镜像抑制比。在本实验中 PC 是通过手动调节来控制偏振态的，在实际应用中不太可行。

为了提高本系统的实用性，可对该镜像抑制接收机增加自动控制功能，如图 8.23 所示。天线接收到的 RF 信号被低噪声放大器（low noise amplifier，LNA）放大后进入调制器 PM2。为了克服光纤导致的损耗和色散问题，在中心站采用多级掺铒光纤放大器（multistage-erbium-doped fiber amplifier，M-EDFA）和可调谐色散补偿（tunable dispersion compensation，TDC）光纤来进行功率和色散补偿。

然后在 PBS 之前使用电控偏振控制器（electric polarization controller，EPC）[38,39] 来代替手动控制的 PC，从而实现实时自动偏振控制。同时将输出的镜像抑制信号通过 ADC 数字化，并在数字信号处理（digital signal processing，DSP）模块中进行匹配滤波和时钟恢复。两个 EPC 是通过来自 DSP 的反馈来进行自动控制的。LO 信号由压控振荡器（voltage controlled oscillator，VCO）和锁相环（phase locked loop，PLL）产生，参考时钟由 DSP 提供。通过该自动控制设计，预期可实现高变频增益、鲁棒性好的镜像抑制接收机。

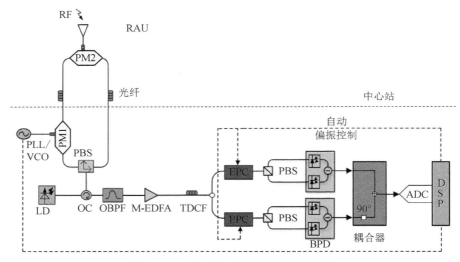

图 8.23　可自动控制的镜像抑制接收器

8.4　本章小结

本章重点分析了微波光子混频结合移相技术在镜像抑制接收机中的应用。

（1）本章设计了一种宽带微波光子 I/Q 混频器。由于使用了基于 DPMZM 的全光双通道频率下变频和可调移相技术，在 10～40GHz 工作频率范围上获得了较高的功率和相位平衡，以及较高的镜像抑制比。此外，所提出的 I/Q 混频器还可用于矢量解调、相位探测和多普勒频移测量[5]。与传统微波 I/Q 混频器相比，本章所提出的系统拥有更大的工作频率范围，更好的 I/Q 平衡度，以及更高的转换增益，并且电磁干扰小，非常有希望应用在超宽带电子系统中，如宽带无线通信、多功能雷达、多波段卫星、电子侦察及其他频率敏捷系统[6]。

（2）本章提出了一种基于相位调制和 I/Q 平衡探测的宽带微波光子镜像抑制射频接收机，并对其进行了实验验证。由于全光混频和移相的设计，所提出的镜像抑制接收机拥有从 8GHz 到 40GHz 的工作频率范围，且最大 I/Q 相位不平衡度仅为 0.7°，最大幅度不平衡为 0.8dB。采用偏振光控制的平衡探测，很好地抑制了直流偏移和偶阶失真，SFDR 高达 99.4dB·Hz$^{2/3}$。由于良好的 I/Q 相位和幅度平衡，下变频后的镜像抑制比高达 50.3dB。实验中一个带宽为 40MHz、载频为 19.5GHz 的 RF 矢量信号和一个带宽为 5MHz、载频为 20.5GHz 的 FM 镜像干扰信号同时被 20GHz 的 LO 信号下变频，经过镜像抑制后，中频信号中的镜像干扰得到了很好的抑制，并解调得到了高质量的星座图和 EVM。由于采用了 Sagnac 环结构，所以天线拉远功能很容易实现。经过天线拉远后，接收到的矢量信号镜像干扰也得到了很好的抑制。

由于上述优点，本章提出的镜像干扰射频接收机在多波段卫星转发器、毫米波雷达、电子对抗射频前端系统和宽带无线通信系统等现代射频系统中极具应用前景[40,41]。

参 考 文 献

[1] Strutz S J，Williams K J. A 0.8-8.8-GHz image rejection microwave photonic downconverter[J]. IEEE Photonics Technology Letters，2000，12（10）：1376-1378.

[2] Pagán V R，Murphy T E. Electro-optic millimeter-wave harmonic downconversion and vector demodulation using cascaded phase modulation and optical filtering[J]. Optics Letters，2015，40（11）：2481-2484.

[3] Emami H，Sarkhosh N. Reconfigurable microwave photonic in-phase and quadrature detector for frequency agile radar[J]. Journal of the Optical Society of America A Optics，Image Science，and Vision，2014，31（6）：1320-1325.

[4] Zou X H，Lu B，Pan W，et al. Photonics for microwave measurements[J]. Laser Photonics Review，2016，10（5）：711-734.

[5] Pan S L，Yao J P. Photonics-based broadband microwave measurement[J]. Journal of Lightwave Technology，2017，35（16）：3498-3513.

[6] Yao J P. Microwave photonics[J]. Journal of Lightwave Technology，2009，27（3）：314-335.

[7] Gao Y S，Wen A J，Wu X H，et al. Efficient photonic microwave mixer with compensation of the chromatic dispersion-induced power fading[J]. Journal of Lightwave Technology，2016，34（14）：3440-3448.

[8]Pan S L，Tang Z Z. A reconfigurable photonic microwave mixer using a 90 degrees optical hybrid[J]. IEEE Transactions on Microwave Theory & Techniques，2016，64（9）：3017-3025.

[9]Tang Z Z，Pan S L. Image-reject mixer with large suppression of mixing spurs based on a photonic microwave phase shifter[J]. Journal of Lightwave Technology，2016，34（20）：4729-4735.

[10]Zhang J，Chan E H W，Wang X，et al. High conversion efficiency photonic microwave mixer with image rejection capability[J]. IEEE Photonics Journal，2016，8（4）：3900411.

[11]Gopalakrishnan G K，Burns W K，Bulmer C H. Microwave-optical mixing in Limo3 modulators[J]. IEEE Trans. Microw. Theory Tech.，1993，41：2383-2391.

[12]Gao Y S，Wen A J，Tu Z Y，et al. Simultaneously photonic frequency downconversion，multichannel phase shifting，and IQ demodulation for wideband microwave signals[J]. Optics Letters，2016，41（19）：4484-4487.

[13]Lim C，Attygalle M，Nirmalathas A，et al. Analysis of optical carrier-to-sideband ratio for improving transmission performance in fiber-radio links[J]. IEEE Transactions on Microwave Theory & Techniques，2006，54（5）：2181-2187.

[14]Zou X H，Li W Z，Lu B，et al. Photonic approach to wide-frequency-range high-resolution microwave/millimeter-wave Doppler frequency shift estimation[J]. IEEE Transactions on Microwave Theory and Techniques，2015，63（4）：1421-1430.

[15]Scotti F，Laghezza F，Ghelfi P，et al. Multi-band software-defined coherent radar based on a single photonic transceiver[J]. IEEE Transactions on Microwave Theory and Techniques，2015，63（2）：546-552.

[16]Poulin M，Painchaud Y，Aubé M，et al. Ultra-narrowband fiber Bragg gratings for laser linewidth reduction and RF filtering[J]. Proc. SPIE，2010，7579：75791C.

[17]Minasian R A，Chan E H W，Yi X. Microwave photonic signal processing[J]. Optics Express，2013，21（19）：22918-22936.

[18]Nguyen L V，Hunter D B. A photonic technique for microwave frequency measurement[J] IEEE Photon. Technol. Lett.，2006，18（9-12）：1188-1190.

[19]Capmany J，Mora J，Gasulla I，et al. Microwave photonic signal processing[J]. Journal of Lightwave Technology，2013，31（4）：571-586.

[20]Gao Y S，Wen A J，Chen W，et al. All-optical，ultra-wideband microwave I/Q mixer and image-reject frequency down-converter[J]. Optics Letters，2017，42（6）：1105-1108.

[21]Gao Y S，Wen A J，Jiang W，et al. All-optical and broadband microwave fundamental/ sub-harmonic I/Q down-converters[J]. Optics Express，2018，26（6）：7336-7350.

[22]Ye X W，Zhang F Z，Yang Y，et al. Photonics-based radar with balanced I/Q de-chirping for

interference-suppressed high-resolution detection and imaging[J]. Photonics Research，2019，7（3）：265-272.

[23]Meng Z Y，Li J Q，Yin C J，et al. Dual-band dechirping LFMCW radar receiver with high image rejection using microwave photonic I/Q mixer[J]. Optics Express，2017，25（18）：22055-22065.

[24]Li J Q，Xiao J，Song X，et al. Full-band direct-conversion receiver with enhanced port isolation and I/Q phase balance using microwave photonic I/Q mixer [J]. Chinese Optics Letters，2017，15（1）：66-69.

[25]Gao Y S，Wen A J，Zhang W，et al. Ultra-wideband photonic microwave I/Q mixer for zero-IF receiver[J]. IEEE Transactions on Microwave Theory & Techniques，2017，65（11）：4513-4525.

[26]Blanc S，Merlet T，Cabon B. Optical mixing techniques[J]. in Proc. Workshop NEFERTITI Broadband Opt./Wireless Access，Budapest，Hungary，2003.

[27]Middleton C，Meredith S，Peach R，et al. Photonic frequency conversion for wideband RF-to-IF down-conversion and digitization[C]. Avionics，Fiber-Optics and Photonics Technology Conference（AVFOP），2011 IEEE. IEEE，2011：115-116.

[28]Chan E H W，Minasian R A. Microwave photonic down-conversion using phase modulators in a sagnac loop interferometer[J]. IEEE Journal of Selected Topics in Quantum Electronics，2013，19（6）：211-218.

[29]Gao Y S，Wen A J，Zhang H X，et al. An efficient photonic mixer with frequency doubling based on a dual-parallel MZM[J]. Optics Communications，2014，321（12）：11-15.

[30]Tang Z Z，Zhang F Z，Pan S L. Photonic microwave downconverter based on an optoelectronic oscillator using a single dual-drive Mach–Zehnder modulator[J]. Optics Express，2014，22（1）：305-310.

[31]Piqueras M A，Vidal B，Corral J L，et al. Photonic vector demodulation architecture for remote detection of M-QAM signals[C]. 2005 International Topical Meeting on Microwave Photonics，IEEE，2005：103-106.

[32]Sambaraju R，Palaci J，Alemany R，et al. Photonic vector demodulation of 2.5 Gbit/s QAM modulated wireless signals[C]. International Topical Meeting on Microwave Photonics jointly held with the 2008 Asia-Pacific Microwave Photonics Conference，IEEE，2008：117-120.

[33]Jiang T W，Yu S，Wu R H，et al. Photonic downconversion with tunable wideband phase shift[J]. Optics Letters，2016，41（11）：2640-2643.

[34]Gao Y S，Wen A J，Peng Z X，et al. Analog photonic link with tunable optical carrier to sideband ratio and balanced detection[J]. IEEE Photonics Journal，2017，9（2）：7200510.

[35]Gao Y S，Wen A J，Jiang W，et al. Wideband photonic microwave SSB up-converter and I/Q modulator[J]. Journal of Lightwave Technology，2017，35（18）：4023-4032.

[36]Li P X，Zou X H，Pan W，et al. Microwave photonic down-conversion with large image rejection ratio utilizing digital signal processing[C]. Asia Communications & Photonics Conference，2016.

[37]Kang B C，Fan Y Y，Gao Y S. Wideband photonic image-reject RF receiver based on phase modulation and I/Q balanced detection[J]. 2019 International Topical Meeting on Microwave Photonics，2019：1-4.

[38]Martinelli M，Martelli P，Pietralunga S M. Polarization stabilization in optical communications systems[J]. Journal of Lightwave Technology，2006，24（11）：4172-4183.

[39]Yuan X G，Zhang Y A，Zhang M L，et al. Adaptive Polarization Stabilization with DPSO Algorithm in Optical Communication System[J]. Applied Mechanics & Materials，2011，48-49：139-142.

[40]Yagi M，Satomi S，Ryu S. Field trial of 160-Gbit/s，polarization-division multiplexed RZ-DQPSK transmission system using automatic polarization control[C]. OFC/NFOEC 2008-2008 Conference on Optical Fiber Communication/National Fiber Optic Engineers，2008：1-3.

[41]Pan S L，Zhu D，Liu S F，et al. Satellite payloads pay off[J]. Microwave Magazine，IEEE，2015，16（8）：61-73.

第9章 微波光子 I/Q 上变频

9.1 微波光子 I/Q 上变频的意义与研究现状

传统的微波 I/Q 混频器由两个微波混频器、一个同相耦合器和一个正交耦合器构成，如图 9.1 所示[1]，它可以实现矢量信号调制或单边带（single side band，SSB）上变频的功能。当用于矢量信号调制时，I/Q 基带信号直接调制到本振（local oscillator，LO），得到需要的矢量射频（radio frequency，RF）信号。与从中频（intermediate frequency，IF）间接变频到 RF 的方式相比，矢量信号直接调制不仅简化了系统结构，而且降低了数模转换器（digital to analog converter，DAC）的带宽和采样率要求。当用作 SSB 上变频器时，正交的 IF 信号作为 I/Q 输入，被 LO 信号上变频为单边带的 RF 信号。与普通双边带上变频相比，单边带上变频系统不需要任何滤波器就可以抑制掉不需要的镜像边带，使系统频率灵活可调谐并降低系统尺寸[2]。由于微波混频器、耦合器等器件存在固有的频率依赖性，微波 I/Q 混频器面临带宽受限和 I/Q 不平衡等问题[3]。尤其是宽带 I/Q 幅度和相位的不平衡，将会导致矢量调制中的 I/Q 信号发生混叠，也会导致单边带上变频中的信号存在残余边带。

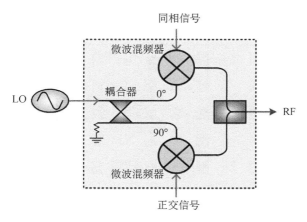

图 9.1 微波 I/Q 混频器原理图

微波光子学以其瞬时带宽大、损耗低、抗电磁干扰等优点，为超宽带微波混频和移相提供了一种新的解决方案[4]。近年来，微波光子混频器[5,6]和移相器[7,8]得到了广泛的研究。此外，研究者将微波光子下变频和移相技术相结合，将其应用于镜像抑制接收机[9-11]、矢量信号 I/Q 解调[12-16]、相位噪声测量[17,18]、多普勒频移估计和相控阵波束形成[19]等系统中。然而，与传统的微波 I/Q 混频器不同，微波光子 I/Q 混频系统的电光调制和光探测过程是不可逆的，因此上述微波光子 I/Q 下变频系统均不适用于 I/Q 调制和 SSB 上变频。

文献[19]报道了基于双偏振双驱动马赫-曾德尔调制器（dual polarization-dual-drive Mach-Zehnder modulator，DP-DMZM）的微波光子上变频和相移方案，并在射频发射机中实现了相控阵波束控制的功能，结构如图 9.2（a）所示。该系统由一个半导体激光器（laser diode，LD）、两个 DMZM、一个光耦合器（optical coupler，OC）、一个偏振合束器（polarized beam combiner，PBC）和一个光电探测器（photodetector，PD）组成。LD 提供连续的光载波，被 OC 等功率分成两部分，分别注入两个 DMZM 中。DMZM 的每一个臂都可以看作是一个相位调制器，RF（或 IF）信号以及 LO 信号分别加载到两个 DMZM 的两臂上。DMZM 输出的光信号通过 PBC 偏振复用，在光电探测器之后两个偏振光信号探测输出的信号在电域中耦合，实现了具有宽带相移能力的微波光子上变频和下变频。但这种方案不能支持 I/Q 调制和 SSB 上变频。

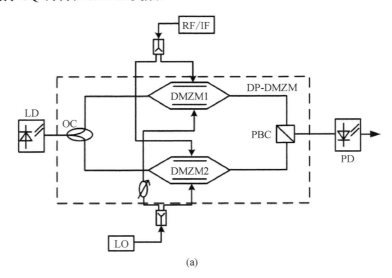

(a)

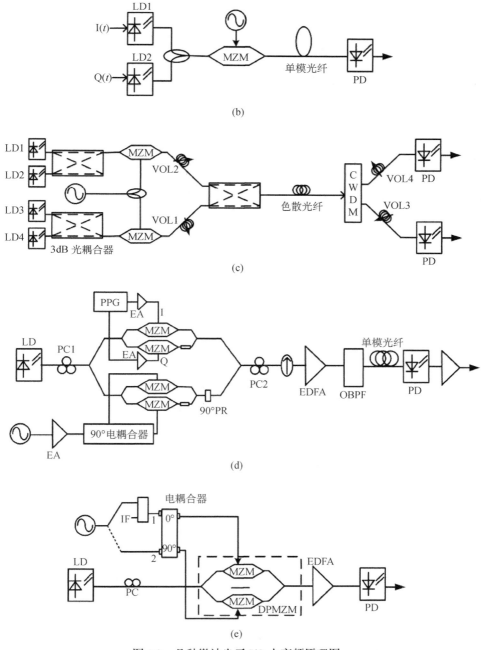

图 9.2　几种微波光子 I/Q 上变频原理图

文献[20]提出的光子正交幅度调制（quadrature amplitude modulation，QAM）

发射机方案如图 9.2（b）所示，I/Q 两路基带信号对两个激光器直接调制，两路光信号在合束后通过马赫-曾德尔调制器（Mach-Zehnder modulator，MZM）被 LO 信号调制，随后在标准单模光纤（single mode fiber，SMF）上传输，并在 PD 中探测接收。由于光纤色散，两路不同波长的光信号产生不同的延迟，进而可以通过改变光纤长度或波长间隔来调谐该时间延迟，从而实现在 LO 频率上直接 I/Q 调制。

文献[21]提出的宽带微波光子 I/Q 相位调制系统如图 9.2（c）所示，四个激光器分为两组，分别通过 3dB 光耦合器被 MZM 调制，随后通过可变光长模块（variable optical length，VOL）确保光波携带的 RF 信号有相同的延时。光信号通过色散光纤传输，每个波长经历不同的延迟，在通过粗波分复用器（coarse wavelength division multiplexing，CWDM）后上路产生正交信号；下路通过 VOL 调整延迟使其探测产生同相信号。

文献[22]提出的应用于光载射频（radio over fiber，RoF）系统的等效单边带矢量信号光子产生方案如图 9.2（d）所示。脉冲程序发生器（programme pulse generator，PPG）产生的 I/Q 数据驱动一个正交相移键控（quad-phase shift keying，QPSK）调制器，用于生成光载基带矢量信号；另一个 QPSK 调制器由单频 LO 信号驱动，子调制器设置在最小点而主调制器设置在正交点，用于生成抑制载波单边带（single side band-carrier suppression，SSB-CS）信号。两个信号偏振复用后，通过调整偏振的角度，可以灵活地调整光载波边带比（carrier sideband ratio，CSR），以最大限度地提高传输性能。通过单模光纤传输后光电探测得到了 RF 矢量信号。

文献[23]利用双平行马赫-曾德尔调制器（dual parallel Mach Zehnder modulator，DPMZM）和电正交耦合器构建了光子微波 SSB 上变频器，如图 9.2（e）所示。将两个正交信号分别送入 DPMZM 的两个 RF 端口，通过设置调制器的偏置，可以在 DPMZM 的输出处生成 CS-SSB 调制信号。当 CS-SSB 调制光信号包含中频信号产生的−1 阶边带和 LO 信号产生的+1 阶边带时，可以获得上变频的上边带（upper side band，USB）射频信号；如果 CS-SSB 调制的光信号由两个+1 阶（或−1 阶）边带组成，则在混频器的输出处生成上变频下边带（lower side band，LSB）射频信号。此方案的优点是产生的信号带宽宽且灵活性高，但只能用于单边带上变频，无法实现 I/Q 矢量调制。

9.2　基于 PDM-DPMZM 的微波光子 I/Q 上变频

以上介绍的方法中一般采用色散光纤和电混合耦合器实现移相,这将限制系统的工作频率调谐范围。本节利用偏振复用双平行马赫-曾德尔调制器(polarization division multiplexing dual-parallel Mach-Zehnder modulator,PDM-DPMZM)设计了微波光子单边带上变频和矢量调制系统,LO 信号分别驱动两个子 DPMZM 来构建 I/Q 上变频信道,旨在避免电耦合器、色散光纤的使用,来提高系统带宽。

1)方案原理

A. 相位可调的光子频率上变频

相位可调的光子频率上变频系统原理图如图 9.3 所示,方案中(a)～(e)各处的简易频谱表示在方案图下面。它主要由 LD、DPMZM、光带通滤波器(optical band pass filter,OBPF)和 PD 组成。从 LD 生成的光载波表示为 $E_c(t)$,被送入 DPMZM。然后将光载波等分为两路分别注入两个子调制器(MZMa 和 MZMb),并分别被 IF 和 LO 信号调制。IF 和 LO 信号分别表示为 $V_{IF}\sin(\omega_{IF}t)$ 和 $V_{LO}\sin(\omega_{LO}t)$,其中 V_{IF} 和 V_{LO} 是它们的振幅,ω_{IF} 和 ω_{LO} 是它们的角频率。两个子调制器都偏置在最小点,因此 IF 和 LO 调制的光信号主要包含具有抑制光载波的 USB($+\omega_{IF}$ 和 $+\omega_{LO}$)和 LSB($-\omega_{IF}$ 和 $-\omega_{LO}$),分别如图 9.3(a),(b)所示。

两个调制光信号在 DPMZM 中耦合时的相位差可以通过调谐 DPMZM 的主偏压相移(表示为 θ)改变,DPMZM 之后的光谱如图 9.3(c)所示。在 DPMZM 之后通过 OBPF 滤除 LO 调制的一个边带(例如图中滤除了 LSB),仅剩下两个 IF 边带和一个 LO 上边带,如图 9.3(d)所示。OBPF 后的光信号被送入 PD,在光电探测之后,可以获得上变频的双边带 RF 信号(角频率为 $\omega_{LO}\pm\omega_{IF}$),如图 9.3(e)所示。RF 信号的相位可以通过偏置相移 θ 任意调整。

该相位可调的光子频率上变频系统可直接应用于射频发射机中,以实现相控阵的波束形成[24]。本节在该系统的基础上,将其扩展为微波光子 SSB 上变频器和 I/Q 调制器。

B. 微波光子 SSB 上变频

微波光子 SSB 上变频系统如图 9.4 所示。与图 9.3 相比,光调制器被 PDM-DPMZM 代替,其由并行的两个 DPMZM 构成,用于形成具有正交相位差的两个频率上变频信道。

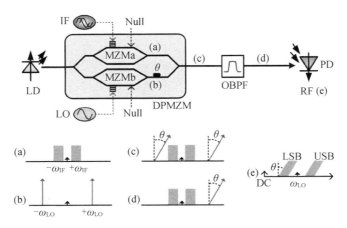

图 9.3　相位可调的光子频率上变频系统原理图

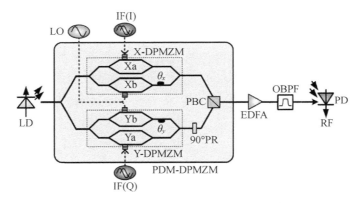

图 9.4　基于 PDM-DPMZM 的微波光子 I/Q 上变频原理图

　　光载波在 PDM-DPMZM 中被 Y 分路器均匀地分为两路，分别发送到两个 DPMZM（X-DPMZM 和 Y-DPMZM）中。I/Q 两路正交的 IF 信号分别表示为 $V_{IF}\sin(\omega_{IF}t)$ 和 $V_{IF}\cos(\omega_{IF}t)$，可以直接从双通道任意波形发生器（arbitrary waveform generator，AWG）生成。如图 9.4 所示，两个 IF 信号分别用于驱动 X-DPMZM 中的子调制器 Xa 和 Y-DPMZM 中的子调制器 Ya。LO 信号被等分成两部分，分别用于驱动 X-DPMZM 中的 Xb 和 Y-DPMZM 中的 Yb，所有四个子调制器都在最小点偏置以抑制光载波。两个 DPMZM 的主偏压相移分别表示为 θ_x 和 θ_y，假定调制器的消光比无限大，X-DPMZM 输出的光信号可以表示为

$$E_{\mathrm{X}}(t)=\frac{1}{\sqrt{2}}\Big[E_{\mathrm{Xa}}(t)+E_{\mathrm{Xb}}(t)\exp\big(\mathrm{j}\theta_x\big)\Big]$$
$$\approx\frac{\pi E_{\mathrm{in}}(t)}{4\sqrt{2}V_{\pi}}\Big\{V_{\mathrm{IF}}\big[\exp\big(\mathrm{j}\omega_{\mathrm{IF}}t\big)-\exp\big(-\mathrm{j}\omega_{\mathrm{IF}}t\big)\big] \quad(9\text{-}1)$$
$$+V_{\mathrm{LO}}\exp\big(\mathrm{j}\theta_x\big)\big[\exp\big(\mathrm{j}\omega_{\mathrm{LO}}t\big)-\exp\big(-\mathrm{j}\omega_{\mathrm{LO}}t\big)\big]\Big\}$$

其中，V_{π} 表示调制器的半波电压。如 A.小节所述，调制器输出的光信号主要由 IF 和 LO 信号调制的上下光学边带组成。类似地，从 Y-DPMZM 输出的光信号可以表示为

$$E_{\mathrm{Y}}(t)=\frac{1}{\sqrt{2}}\Big[E_{\mathrm{Ya}}(t)+E_{\mathrm{Yb}}(t)\exp\big(\mathrm{j}\theta_y\big)\Big]$$
$$\approx\frac{\pi E_{\mathrm{in}}(t)}{4\sqrt{2}V_{\pi}}\Big\{V_{\mathrm{IF}}\exp\big(\mathrm{j}\pi/2\big)\big[\exp\big(\mathrm{j}\omega_{\mathrm{IF}}t\big)+\exp\big(-\mathrm{j}\omega_{\mathrm{IF}}t\big)\big] \quad(9\text{-}2)$$
$$+V_{\mathrm{LO}}\exp\big(\mathrm{j}\theta_y\big)\big[\exp\big(\mathrm{j}\omega_{\mathrm{LO}}t+\mathrm{j}\delta\big)-\exp\big(-\mathrm{j}\omega_{\mathrm{LO}}t-\mathrm{j}\delta\big)\big]\Big\}$$

式中，δ 表示两个分开的 LO 信号的相位差，这是 LO 功分器的相位不平衡所造成的。经过 90°偏振旋转器（polarization rotating，PR）后，X-DPMZM 和 Y-DPMZM 输出的光信号被 PBC 偏振复用后输出 PDM-DPMZM。

光信号通过掺铒光纤放大器（erbium-doped fiber amplifier，EDFA）进行功率补偿，然后用 OBPF 滤除由 LO 信号调制所产生的下边带。OBPF 之后的两个正交光信号可以分别表示为

$$E_{\mathrm{F\_X}}(t)=\frac{\pi E_{\mathrm{c}}(t)}{4\sqrt{2}V_{\pi}}\Big\{V_{\mathrm{IF}}\big[\exp\big(\mathrm{j}\omega_{\mathrm{IF}}t\big)-\exp\big(-\mathrm{j}\omega_{\mathrm{IF}}t\big)\big]$$
$$+V_{\mathrm{LO}}\exp\big[\mathrm{j}\big(\omega_{\mathrm{LO}}t+\theta_x\big)\big]\Big\} \quad(9\text{-}3)$$

$$E_{\mathrm{F\_Y}}(t)=\frac{\pi E_{\mathrm{c}}(t)}{4\sqrt{2}V_{\pi}}\Big\{V_{\mathrm{IF}}\exp\big(\mathrm{j}\pi/2\big)\big[\exp\big(\mathrm{j}\omega_{\mathrm{IF}}t\big)+\exp\big(-\mathrm{j}\omega_{\mathrm{IF}}t\big)\big]$$
$$+V_{\mathrm{LO}}\exp\big[\mathrm{j}\big(\omega_{\mathrm{LO}}t+\theta_y+\delta\big)\big]\Big\} \quad(9\text{-}4)$$

最后，PD 接收 OBPF 后的偏振复用信号，同时检测两个正交光信号。所产生的角频率为 $\omega_{\mathrm{LO}}\pm\omega_{\mathrm{IF}}$ 的射频信号的光电流可以表示为

$$i_{\mathrm{RF}}(t)\propto\Big[\big|E_{\mathrm{F\_X}}(t)\big|^2+\big|E_{\mathrm{F\_Y}}(t)\big|^2\Big]_{\omega_{\mathrm{LO}}\pm\omega_{\mathrm{IF}}}$$
$$\propto\Big\{\sin\big(\omega_{\mathrm{LO}}t+\theta_x\big)\sin\big(\omega_{\mathrm{IF}}t\big)+\sin\big(\omega_{\mathrm{LO}}t+\theta_y+\delta\big)\cos\big(\omega_{\mathrm{IF}}t\big)\Big\} \quad(9\text{-}5)$$

如果 X-DPMZM 和 Y-DPMZM 的偏置角满足下列方程

$$\theta_y + \delta = \theta_x - \pi / 2 \tag{9-6}$$

则 RF 信号的光电流可以重写为

$$i_{\mathrm{RF}}(t) \propto \cos\left[(\omega_{\mathrm{LO}} + \omega_{\mathrm{IF}})t + \theta_x\right] \tag{9-7}$$

可以看到 LSB 被抑制，获得带有 USB 的单边带 RF 信号。

如果两个偏置相移满足下列方程

$$\theta_y + \delta = \theta_x + \pi / 2 \tag{9-8}$$

则 RF 信号的光电流可以重写为

$$i_{\mathrm{RF}}(t) \propto \cos\left[(\omega_{\mathrm{LO}} - \omega_{\mathrm{IF}})t + \theta_x\right] \tag{9-9}$$

其中 USB 被抑制，获得仅具有 LSB 的单边带 RF 信号。

C. 微波光子 I/Q 矢量调制

如果两个 IF 信号被两路 I/Q 基带数据 $d_{\mathrm{I}}(t)$ 和 $d_{\mathrm{Q}}(t)$ 替换，则 OBPF 之后的两个正交光信号可以分别重写为

$$E_{\mathrm{F\_X}}(t) = \frac{\pi E_{\mathrm{c}}(t)}{4\sqrt{2}V_\pi}\left\{ j d_{\mathrm{I}}(t)/2 + V_{\mathrm{LO}}\exp\left[j(\omega_{\mathrm{LO}}t + \theta_x)\right] \right\} \tag{9-10}$$

$$E_{\mathrm{F\_Y}}(t) = \frac{\pi E_{\mathrm{c}}(t)}{4\sqrt{2}V_\pi}\left\{ j d_{\mathrm{Q}}(t)/2 + V_{\mathrm{LO}}\exp\left[j(\omega_{\mathrm{LO}}t + \theta_y + \delta)\right] \right\} \tag{9-11}$$

然后，PD 检测得到的 RF 信号光电流可以表示为

$$i_{\mathrm{RF}}(t) \propto d_{\mathrm{I}}(t)\sin(\omega_{\mathrm{LO}}t + \theta_x) + d_{\mathrm{Q}}(t)\sin(\omega_{\mathrm{LO}}t + \theta_y + \delta) \tag{9-12}$$

如果满足下列等式：

$$\theta_y + \delta = \theta_x + \pi / 2 \tag{9-13}$$

该系统将成为 I/Q 矢量调制器，在 PD 之后生成的射频矢量信号表示如下

$$i_{\mathrm{RF}}(t) \propto d_{\mathrm{I}}(t)\sin(\omega_{\mathrm{LO}}t + \theta_x) + d_{\mathrm{Q}}(t)\cos(\omega_{\mathrm{LO}}t + \theta_x) \tag{9-14}$$

在实际应用中，宽带微波 LO 功分器通常存在相位失衡，且与工作频率有关，这将导致 SSB 上变频器和 I/Q 调制器的相位失衡。从式（9-6）、式（9-8）和式（9-13），我们可以看到，通过简单地调整 Y-DPMZM（θ_y）中的偏置相移，可以校正来自 LO 功分器的相位失衡（δ）。此特性将有助于提高系统的相位平衡自校准能力。

此外，从式（9-7），式（9-9）和式（9-14）中表示的 RF 光电流可以看出，通过调节 X-DPMZM（θ_x）中的偏置相移，可以任意改变生成的 RF 信号的相位。此特性可进行相位控制，并可用于发射机的相控阵波束形成。

2）实验结果与分析

根据图 9.4 进行验证实验，实验装置的照片如图 9.5 所示。由激光二极管（LD）

（Emcore，1782）产生波长为 1552nm、平均功率为 15dBm 的光载波，通过保偏光纤发送到 PDM-DPMZM（Fujitsu，FTM7977HQA）。该调制器具有 3.5V 左右的半波电压、30GHz 以上的 3dB 带宽和 30dB 以上的消光比。从微波信号发生器（Agilent，N5183A MXG）产生频率为 40GHz、功率为 15dBm 的 LO 信号，用宽带功分器（6～40GHz）分为两路之后分别来驱动子调制器。使用直流源将四个子调制器偏置在最小点。PDM-DPMZM 后的光信号进入 EDFA 放大，EDFA 的噪声系数为 4.5dB，输出功率为 13dBm。利用光纤布拉格光栅（fiber bragg grating，FBG）和光环形器构成 OBPF，光纤光栅的带宽约为 0.4nm，反射比大于 20dB。OBPF 后的光信号功率为 5dBm，将该信号输入宽带 PD（Finisar XPDV2150R）中。PD 具有 0.6A/W 的响应率和 50GHz 的 3dB 带宽。PD 探测得到的 RF 信号由矢量信号分析仪（Rohde&Schwarz、FSW50）测量。

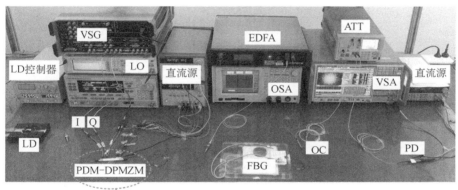

图 9.5　实验装置图

A. 微波光子 SSB 上变频

实验中首先演示了微波 SSB 上变频。受实验条件限制，采用信号发生器（Rohde&Schwarz，SMW200A）和 90°正交耦合器（Krytar，2–8GHz）构造同相和正交 IF 信号。IF 信号频率为 2GHz，功率为 9dBm。在 90°正交耦合器之后，根据图 9.4 将同相和正交 IF 信号注入 PDM-DPMZM。90°正交耦合器的幅相不平衡度分别为±0.35dB 和±3°。OBPF 前后的光信号光谱以及 OBPF 的频率响应如图 9.6 所示。可以看出，LO 调制的下边带光信号被抑制了 25dB 以上。

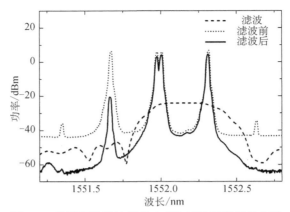

图 9.6　带通滤波器的频率响应和滤波器前后的光谱

根据理论分析，适当调整 PDM-DPMZM（θ_x 和 θ_y）中两个 DPMZM 的偏置相移，可以产生只有 LSB（38GHz）或 USB（42GHz）的 SSB 信号。生成的 LSB 信号的测量电频谱如图 9.7（a）所示，其中载波和 USB 分别被抑制 27.4dB 和 23.3dB。类似地，在图 9.7（b）所示的生成的 USB 信号中，载波和 LSB 分别被抑制 29.2dB 和 26.9dB。

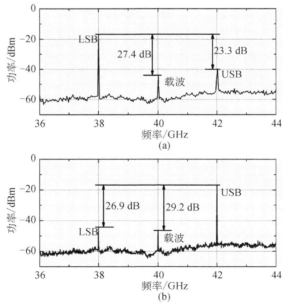

图 9.7　单边带上边后的 LSB 和 USB 射频信号

接着对工作频率的可调谐性进行测试。首先，LO 频率以 1GHz 为步进，从 10GHz 增加到 40GHz，IF 频率保持在 2GHz。测量生成的 USB 信号的功率如图 9.8（a）中所示。当 LO 频率在 16GHz 到 40GHz 范围内时，生成的 USB 信号具有 3dB 的功率波动。接着测量了载波和边带抑制比，从图 9.8（a）可以看出，当 LO 频率为 16GHz 到 40GHz 时，载波和 LSB 相对于 USB 的功率都低于−18dBc。然后将 LO 频率设置在 40GHz，IF 频率以 0.5GHz 的步进从 2GHz 到 8GHz 变化。如图 9.8（b）所示，所生成的 USB 信号的恒定功率只有 1dB 波动，载波和 LSB 相对于 USB 的功率分别低于−21dBc 和−19dBc。

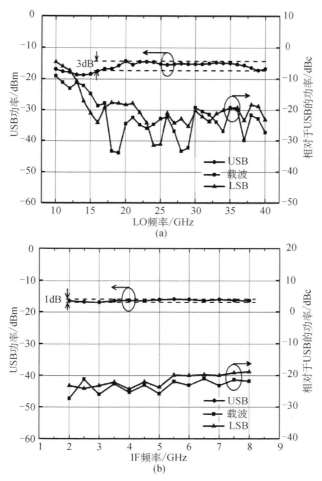

图 9.8　USB、载波和 LSB 功率

可以发现，图 9.8（a）中的功率波动较图 9.8（b）高可能有两个原因：第一，高频（6～40GHz）LO 耦合器比低频（2～8GHz）IF 正交耦合器有更大的功率和相位误差，另外由功率不平衡引起的 LO 信号功率波动会导致偏置漂移，从而引起载波和产生的 SSB 信号的功率波动，而 LO 信号的相位波动会导致边带抑制的波动；

第二，边带抑制比与 LO 边带的抑制比有关，当本振频率发生变化时，由于 FBG 反射比的不均匀特性，残留的光边带功率会发生波动，这也导致了边带抑制比的波动。

图 9.8 所示结果是在不调整直流偏置的情况下测量的。由于正交耦合器、功分器、电缆和调制器的偏置漂移对相位频率的依赖性，每个频率的直流偏置的最佳值可能不同。接下来在实验中重新测量了 USB、载波和 LSB 的功率，但对每个工作频率时的直流偏置进行了微调。USB、载波和 LSB 的功率随 LO 频率的变化曲线如图 9.9（a）所示。可以看到，载波和 LSB 抑制比提高到 27dB 和 31dB 以上，调节直流偏压后的抑制比（图 9.9（a））与没有优化直流偏压情况下的抑制比（图 9.8（a））相比得到了明显改善。在图 9.9（b）中也可以发现类似的改善：相对于 USB，载波和 LSB 在不同的 IF 频率下都保持在−30dBc 以下。

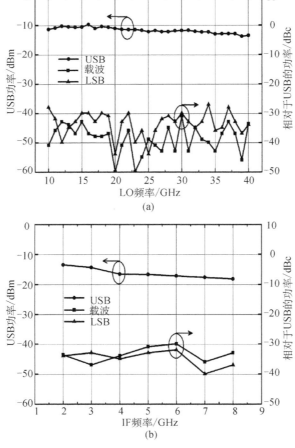

图 9.9　优化直流偏压后 USB、载波和 LSB 功率

　　为了验证该系统对宽带信号的 SSB 上变频效果，将 IF 信号改为符号速率为 100MSym/s（VSG 的最大符号速率）的调制信号。中频信号的中心频率保持在 2GHz 不变，将 LO 频率依次设置为 10GHz、15GHz、20GHz、25GHz、30GHz、35GHz 和 40GHz，测量上变频 RF 信号的频谱，如图 9.10（a）所示。可以看到，在 12GHz、17GHz、22GHz、27GHz、32GHz、37GHz 和 42GHz 的中心频率处获得了相对纯净的 USB 信号。载波和 LSB 抑制比约为 20dB。然后，LO 频率保持在 40GHz 不变，IF 信号的中心频率以 1GHz 的步长从 2GHz 改变为 8GHz。得到中心频率为 42~48GHz 的 USB 信号，频谱一起绘制在图 9.10（b）中，可以看到 USB 对载波和 LSB 的抑制比均大于 15dB。

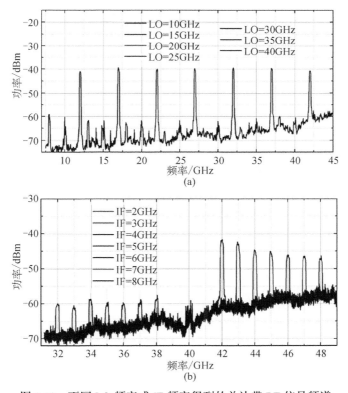

图 9.10　不同 LO 频率或 IF 频率得到的单边带 RF 信号频谱

　　在该系统中，偏压漂移是一个面临的主要问题，它可能会降低产生的 SSB 射频信号的纯度。为了简单地评估系统的稳定性，在实验室环境中测量 USB、载波和 LSB 的功率随时间变化的函数关系图，结果如图 9.11 所示。LO 信号的频率为 40GHz，正弦 IF 信号的频率为 2GHz。可以看出，USB 的功率基本保持不变，而载波和 LSB 相对于 USB 的功率随着工作时间的增加而逐渐增大。40 分钟后，载波和 LSB 抑制比恶化约 10dB。

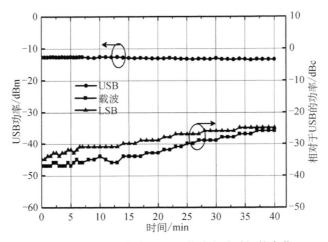

图 9.11　USB、载波和 LSB 的功率随时间的变化

　　系统的动态范围测量如下。频率为 2GHz 和 2.1GHz 的双音中频信号通过 40GHz 的 LO 信号上变频为具有 USB 的 RF 信号。测量输出 RF 信号中的基波项 （42GHz 或 42.1GHz）、三阶互调失真（41.9GHz 或 42.2GHz）和噪声底随 IF 输入 功率的变化曲线，如图 9.12 所示。系统变频增益为-18.2dB。1dB 压缩点（P1dB） 和输入三阶交调截止点（Input Third-order Intercept Point，IIP3）分别为-1dBm 和 11.4dBm。系统无杂散动态范围（spurious-free dynamic range，SFDR）为 98.2dB·Hz$^{2/3}$。

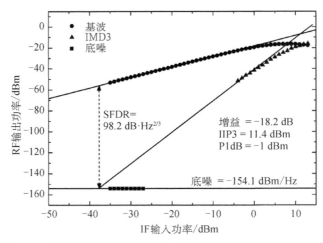

图 9.12　RF 输出信号中基波项、IMD3 和噪声下限的测量功率

B. 微波光子 I/Q 矢量调制

在接下来的实验中，将所提出的系统用作微波光子 I/Q 矢量调制。VSG 产生一对符号速率为 100MSym/s 的 I/Q 基带信号，用于驱动 PDM-DPMZM 中的子调制器 Xa 和 Ya，调制格式可以任意设置，在本实验中演示了 16QAM 和 64QAM。本振频率设置为 40GHz，对调制器的直流偏置进行适当调谐，在 PD 之后生成了中心频率等于 LO 频率（40GHz）的 16QAM 和 64QAM 宽带 RF 矢量信号，电频谱如图 9.13（a）和图 9.13（c）所示，没有明显的载波泄漏和交调失真。矢量信号由 VSA 直接解调，星座图如图 9.13（b）和图 9.13（d）所示，出现了清晰的 16QAM 和 64QAM 星座图，相应的误差矢量幅度（error vector amplitude，EVM）分别为 4.05% 和 3.89%。

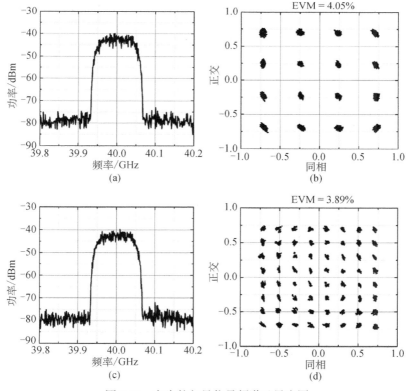

图 9.13　产生的矢量信号频谱及星座图

为了验证该微波光子 I/Q 调制系统的载波频率可调性，在实验中以 1GHz 的步长令 LO 频率在 10GHz 到 40GHz 范围变化。I/Q 基带信号的符号速率保持在

100MSym/s，调制格式为16QAM。测量产生的具有不同中心频率的RF矢量信号的EVM，结果如图9.14（a）所示。我们可以看到，在10～40GHz的大频率覆盖范围内，EVM值在4%～7%。实验接着测试了不同光功率的I/Q矢量调制性能。在实验中将一个光衰减器放置在PD之前。通过逐步将光功率从−11.4dBm变为4.6dBm，测量产生的40GHz载频RF信号的EVM与进入PD光功率的函数关系，结果如图9.14（b）所示。当PD接收到的光功率大于−7dBm时，EVM减小到10%以下。

实验另外测量了LO和两个IF信号端口之间的隔离度，如图9.15所示。由于PDM-DPMZM中子调制器电极之间的良好电磁隔离，在直流到40GHz的频率范围内，LO-IF（I）和LO-IF（Q）隔离度大多低于−30dB。

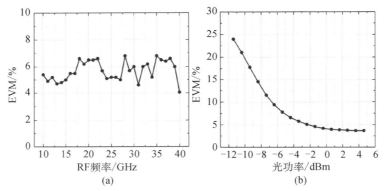

(a)　　　　(b)

图9.14　射频矢量信号的EVM随载频和光功率的变化曲线

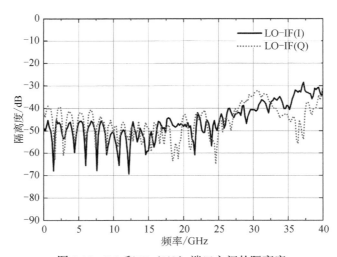

图9.15　LO和IF（I/Q）端口之间的隔离度

3）对比分析

本章工作旨在利用光子微波混频和相移技术构建一个微波 I/Q 上变频系统。如果 I/Q 端口由 IF 信号驱动，则该系统称为一个微波 SSB 上变频器，用在超外差发射机，避免使用 RF 镜像抑制滤波器。如果 I/Q 端口由 I/Q 基带矢量信号驱动，则可以在 LO 频率上直接调制生成 RF 矢量信号，用于零中频发射机。

在表 9.1 的前三列中，对几种微波光子 SSB 上变频或 I/Q 调制系统的工作频率进行了比较。

表 9.1　几种光子 I/Q 调制器或单边带上变频器的性能比较

方案	频率限制因素	工作频率	I/Q 平衡 或边带抑制	载波抑制
光子 I/Q 调制器[20]	色散光纤	42.7GHz	未测量	较差，未测量
光子 I/Q 调制器[21]	色散光纤	2.4～17.6GHz	幅度平衡：3dB 相位平衡：5°	未测量
光子 I/Q 调制器[22]	电混频耦合器	10.5GHz	未测量	较好，未测量
光子 SSB 上变频器[23]	电混频耦合器	10～20GHz	边带抑制：30dB	30dB
本节提出的方案	光滤波器	I/Q 调制器：10～40GHz SSB 上变频器：16～40GHz	边带抑制：31dB	27dB

可以看到，文献[20]，[21]或[22]，[23]的带宽局限是因为使用了色散光纤或微波正交耦合器。本节提出的微波光子 SSB 上变频和 I/Q 调制系统的宽工作频段得益于系统的全光配置。如图 9.8 的实验结果所示，当 LO 频率范围为 16～40GHz 时，产生的单边带 RF 信号功率波动在 3dB 之间；此外如图 9.14 所示的实验结果，在 10～40GHz 的中心频率生成了 RF 矢量信号。在本方案中，LO 信号的工作频率下限受到非理想光滤波器的限制，而工作频率上限受到调制器和 PD 带宽的限制。目前商用的调制器和 PD 带宽均超过了 100GHz[25]，采用更宽的光电器件可进一步提高微波光子 SSB 上变频和 I/Q 调制系统的工作频率。

本方案的第二个优点是它出色的 I/Q 平衡。为了形成理想的 SSB 上变频和 I/Q 调制，需要构建两个具有相同增益和正交相位差的上变频通道，其中尤以 I/Q 通道的相位正交较难实现。在传统的微波 I/Q 混频器中，正交相位差采用宽带微波正交耦合器实现，如图 9.1 所示。由于微波正交耦合器很难实现理想 90° 相位差，因此不可避免地引入相位失衡。在本系统中，I/Q 通道之间的正交相位差是通过调整调制器的直流偏置来实现的，因此可以连续精细地进行调整来改善相位平衡。图 9.8～图 9.10 所示良好的边带抑制和图 9.13 所示的星座图显示，本系统有相对较高的 I/Q 幅度和相位平衡度。表 9.1 的第四列显示了之前报道的方案与本方案的 I/Q 平衡或边带抑制的对比。本方案的实验中，正交 IF 信号是使用微波正交耦合器产生的，其幅度和相位不平衡可能导致边带残留，如图 9.9 和图 9.10 所示。为了避免这一问题，在实际应用过程中可使用双通道 AWG 产生具有理想正交相位差的 I/Q 两路 IF 信号。此外，本系统的幅度失衡可以通过 AWG 调谐两个 IF 信号的功率来校正。由于实验中非理想光滤波器的反射比有限，在图 9.6 所示的光谱中可以发现残余的 LO 调制下边带，这是限制边带抑制的另一个主要原因。目前的光滤波器的抑制比可以达到 55dB 以上[26]，这可用于进一步提高本方案的边带抑制比。

在 SSB 上变频系统中，RF 信号中的残留载波相比镜像边带更靠近所需要的边带，RF 带通滤波器更难将其滤除。在 I/Q 调制器中，RF 矢量信号中的残留载波将引起接收机的直流偏移。如表 9.1 中所示，在文献[20]，[21]中报道的微波光子 I/Q 调制器系统提及和解决该问题。在本方案中，四个子调制器均在最小点偏置以抑制光载波，从而实现 RF 信号中的载波抑制，如图 9.8～图 9.10 和图 9.13 所示。

本节所提出的微波光子 SSB 上变频和 I/Q 调制系统的另一个特点是所产生的 SSB 或矢量 RF 信号的相位可以任意调谐，原理部分进行了详细分析，但由于实验条件的限制，这一特性没有得到验证。

与传统的微波 SSB 上变频器或 I/Q 调制器相比，本系统在工作频率、隔离度、边带和载波抑制能力方面具有显著优势，但图 9.12 所示的变频增益、1dB 压缩点和 IIP3 相对来说低于商用微波 I/Q 混频器[27]，这些性能参数需要在今后的研究中进一步改进。

该系统的稳定性也存在一定问题。如图 9.11 所示，即使在实验环境中，在 40 分钟的操作时间内也能够观察到明显的性能恶化。对系统稳定性的主要影响来自调制器中六个偏压的偏压漂移。在实际应用中，环境的变化会导致更加严重的偏置漂移，而上变频 SSB 信号的频谱纯度会进一步降低。只有当四个子调制器（Xa、Xb、Ya 和 Yb）在最小点偏置时，生成的 SSB 或矢量信号中的载波才会被最好地抑制，这可以使用调制器偏置控制器（Modulator Bias Controller，MBC）[28]进行优化。另外根据方程（9-6），方程（9-8）和方程（9-13），PDM-DPMZM 中两个主调制器的最佳偏置点取决于两个 LO 驱动信号的相位差。在实际过程中，可以先测量 LO 功分器（包括连接电缆）在不同频率下的相位平衡特性，然后根据相位失衡来优化调整 MBC 对两个主调制器的偏置控制。

4）结论

本节提出并实验演示了基于 PDM-DPMZM 的宽带微波光子 SSB 上变频和

I/Q 调制系统。利用 PDM-DPMZM 构成两个上变频器，其相移可以任意调谐。如果将两个上变频器的相位差设置为正交，则可以实现微波光子 I/Q 调制。在 IF 正交耦合器的辅助下，该系统可变为单边带上变频器。实验结果表明，当 LO 频率范围为 16~40GHz，IF 频率范围为 2~8GHz 时，上变频 RF 信号的载波和残留边带均得到了很好的抑制。在 I/Q 矢量信号调制的实验演示中，成功地产生了不同中心频率（10~40GHz）和调制格式（16QAM 和 64QAM）的 100MSym/s RF 矢量信号，并具有良好的星座图和较低的 EVM。由于具有大宽带特性，该微波光子 SSB 上变频和 I/Q 调制系统在未来频率捷变雷达、多波段卫星有效载荷[29] 或宽带无线通信系统的射频发射机中具有一定的应用前景。

9.3　基于 PDM–DPMZM 的谐波微波光子 I/Q 上变频

在 9.2 节基于 PDM-DPMZM 的微波光子 I/Q 上变频系统中，LO 信号分别驱动两个子 DPMZM 来构建 I/Q 上变频信道。但非理想的 LO 功分器会引入幅度和相位失衡，导致边带抑制能力下降。本节对该系统进行改进，利用 PDM-DPMZM 设计了一种新型谐波光子微波 I/Q 上变频系统。在该系统中，I/Q 中频或基带信号通过一个 DPMZM 调制在一个光载波上，LO 信号在另一个 DPMZM 中对光载波产生一次或二次谐波频移。利用 PDM-DPMZM 对两个光信号进行偏振复用，然后通过偏振映射和平衡探测实现基频 I/Q 上变频和谐波 I/Q 上变频。

1）方案原理

A. 基于 PDM-DPMZM 的微波光子 I/Q 上变频

基于 PDM-DPMZM 的微波光子 I/Q 上变频系统如图 9.16 所示，主要由 LD、PDM-DPMZM、OBPF、PC、PBC 和平衡探测器（balanced photodetector，BPD）组成。在 OBPF 之后引入 SMF 用来传输产生的 RF 信号。X-DPMZM 用于将 I/Q 数据调制到光载波，其两个子调制器（Xa 和 Xb）偏置在最小点，主调制器偏置在正交点。假设驱动 Xa 和 Xb 的 I/Q 信号为 $I(t)$ 和 $Q(t)$，则 X-DPMZM 输出的光场表示为

$$E_{\mathrm{x}}(t) \propto E_{\mathrm{c}}(t)\left[jI(t)+Q(t)\right]/2\sqrt{2} \tag{9-15}$$

其中，$E_{\mathrm{c}}(t)$ 是激光器产生的光载波。Y-DPMZM 包含两个子调制器（Ya 和 Yb），Ya 由 LO 信号驱动产生一阶或二阶光边带，Yb 保持空载。

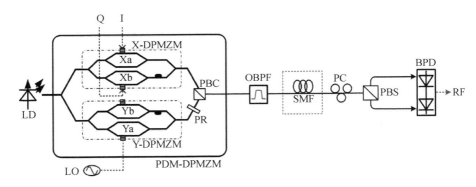

图 9.16 基于 PDM-DPMZM 的微波光子 I/Q 上变频原理图

当 I/Q 上变频器在基波上变频模式下工作时，Ya 偏置在最小点以使一阶边带最大。为了使产生的射频信号避免 LO 泄漏，应将 Yb 设置在最小点偏置来抑制光载波。主调制器可以任意偏置。假设 LO 信号的角频率为 ω，调制指数为 m。Y-DPMZM 后的光场可以写为

$$E_{Y,1}(t) = E_c(t)\left[\exp(jm\sin\omega t) - \exp(-jm\sin\omega t)\right]/4\sqrt{2}$$
$$\approx E_c(t)J_1(m)\left[\exp(j\omega t) - \exp(-j\omega t)\right]/2\sqrt{2} \tag{9-16}$$

由于调制指数很小，可以将高阶光边带忽略。

当 I/Q 上变频器在二次谐波上变频模式下工作时，为了使二阶边带最大化并抑制一阶边带，Ya 偏置在最大点。为了消除光载波，令主调制器工作在最小点，使 Yb 输出的光载波与 Ya 输出的光载波相互抵消。为了使两个光载波幅度相等，调整 Yb 的偏置角 θ，以及调制指数[30]满足下式

$$J_0(m) = \cos(\theta/2) \tag{9-17}$$

Y-DPMZM 输出的光信号主要由二阶边带组成，可以表示为

$$E_{Y,2}(t) = E_c(t)J_2(m)\left[\exp(j2\omega t) + \exp(-j2\omega t)\right]/2\sqrt{2} \tag{9-18}$$

这里我们使用以下公式来统一表示在两种工作模式下从 Y-DPMZM 输出的光信号

$$E_{Y,n}(t) = E_c(t)J_n(m)\left[\exp(jn\omega t) + \exp(-jn\omega t)\right]/2\sqrt{2} \tag{9-19}$$

式中，n 在基波上变频中为 1，在二次谐波上变频中为 2。输出信号经过 90°PR，其偏振态由 TE 模式变为 TM 模式。来自 X-DPMZM 的 TE 光和来自 Y-DPMZM 的 TM 光通过随后的 PBC 合并。从 PDM-DPMZM 输出的偏振复用信号被 OBPF 滤波以消除 TM 模式中的 LO 边带。假设下边带被滤除，OBPF 后的 TM 模式光表示为

$$E_{\mathrm{Y},+n}(t) = E_{\mathrm{c}}(t)J_n(m)\exp(jn\omega t)/2\sqrt{2} \qquad (9\text{-}20)$$

经过光学滤波后，携带 I/Q 信号的 TE 模光保持不变。滤波后的偏振复用光信号写为

$$E_{\mathrm{F}}(t) = e_{\mathrm{TE}} \cdot E_{\mathrm{X}}(t) + e_{\mathrm{TM}} \cdot E_{\mathrm{Y},+n}(t) \qquad (9\text{-}21)$$

PC、PBS 和 BPD 构成偏振解复用相干接收机。使用该偏振解复用相干接收机，偏振复用信号经 PBS 后对准为两个共轭光信号进行平衡探测。为此，偏振复用信号的主偏振角相对于 PBS 的一个端口设置为 45°，相对于另一个端口设置为 135°。从 PBS 两个端口分别输出的光信号表示为

$$\begin{aligned}
E_{\mathrm{PBS1}}(t) &= \left[E_{\mathrm{X}}(t) + E_{\mathrm{Y},+n}(t)\exp(j\delta) \right]/\sqrt{2} \\
&= E_{\mathrm{c}}(t)\left[jI(t) + Q(t) + J_n(m)\exp(jn\omega t)\exp(j\delta) \right]/4
\end{aligned} \qquad (9\text{-}22)$$

$$\begin{aligned}
E_{\mathrm{PBS2}}(t) &= \left[E_{\mathrm{X}}(t) - E_{\mathrm{Y},+n}(t)\exp(j\delta) \right]/\sqrt{2} \\
&= E_{\mathrm{c}}(t)\left[jI(t) + Q(t) - J_n(m)\exp(jn\omega t)\exp(j\delta) \right]/4
\end{aligned} \qquad (9\text{-}23)$$

式中，δ 是 TE 模式和 TM 模式光分量之间的相位差，可由 PC 调谐。然后，BPD 接收这两个光信号，并获得以下光电流

$$\begin{aligned}
i(t) &\propto \left| E_{\mathrm{PBS1}}(t) \right|^2 - \left| E_{\mathrm{PBS2}}(t) \right|^2 \\
&\propto I(t)\sin(n\omega t+\delta) + Q(t)\cos(n\omega t+\delta)
\end{aligned} \qquad (9\text{-}24)$$

我们可以看到上面方程中的右项是所需的 RF 矢量信号，I/Q 数据在角频率为 $n\omega$ 时进行调制。即使只使用一个 PD，射频信号仍然可以获得（PBS 可以用一个简单的起偏器代替）。BPD 有助于使射频电流加倍，并抑制共模噪声和失真，从而最终降低系统的噪声系数（noise figure，NF）[31]。此外，通过调整 PC，可以调整所生成的 RF 矢量信号的初始相位 δ。

由于调制器的有限消光比和不精确的偏压点，在调制光信号中可能会出现残留的光载波。该光载波将与 LO 边带进行拍频，在 RF 信号中产生 LO 泄漏。如果光载波主要来自 Y-DPMZM，则 LO 泄漏属于共模拍频项，可以通过随后的 BPD 来消除。但是，如果光载流子主要来自 X-DPMZM，则 LO 泄漏属于交叉拍频项，即使经过 BPD 后也仍然存在，因此更需要关注 X-DPMZM 的光载波抑制情况。

B. 用于单边带信号产生的光子 I/Q 上变频器

除射频矢量调制外，上述 I/Q 上变频器也可用作 SSB 上变频。在此操作模式中，两个表示为 $V_{\mathrm{IF}}\sin(\omega_{\mathrm{IF}}t)$ 和 $V_{\mathrm{IF}}\cos(\omega_{\mathrm{IF}}t)$ 的正交 IF 信号分别驱动 Xa 和 Xb。这两个中频信号既可以用微波信号发生器和正交耦合器产生，也可以用双通道 DAC 产生。系统配置与矢量信号生成相同。从 X-DPMZM 输出的光场可以写为

$$
\begin{aligned}
E_{\mathrm{PBS1}}(t) &= \left[E_{\mathrm{X}}(t) + E_{\mathrm{Y},+n}(t)\exp(\mathrm{j}\delta) \right]/\sqrt{2} \\
&= E_{\mathrm{c}}(t)\left\{ V_{\mathrm{IF}}\left[\mathrm{j}\sin(\omega_{\mathrm{IF}}t) + \cos(\omega_{\mathrm{IF}}t) \right] \right. \\
&\quad \left. + J_n(m)\exp(\mathrm{j}n\omega t)\exp(\mathrm{j}\delta) \right\}/4
\end{aligned}
\tag{9-25}
$$

$$
\begin{aligned}
E_{\mathrm{PBS2}}(t) &= \left[E_{\mathrm{X}}(t) - E_{\mathrm{Y},+n}(t)\exp(\mathrm{j}\delta) \right]/\sqrt{2} \\
&= E_{\mathrm{c}}(t)\left\{ V_{\mathrm{IF}}\left[\mathrm{j}\sin(\omega_{\mathrm{IF}}t) + \cos(\omega_{\mathrm{IF}}t) \right] \right. \\
&\quad \left. - J_n(m)\exp(\mathrm{j}n\omega t)\exp(\mathrm{j}\delta) \right\}/4
\end{aligned}
\tag{9-26}
$$

平衡探测后，产生的射频信号的光电流可以表示为

$$
\begin{aligned}
i(t) &\propto \left| E_{\mathrm{PBS1}}(t) \right|^2 - \left| E_{\mathrm{PBS2}}(t) \right|^2 \\
&\propto J_n(m)V_{\mathrm{IF}}\cos\left[(n\omega - \omega_{\mathrm{IF}})t + \delta \right]
\end{aligned}
\tag{9-27}
$$

我们可以看到中频信号被上变频为只有下边带（LSB）的射频信号，并且其相位可以调谐。类似地，通过调谐两个 IF 信号之间的相位差（90°或–90°）或相对于 PBS 端口的光偏振状态（45°或 135°），上变频的单边带信号可以切换为上边带（USB）。

2）实验结果与分析

A. 基波 I/Q 上变频器

根据图 9.17 实验装置，将波长为 1551.84nm、功率为 17dBm、相对强度噪声为–150dBc/Hz 的光载波直接发送到 PDM-DPMZM（FTM7977）。调制器的偏压由多通道直流电源手动调谐。I/Q 基带或中频信号由矢量信号发生器（VSG，SMW200A）产生，LO 信号由微波信号发生器（MSG，N5183A MXG）产生。用掺铒光纤放大器（EDFA）对偏振复用光信号进行功率补偿，使其达到 17dBm，NF 为 4.5dB。然后发送到中心波长为 1552.11nm、带宽为 0.42nm 的 OBPF。偏振解复用（Pol-Demux）相干接收机由一台手动控制的三桨 PC、一个 PBS 和一个宽带 BPD（BPDV，43GHz）构成。在矢量信号分析仪（VSA，FSW50）中分析上变频的射频信号。

首先，该系统配置为基波单边带上变频器。一个频率 5GHz、功率 8dBm 的中频信号由 VSA 产生，并由一个正交耦合器（Krytar，2～8GHz）分成 I/Q 量部分来驱动 Xa 和 Xb。两个子调制器在最小点偏置，X-DPMZM 的主调制器在正交点偏置。来自 MSG 的 40GHz 载频的 LO 信号用于驱动 Ya。滤波器响应由分辨率带宽为 0.01nm 的光谱分析仪（Advantest Q8384）测量，并在图 9.18（a）中使用黑色虚线绘制。OBPF 前后的光谱也如图 9.18（a）所示。滤波后，LO 的–1 阶边

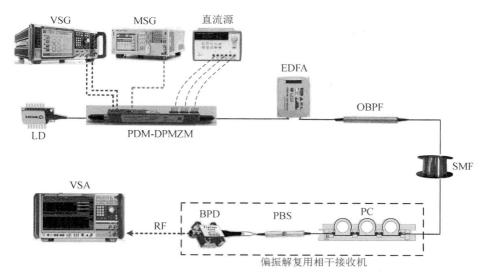

图 9.17　实验装置

带被抑制约 30dB，残余成分是由于 OBPF 的抑制率有限。为了演示偏振复用调制，使用了起偏器消除 IF 分量，仅具有 LO 调制分量（TM 模式）的光谱在图 9.18（b）中表示。类似地，图 9.18（b）中还显示了仅具有 IF 调制分量（TE 模式）的光谱。可见在 OBPF 之后，IF 调制光信号和 LO 调制光信号都是载波抑制的单边带信号。

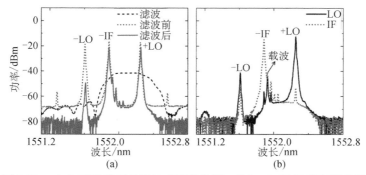

图 9.18　（a）滤波前后的滤波响应和光谱，（b）LO 和 IF 调制的光谱

为了确定合适的 LO 驱动功率，在不同的 LO 功率下测量上变频 USB 信号的功率随 IF 输入功率的曲线，如图 9.19 所示。小的 LO 功率有助于提高 IF-LO 边带比，最终提高转换效率。然而，在小 LO 功率模式下，随着中频输入功率的增加，USB 功率容易出现压缩，导致 1dB 压缩点降低。在接下来的实验中，LO 功率设置为 15dBm。

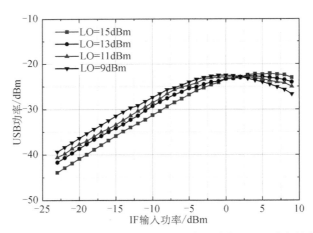

图 9.19　上变频 USB 信号的功率随 IF 输入功率和 LO 功率的变化

上变频 USB 信号的频谱如图 9.20（a）所示。LSB 和载波分别被抑制 29.4dB 和 38.5dB。剩余 LSB 主要来自−1 阶 LO 边带。通过调谐 PC，可以将所需的 RF 信号切换到 LSB，如图 9.20（b）所示，USB 和载波分别被抑制 31dB 和 48dB。

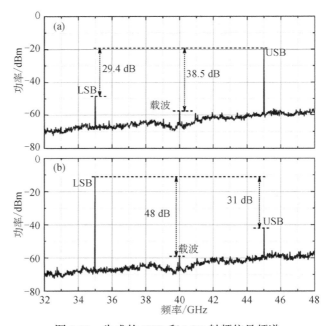

图 9.20　生成的 USB 和 LSB 射频信号频谱

为了评估频率可调性，将中频频率固定在 5GHz，LO 频率以 1GHz 步进从 10GHz 变化到 40GHz。图 9.21（a）中测量并绘制了所获得的 USB 信号（15～

45GHz)、LSB 信号（5～35GHz）和载波（10～40GHz）的功率。在这个大的带宽上，所需的 USB 信号功率较为平坦，只有 2.6dB 的波动。当 LO 频率从 14GHz变化到 40GHz 时，不需要的 LSB 和载波比 USB 信号低 20dB 以上。然后将 LO频率固定为 40GHz，IF 频率调谐范围为 2～8GHz（正交耦合器的工作频率范围）。结果如图 9.21（b）所示，USB 功率波动为 3dB，而 LSB 和载波分别被抑制 20dB和 30dB 以上。在测量频率可调谐性时，调制器偏置和偏振状态保持不变。调制器偏置可能随 LO 和 IF 频率漂移，因此可以通过在不同频率下稍微调谐偏置[32]或使用调制器自动偏置控制器[33]来进一步抑制 LSB 和载波。

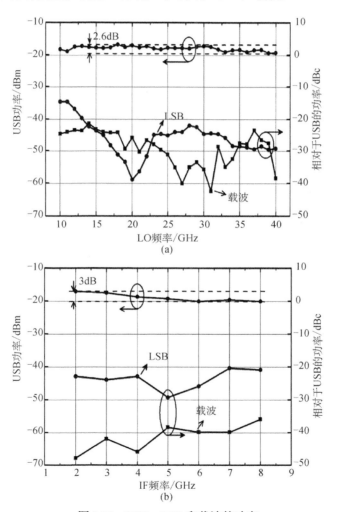

图 9.21　USB、LSB 和载波的功率

在双音测试中，双音中频信号（5GHz 和 5.1GHz）通过 40GHz 的 LO 信号上变频。在不同 IF 输入功率下测量输出基波项（45GHz 和 45.1GHz）、三阶互调失真（IMD3、44.9GHz 和 45.2GHz）和噪底的功率，如图 9.22 所示。BPD 后的变频增益为−16.3dB，输入三阶截止点（IIP3）为 32.4dBm，NF 为 40.8dB，SFDR为 110.4dB·Hz$^{2/3}$。为了显示平衡探测的效果，也对只有一个光电二极管（SPD）工作的系统进行了类似测量。经比较，平衡探测后转换增益提高了 4.6dB。与理论值（6dB）的偏差可能是由于两个光电二极管的光功率不相等，以及频率响应不对称造成的。除了变频增益变高外，平衡探测后 NF、IIP3 和 SFDR 也有轻微改善。

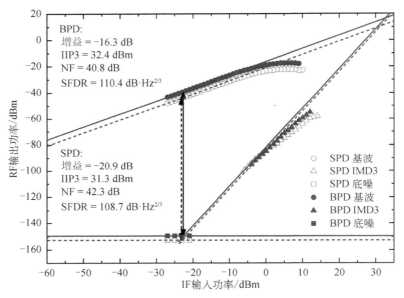

图 9.22　系统在 SPD 和 BPD 模式下的变频增益和 SFDR

接下来将该方案作为矢量调制器来直接产生 RF 矢量信号。采用 16QAM 的I/Q 基带信号驱动 Xa 和 Xb，其符号速率为 100MSym/s（矢量信号源的上限），数据速率为 400Mbit/s，LO 频率为 40GHz。在保持其他系统配置不变的情况下，用 SPD 和 BPD 产生的 RF 频谱如图 9.23（a）所示。为了评估生成的 RF 矢量信号的性能，将其发送到矢量信号分析仪进行解调，图 9.23（b），（c）中分别示出了 SPD 和 BPD 星座图。经过平衡探测后，射频功率和信噪比得到显著提升，得到了清晰的星座图。相应地，平衡探测后 EVM 从 5.26%降低到 4.05%。然后将调制格式改为 64QAM，比特率为 600Mbit/s，在保持其他配置不变的情况下，生成的 RF 频谱、解调的星座图和计算出的 EVM 分别如图 9.23（d）～（f）所示。
结果与 16QAM 的结果相似，表明系统对调制格式具有良好的兼容性。

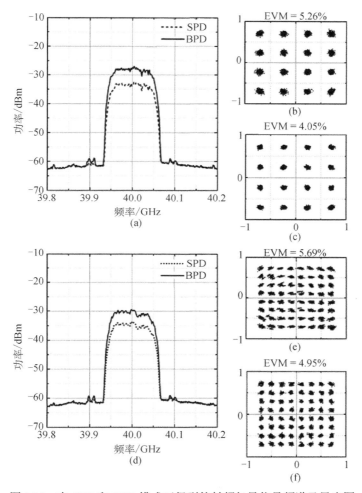

图 9.23　在 SPD 和 BPD 模式下得到的射频矢量信号频谱及星座图

　　传统的微波 I/Q 混频器经常受到电磁干扰和信号泄漏。由于电光隔离效应，
所设计的微波光子 I/Q 上变频器具有良好的 LO-IF 隔离性能。从图 9.24 可以看出，
在整个频带（0～40GHz）上，LO 和 I/Q 端口之间的隔离度低于-30dB。

　　B. 二次谐波 I/Q 上变频器

　　将系统重新配置为二次谐波 I/Q 上变频器。中频驱动信号的频率为 5GHz，
功率为 8dBm，本振频率设置为 20GHz。为了增强 LO 二阶边带并抑制光载波和

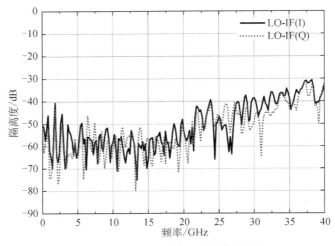

图 9.24　LO 和 I/Q 端口之间的隔离度

一阶边带，LO 功率提高到 20dBm，并根据公式（9-20）调谐 Y-DPMZM 的偏置。OBPF 前后的光谱如图 9.25（a）所示。经过适当的偏置和滤波后，相对于所需的 +2 阶边带，±1 阶边带和−2 阶边带分别被抑制了 20dB 以上。LO 和 IF 调制光谱分别在图 9.25（b）中表示。

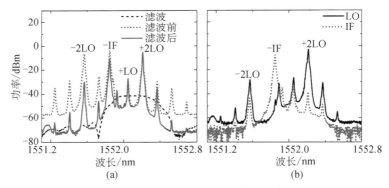

图 9.25　二次谐波 I/Q 上变频光谱

使用 I/Q 上变频器将 5GHz 中频信号上变频为 SSB 射频信号。所生成的频率为 45GHz 的 USB 信号如图 9.26（a）所示。LSB 和载波分别比所需的 USB 信号低 36dB 和 37.5dB。调整偏振使 35GHz 处的 LSB 信号功率最大，此时 USB 和载波被抑制 29.5dB 和 37dB，如图 9.26（b）所示。

实验接着测试了二次谐波 I/Q 上变频的频率调谐特性。IF 频率保持在 5GHz，LO 频率在 6～20GHz 变化，因此 LO 二次谐波频率为 12～40GHz。如图 9.27（a）

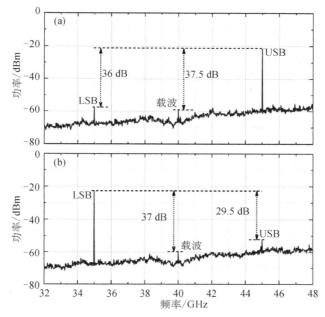

图 9.26　二次谐波 I/Q 上变频生成的单边带射频信号

所示，在整个频率范围内 USB 信号功率较为平坦，只有 1.7dB 的波动。同时，LSB 和载波均被抑制在−20dBc 以下。然后 LO 频率保持在 20GHz，IF 频率从 2GHz 改变为 8GHz。上变频的 USB 信号功率波动仅为 2.4dB，LSB 和载波均在−20dBc 以下。

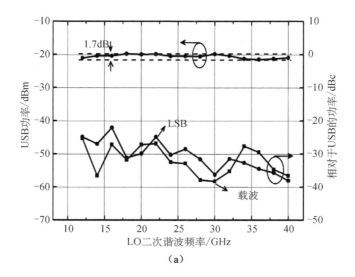

（a）

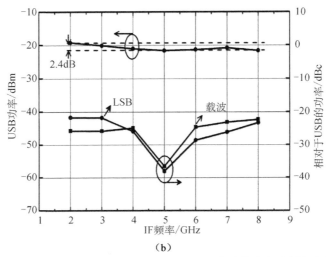

图 9.27　二次谐波 I/Q 上变频后 USB、LSB 和载波的功率随频率变化曲线

在双音测量中，频率为 5GHz 和 5.1GHz 的双音 IF 信号被 40GHz 的 LO 信号上变频为 USB 信号（45GHz 和 45.1GHz）。图 9.28 中绘制了生成的 USB 信号中的基波项、IMD3 和噪声底功率与 IF 输入功率的关系。变频增益、IIP3 和 NF 分别为 −21.7dB、31.8dBm 和 46.7dB。系统 SFDR 为 106.1dB·Hz$^{2/3}$。与基波 I/Q 上变频相比，二次谐波 I/Q 上变频的性能下降主要是由于二阶边带调制效率较低，所以变频增益降低。

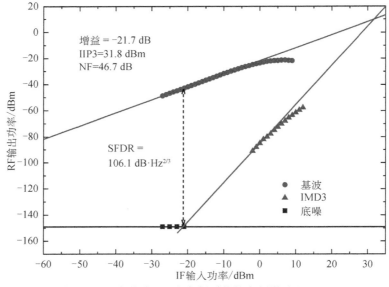

图 9.28　二次谐波 I/Q 上变频系统的变频增益和 SFDR

利用该二次谐波 I/Q 上变频系统对矢量信号进行直接调制。调制格式为 64QAM、符号速率为 100MSym/s（或比特率 600Mbps）的 I/Q 基带信号直接调制在 20GHz 的 LO 信号的二次谐波上。平衡检测后，产生载波频率为 40GHz 的 RF 矢量信号，其频谱如图 9.29（a）所示。解调后的星座图如图 9.29（b）所示，测量 EVM 为 5.36%。频谱、星座图和 EVM 几乎与基波 I/Q 上变频器中所示的一样好，如图 9.23（d）～（f）所示。此外，在 OBPF 和 PC 之间放置长度为 25km 的 SMF，测量生成的 RF 矢量信号频谱如图 9.29（a）所示，星座和 EVM 如图 9.29（c）所示的。我们可以看到，由于 SMF 的插入损耗，射频信号的功率降低了 12dB，但星座图仍然清晰，EVM 没有太明显的恶化。该结果表明了该系统用于同时产生和传输射频矢量信号的可行性。

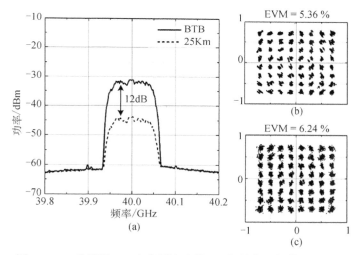

图 9.29　二次谐波 I/Q 上变频产生的 RF 矢量信号频谱及星座图

由于实验中 EDFA、OBPF 和 PC 的光纤尾纤是非保偏光纤，因此除了调制器偏压漂移问题外，偏振抖动也是系统不稳定的另一个原因，手动控制的 PC 机可能会随机械振动而漂移。一种解决方案是使用自动偏振控制进行优化[34]，但复杂度较高。另一种解决方案是使用保偏的 EDFA、OBPF 以及集成的 Pol-demux 相干接收机。文献[35]描述了一种具有类似功能的集成 Pol-demux 相干接收机，该接收机集成了 PBS、耦合器和 PBD，可应用于本方案以提高系统稳定性。

3）结论

本节提出了基于偏振复用调制和平衡检测的基波与二次谐波光子微波 I/Q 上变频系统。通过全光方法处理，实现了宽频率范围、高边带/载波抑制和大 SFDR

的基波和二次谐波 SSB 上变频。另外对 20GHz 或 40GHz LO 信号直接矢量调制生成具有 40GHz 载波频率的 16QAM 和 64QAM 格式 RF 矢量信号。所产生的 RF 矢量信号在 25km 的 SMF 上传输后解调的星座图和 EVM 没有明显恶化。考虑到其超宽带优点,该方案可以应用于宽带矢量信号源、捷变频雷达、电子干扰机、多波段卫星和毫米波宽带无线通信系统的射频发射机。此外,结合光纤馈送技术,它可以应用于天线拉远系统。

9.4　本章小结

本章针对微波光子 I/Q 上变频,阐述了其意义与研究现状。提出了两种基于 PDM-PDMZM 的 I/Q 上变频方案,并进行了理论分析和实验验证。

在基于 PDM-DPMZM 的微波光子 I/Q 上变频方案中,LO 信号分别驱动两个子 DPMZM 来构建 I/Q 上变频通道。两个通道相位差可以任意调整为 90° 从而实现单边带上变频,产生 RF 信号的载波和边带均得到了很好的抑制。而在 I/Q 矢量信号调制的实验演示中,成功地产生了不同中心频率(10~40GHz)和调制格式(16QAM 和 64QAM)的宽带 RF 矢量信号,并具有良好的星座图和 EVM。

在基于 PDM-DPMZM 的基波及二次谐波微波光子 I/Q 上变频方案中,I/Q 中频或基带信号调制在一个光载波上,LO 信号在另一个载波上产生频移。利用 PDM-DPMZM 对两个光信号进行偏振复用,然后通过偏振调控和平衡探测,实现了宽频率范围、高边带/载波抑制和大 SFDR 的基波和二次谐波 I/Q 上变频。

参 考 文 献

[1] Shadskiy V A, Mozhenin V B. The broadband SSB upconverter with wide dynamic range[C]. 2001 Microwave Electronics: Measurements, Identification, Applications Conference Proceedings Memia, IEEE, 2001: 8-10.

[2] Sevenhans J, Verstraeten B, Taraborrelli S. Trends in silicon radio large scale integration: Zero IF receiver! Zero I & Q transmitter! Zero discrete passives [J]. IEEE Communications Magazine, 2000, 38 (1): 142-147.

[3] Vitali S, Franchi E, Gnudi A. RF I/Q downconverter with gain/phase calibration[J]. IEEE

Transactions on Circuits and Systems II: Express Briefs, 2007, 54 (4): 367-371.

[4]Zou X H, Lu B, Pan W, et al. Photonics for microwave measurements[J]. Laser Photonics Review, 2016, 10 (5): 711-734.

[5]Yang B, Jin X F, Chen Y, et al. Photonic microwave up-conversion of vector signals based on an optoelectronic oscillator[J]. IEEE Photonics Technology Letters, 2013, 25 (18): 1758-1761.

[6]Xue X X, Zheng X P, Zhang H Y, et al. Idler-free photonic microwave mixer using a broadband optical source and cascaded phase modulators[J]. Optics Letters, 2012, 37 (9): 1451-1453.

[7]Liu W L, Yao J P. Ultra-wideband microwave photonic phase shifter with a 360° tunable phase shift based on an erbium-ytterbium co-doped linearly chirped FBG[J]. Optics Letters, 2014, 39 (4): 922-924.

[8]Dong Y, He H, Hu W S, et al. Photonic microwave phase shifter/modulator based on a nonlinear optical loop mirror incorporating a Mach-Zehnder interferometer[J]. Optics Letters, 2007, 32 (7): 745-747.

[9]Zhang J, Chan E H W, Wang X, et al. High conversion efficiency photonic microwave mixer with image rejection capability[J]. IEEE Photonics Journal, 2016, 8 (4): 3900411.

[10]Pan S L, Tang Z Z. A reconfigurable photonic microwave mixer using a 90 degrees optical hybrid[J]. IEEE Transactions on Microwave Theory & Techniques, 2016, 64 (9): 3017-3025.

[11]Gao Y S, Wen A J, Chen W, et al. All-optical, ultra-wideband microwave I/Q mixer and image-reject frequency down-converter[J]. Optics Letters, 2017, 42 (6): 1105-1108.

[12]Gao Y S, Wen A J, Zhang W, et al. Ultra-wideband photonic microwave I/Q mixer for zero-IF receiver[J]. IEEE Transactions on Microwave Theory & Techniques, 2017, 65(11): 4513-4525.

[13]Emami H, Sarkhosh N. Reconfigurable microwave photonic in-phase and quadrature detector for frequency agile radar[J]. Journal of the Optical Society of America A Optics, Image Science, and Vision, 2014, 31 (6): 1320-1325.

[14]Pagán V R, Murphy T E, et al. Electro-optic millimeter-wave harmonic downconversion and vector demodulation using cascaded phase modulation and optical filtering[J]. Optics Letters, 2015, 40 (11): 2481-2484.

[15]Gao Y S, Wen A J, Tu Z Y, et al. Simultaneously photonic frequency downconversion, multichannel phase shifting, and IQ demodulation for wideband microwave signals[J]. Optics Letters, 2016, 41 (19): 4484-4487.

[16]Li J Q, Xiao J, Song X, et al. Full-band direct-conversion receiver with enhanced port isolation and I/Q phase balance using microwave photonic I/Q mixer[J]. Chinese Optics Letters, 2017, 15 (1): 66-69.

[17]Zhang F Z, Zhu D J, Pan S L. Photonic-assisted wideband phase noise measurement of

microwave signal sources[J]. Electronics Letters，2015，51（16）：1272-1274.

[18]Pan S L，Yao J P. Photonics-based broadband microwave measurement[J]. Journal of Lightwave Technology，2017，35（16）：3498-3513.

[19]Jiang T W，Wu R H，Yu S，et al. Microwave photonic phase-tunable mixer[J]. Optics Express，2017，25（4）：4519-4527.

[20]Piqueras M A，Vidal B，Corral J L，et al. Photonic vector modulation Tx/Rx architecture for generation，remote delivery and detection of m-QAM signals[C]. 2005 IEEE MTT-S International Microwave Symposium Digest，IEEE，2005.

[21]Emami H，Sarkhosh N，Bui L A，et al. Wideband RF photonic in-phase and quadrature-phase generation[J]，Optics Letters，2008，33（2）：98-100.

[22]Huang L，Tang Z Z，Xiang P，et al. Photonic generation of equivalent single sideband vector signals for RoF systems[J]. IEEE Photonics Technology Letters，2016，28（22）：2633-2636.

[23]Tang Z Z，Pan S L. A filter-free photonic microwave single sideband mixer[J]. IEEE Microwave and Wireless Components Letters，2016，26（1）：67-69.

[24]Yao J P. Microwave photonics[J]. Journal of Lightwave Technology，2009，27（3）：314-335.

[25]Ridgway R W，Dohrman C L，Conway J A. Microwave photonics programs at DARPA[J]. Journal of Lightwave Technology，2014，32（20）：3428-3439.

[26]AOS. Ultra narrow-band optical transmission filter [OL]. Available：http：//www.aos-fiber.com/eng/FBG/Ultraen.html.

[27]Marki. Image reject and single sideband mixers[OL]. Available：http：//www.markimicrowave.com/2790/IR_Mixers_-_Image_Reject.aspx.

[28]YY Labs Inc. Modulator bias controllers[OL]. Available：http：//www.yylabs.com/products.php.

[29]Pan S L，Zhu D，Liu S F，et al. Satellite payloads pay off[J]. Microwave Magazine，IEEE，2015，16（8）：61-73.

[30]Zhou F，Jin X F，Yang B，et al. Photonic generation of frequency quadrupling signal for millimeter-wave communication[J]. Optics Communications，2013，304：71-74.

[31]Marpaung D A I. High dynamic range analog photonic links：design and implementation[D]. University of Twente，2009.

[32]Gao Y S，Wen A J，Jiang W，et al. Wideband photonic microwave SSB up-converter and I/Q modulator[J]. Journal of Lightwave Technology，2017，35（18）：4023-4032.

[33]PlugTech，automatic bias control. Available：http：//www.plugtech.hk/main.

[34]Yagi M，Satomi S，Ryu S. Field trial of 160-Gbit/s，polarization-division multiplexed RZ-DQPSK transmission system using automatic polarization control[C]. OFC/NFOEC 2008 - 2008 Conference on Optical Fiber communication/ National Fiber Optic Engineers Conference

（OFC/NFOEC）. IEEE. 2008，Page OThT7，2008.

[35]Li R M，Li W Z，Ding M L，et al. Demonstration of a microwave photonic synthetic aperture radar based on photonic-assisted signal generation and stretch processing[J]. Optics Express，2017，25（13）：14334-14340.

第10章 基于微波光子混频的多普勒频移测量与模拟

在第 9 章微波光子 I/Q 上变频技术中，重点分析了微波光子混频结合移相技术在单边带上变频和矢量信号产生中的应用。本章对微波光子 I/Q 混频系统在多普勒频移测量和模拟中的应用进行了探索。

（1）提出了一种基于偏振复用调制和 I/Q 平衡探测的 6～40GHz 光子微波信号多普勒频移测量系统，通过偏振复用马赫-曾德尔调制器（polarization division multiplexing-Mach Zehnder modulator，PDM-MZM）和两个平衡光电探测器实现 I/Q 平衡探测，从而实现方向可分辨、分辨率高的微波信号的多普勒频移方案。该方法简单，易于实现，在未来宽带电子系统如多普勒雷达、卫星通信或电子对抗方面具有应用前景。

（2）提出了一种基于微波光子 I/Q 混频的多普勒频移模拟器，通过偏振复用双平行马赫-曾德尔调制器（polarization division multiplexing dual parallel Mach Zehnder modulator，PDM-DPMZM）构建微波光子 I/Q 混频器，将雷达信号与多普勒频移分量进行了单边带上变频，实现了构建一个大带宽、宽多普勒频移范围、高杂散抑制比的雷达目标多普勒频移模拟器。

10.1 微波光子多普勒频移测量

多普勒频移（Doppler frequency shift，DFS）测量是卫星通信[1]、电子对抗[2] 和雷达系统[3]中的重要模块。例如，多普勒雷达系统，它通过测量回波信号相对发射信号的 DFS 来获取目标的速度信息[3]。常规的多普勒雷达系统利用电子信号接收和处理方法实现 DFS 测量，但存在带宽受限问题。在几十 GHz 的宽带频率范围内进行高精度、高稳定性的 DFS 测量成为 DFS 测量系统所面临的重要挑战。

而利用微波光子学固有的大瞬时带宽、可调谐、抗电磁干扰[4]等优势，可以实现宽带微波信号高质量的产生、处理、传输和控制。近年来研究者报道了许多基于微波光子方法的电子测量系统[5,6]，以及基于微波光子的 DFS 测量方法[7-16]。在光域实现微波信号的 DFS 测量，主要有微波光子级联混频和并联矢量混频两种实现方法。

　　文献[10]提出了一种基于微波光子级联混频的多普勒频移测量方案，如图 10.1 所示。主要包括两个电光调制器（electro optic modulator，EOM），表示为 EOM-I 和 EOM-II。微波发射信号输入到 EOM-I 进行调制，将接收到的回波信号输入到 EOM-II，以对 EOM-I 输出的光信号再次调制。经过两次电光调制后，在光载波附近生成两个光边带，再将 EOM-II 输出的光信号输入低速光电探测器（photodetector，PD）进行光电探测从而得到了和多普勒频移相关的低频信号。因此，可以通过分析该信号的频率来获取 DFS。在实验中分别对工作在 10GHz、15GHz 和 30GHz 的微波信号的 DFS 进行了测量，DFS 在−90kHz 到+90kHz 的频移范围内变化，所测得的 DFS 误差小于 1MHz。但是，这种方法只能测量 DFS 大小，无法区分 DFS 的符号（即目标运动方向）。

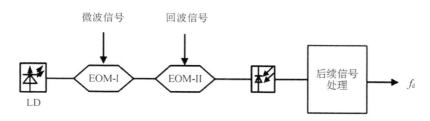

图 10.1　基于微波光子级联混频的多普勒频移测量方案[10]

　　文献[11]提出了一种基于微波光子并联混频的 DFS 测量系统，如图 10.2 所示。该方法采用 IQ 相干探测模块，该模块由光混频器和两个平衡探测器构成，该系统将微波发射信号和回波信号下变频，产生两个正交的低频电信号 $I(t)$ 和 $Q(t)$。DFS 的符号可以通过 $I(t)$ 和 $Q(t)$ 之间的相位关系来确定。当 $Q(t)$ 的相位相对于 $I(t)$ 延迟了 $\pi/2$ 时符号为正；如果 $Q(t)$ 的相位相对于 $I(t)$ 超前 $\pi/2$ 则符号为负。因此该系统可以明确地分辨 DFS 的方向。在实验中，该系统的测量误差小于±5.8Hz。但该并行结构中两个光纤链路受环境影响，相位差难以保持稳定，因此需要后端数字信号处理进行相位估计。另外，该方案使用了两个 EOM 和光混频器进行 DFS 测量，系统的复杂性较高。

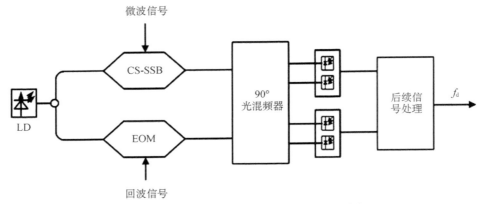

图 10.2　基于微波光子并联混频的 DFS 测量系统[11]

10.1.1　基于偏振复用调制和 I/Q 平衡探测的微波光子多普勒频移测量

本节提出一种基于偏振复用的马赫–曾德尔调制器和全光 I/Q 平衡探测器的 DFS 测量系统。系统采用光分路器、偏振控制器、偏振分束器和低频平衡光电探测器进行全光 I/Q 平衡探测。通过发射信号将回波信号下变频为两个低频 DFS 信号，再将低频 DFS 信号经过 AD 采样，通过数字信号处理对信号进行计算，同时测量 DFS 和方向。本方法采用全光信号处理架构，从而使该方案能够实现超宽的频率覆盖范围和较高的测量分辨率。且由于平衡探测的使用，输出信号的直流项、偶阶项和共模噪声得到了很好的抑制，更进一步地提高了测量分辨率。

1）方案原理

基于偏振复用调制和 I/Q 平衡探测的微波光子多普勒频移测量系统如图 10.3 所示，方案中（a）～（h）各处的简易频谱表示在方案图下面。其中所使用的 PDM-MZM 由一个光分束器、两个并联的子 MZM（X-MZM 和 Y-MZM），一个带 90°偏振旋转器的偏振分束器（polarized beam splitter rotater，PBSR）组成[17]。激光二极管（laser diode，LD）生成的光载波可表示为 $E_c(t)$，该光载波注入到调制器。X-MZM 和 Y-MZM 均工作在最小工作点，从而抑制光载波。用来驱动 X-MZM 的发射信号表示为 $V_{em}\sin(2\pi f_{em}t)$，其中 V_{em} 和 f_{em} 分别为发射信号的幅度和频率。用来驱动 Y-MZM 的回波信号表示为 $V_{echo}\sin[2\pi(f_{em}+f_d)t]$，其中 V_{echo} 和 f_d 分别为回波信号的幅度和待测的 DFS。经过 X-MZM 和 Y-MZM 后，两个光信号通过调制器中的 PBSR 进行正交偏振复用。

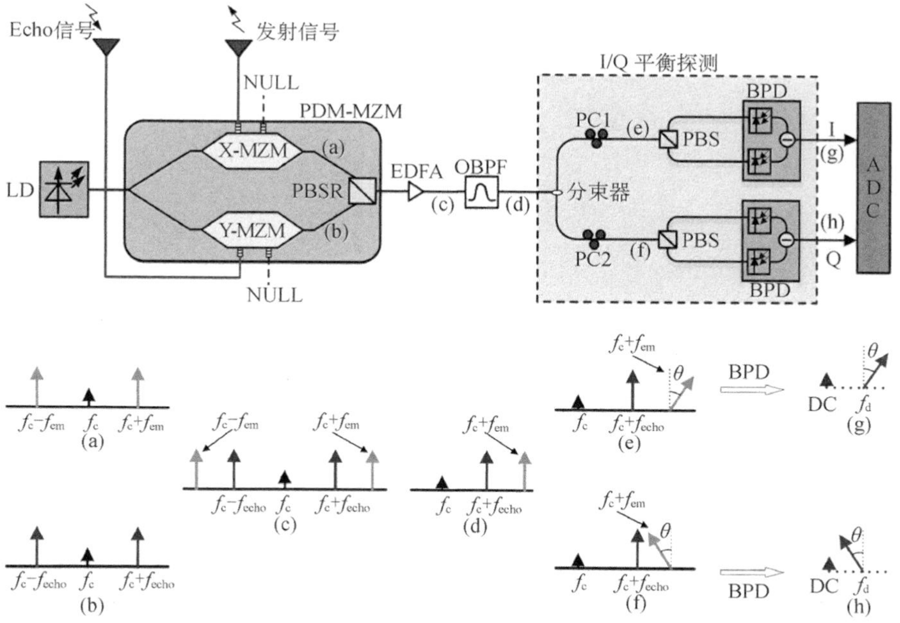

图 10.3　基于偏振复用调制和 I/Q 平衡探测的微波光子 DFS 测量系统

经 X-MZM 调制后的光载波可表示为[18]

$$E_X(t) \approx \frac{\pi E_c(t) V_{em}}{2\sqrt{2} V_\pi} \Big[\exp\big(\mathrm{j}2\pi f_{em}t\big) - \exp\big(-\mathrm{j}2\pi f_{em}t\big) \Big] \tag{10-1}$$

其中，V_π 为调制器的半波电压。经过 X-MZM 后的输出信号只有发射信号调制的光边带，光载波被抑制。同样，经 Y-MZM 调制的光信号可以表示为

$$E_Y(t) \approx \frac{\pi E_c(t) V_{echo}}{2\sqrt{2} V_\pi} \Big\{ \exp\big[\mathrm{j}2\pi \big(f_{em}+f_d\big)t\big] - \exp\big[-\mathrm{j}2\pi \big(f_{em}+f_d\big)t\big] \Big\} \tag{10-2}$$

经过 PBSR 后，得到了偏振复用的光信号

$$E_{PDM-MZM}(t) = e_{TE} \cdot E_X(t) + e_{TM} \cdot E_Y(t) \tag{10-3}$$

其中，e_{TE} 和 e_{TM} 分别表示 TE 和 TM 模的单位向量。

通过掺铒光纤放大器（erbium doped fiber amplifier，EDFA）对调制器的输出信号进行功率补偿，然后再通过光带通滤波器（optical band pass filter，OBPF）滤除该信号的负光边带。OBPF 输出的光信号可表示为

$$E_{\text{OBPF}}(t) \approx e_{\text{TE}} \cdot E_{\text{X\_OBPF}}(t) + e_{\text{TM}} \cdot E_{\text{Y\_OBPF}}(t)$$

$$\approx \alpha_{\text{E}} \beta_{\text{O}} \frac{\pi E_{\text{c}}(t) V_{\text{em}}}{2\sqrt{2} V_{\pi}} \exp\left(j2\pi f_{\text{em}} t\right) \cdot e_{\text{TE}} \qquad (10\text{-}4)$$

$$+ \alpha_{\text{E}} \beta_{\text{O}} \frac{\pi E_{\text{c}}(t) V_{\text{echo}}}{2\sqrt{2} V_{\pi}} \exp\left[j2\pi (f_{\text{em}} + f_{\text{d}}) t\right] \cdot e_{\text{TM}}$$

其中，α_{E} 和 β_{O} 分别表示 EDFA 和 OBPF 的增益。

通过光分路器将光信号分成两个通道。每个通道中的光信号经过偏振控制器（polarization controller，PC）和偏振分束器（polarization beam splitter，PBS），PBS 输出两个互补的光信号表示为

$$E_{+}(t) = \alpha_{\text{E}} \beta_{\text{O}} \frac{\pi E_{\text{c}}(t)}{2\sqrt{2} V_{\pi}} \cdot \left\{ V_{\text{em}} \exp\left(j2\pi f_{\text{em}} t\right) \cos(\theta) \right.$$

$$\left. + V_{\text{echo}} \exp\left[j2\pi (f_{\text{em}} + f_{\text{d}}) t\right] \sin(\theta) \exp(j\delta) \right\} \qquad (10\text{-}5)$$

$$E_{-}(t) = \alpha_{\text{E}} \beta_{\text{O}} \frac{\pi E_{\text{c}}(t)}{2\sqrt{2} V_{\pi}} \cdot \left\{ V_{\text{em}} \exp\left(j2\pi f_{\text{em}} t\right) \sin(\theta) \right.$$

$$\left. - V_{\text{echo}} \exp\left[j2\pi (f_{\text{em}} + f_{\text{d}}) t\right] \cos(\theta) \exp(j\delta) \right\} \qquad (10\text{-}6)$$

其中，θ 是偏振角，δ 是两个偏振分量之间的相位差。通过调节 PC，将两个偏振分量的偏振角设置为 45°。这两个光信号分别经过 PD 后，得到两个频率相同的低频信号，电流可以分别表示为

$$i_{+}(t) \propto \left| E_{+}(t) \right|^2 = \left[\alpha_{\text{E}}^2 \beta_{\text{O}}^2 \frac{\pi^2 E_{\text{c}}^2}{16 V_{\pi}^2} \left(V_{\text{em}}^2 + V_{\text{echo}}^2 \right) \right.$$

$$\left. + \alpha_{\text{E}}^2 \beta_{\text{O}}^2 \frac{\pi^2 E_{\text{c}}^2 V_{\text{em}} V_{\text{echo}}}{4 V_{\pi}^2} \cos(2\pi f_{\text{d}} t + \delta) \right] \qquad (10\text{-}7)$$

$$i_{-}(t) \propto \left| E_{-}(t) \right|^2 = \left[\alpha_{\text{E}}^2 \beta_{\text{O}}^2 \frac{\pi^2 E_{\text{c}}^2}{16 V_{\pi}^2} \left(V_{\text{em}}^2 + V_{\text{echo}}^2 \right) \right.$$

$$\left. - \alpha_{\text{E}}^2 \beta_{\text{O}}^2 \frac{\pi^2 E_{\text{c}}^2 V_{\text{em}} V_{\text{echo}}}{4 V_{\pi}^2} \cos(2\pi f_{\text{d}} t + \delta) \right] \qquad (10\text{-}8)$$

在平衡光电探测器（balanced photodetector，BPD）中，两个光电流相减，则 BPD 的输出光电流为

$$i(t) = i_{+}(t) - i_{-}(t)$$

$$\propto \alpha_{\text{E}}^2 \beta_{\text{O}}^2 \frac{\pi^2 E_{\text{c}}^2 V_{\text{em}} V_{\text{echo}}}{2 V_{\pi}^2} \cos(2\pi f_{\text{d}} t + \delta) \qquad (10\text{-}9)$$

即下变频的低频信号。由上式可知，使用单个 PD 进行探测时，所输出的信号存

在较大的直流偏移，这将降低随后的模数转换器（analog to digital converter，ADC）的分辨率，而经过平衡探测后，自拍频引起的直流偏移会得到良好的抑制。

为了识别不同符号的 DFS 信号，本方案构造出 I/Q 下变频通道。在第一通道中（CH_I），通过 PC 将发射信号和回波信号分别调制的两个光分量之间的相位差设置为 $\varphi=0°$，则 BPD 后的光电流可以表示为

$$i_I(t) \propto \alpha_E^2 \beta_O^2 \frac{\pi^2 E_c^2 V_{em} V_{echo}}{2V_\pi^2} \cos(2\pi f_d t) \tag{10-10}$$

仅使用一个通道的信号无法确定 DFS 的方向。为了解决这个问题，通过调节另一通道（CH_Q）的 PC 使 $\varphi=90°$，则该通道的 BPD 输出光电流可以表示为

$$i_Q(t) \propto \alpha_E^2 \beta_O^2 \frac{\pi^2 E_c^2 V_{em} V_{echo}}{2V_\pi^2} \cos\left(2\pi f_d t + \frac{\pi}{2}\right) \tag{10-11}$$

这样得到了另一个具有正交相位的 DFS 信号。将 I/Q 两路下变频信号送入 ADC 进行采样量化和数字信号处理，从而实现了方向可分辨的 DFS 测量。

2）实验结果与分析

实验装置如图 10.4 所示。在实验中采用分布式反馈激光器（康冠 KG-DFB-40-C36）生成波长为 1548.53nm 的连续光载波，功率为 16dBm。光载波通过保偏光纤输入到 PDM-MZM（富士通 FTM7980EDA），该调制器半波电压约 3.5V。发射信号和回波信号由两台微波信号发生器（安捷伦 E8257D 和惠普 83640A）生成。利用微波信号发生器改变回波信号的频率，从而模拟回波信号的 DFS。通过调节直流稳压电源（固玮 GDP-4303）对调制器的工作点进行控制。EDFA（Keopsys，CEFA-C-BO-HP）工作在自动增益控制模式下，输出功率固定为 12dBm，噪声系数为 4.5dB。所使用的可调 OBPF（Yenista，XTM-50）的带宽约为 0.4nm。在实验中利用光谱仪（BOSA，BOSA400C+L）对 OBPF 前后的光谱进行测量。两个 BPD 由 4 个 PD 组合而成，它们具有相同的 3dB 带宽（2.5GHz）和响应度（0.8A/W）。最后，通过多通道示波器（Tektronix，TDS5054B）对两个 BPD 后的输出信号波形进行测量，并通过 Matlab 对 DFS 进行计算。

实验中利用两个微波信号发生器分别生成一个 10GHz 的发射信号和一个 10.001GHz 的回波信号，用于模拟 1MHz 的 DFS。将发射信号和回波信号的功率分别设置为 5dBm 和 0dBm。两个信号分别驱动 PDM-MZM 中的两个子调制器。通过调节直流稳压电源，使两个子调制器均工作在最小点。OBPF 前后的光谱如图 10.5（a），（b）所示。经过光学滤波后，−1 阶光边带和光载波得到了很好的抑制，残留的光载波比+1 阶光边带低 47.58dB。

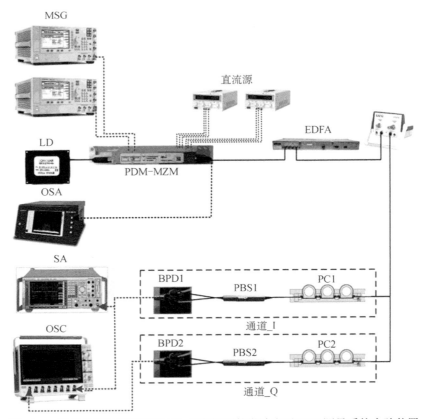

图 10.4　基于偏振复用调制和 I/Q 平衡探测的微波光子 DFS 测量系统实验装置

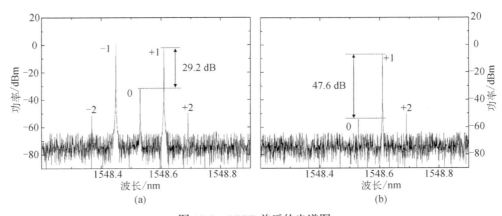

图 10.5　OBPF 前后的光谱图

　　通过两个 PC 调节光信号的偏振状态,将两个通道输出信号的相位差设置为 90°。在实验中, 通过示波器对两个通道下变频后的输出波形进行了测量, 如图 10.6(a)

所示。随后通过 Matlab 对所测得的波形进行了计算，所得到的电谱如图 10.6（b）所示，可以得到 DFS 的大小。根据 CH_I 和 CH_Q 两个通道信号的相位差，可以很容易地分辨出 DFS 的方向。从图 10.6（a）可以看出，CH_Q 中的 DFS 信号比 CH_I 中的 DFS 信号超前 90°，DFS 的方向为正。然后将回波信号的频率设置为 9.999GHz，所模拟的 DFS 为−1MHz。两个通道的波形和计算出的频谱如图 10.6（c），（d）所示，此时 CH_I 中的 DFS 信号比 CH_Q 中的 DFS 信号超前 90°，DFS 的方向为负。

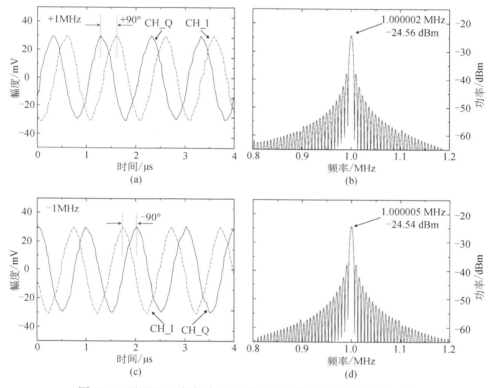

图 10.6　不同 DFS 方向时 CH_I 和 CH_Q 输出的波形和电谱对比

为了验证本系统的超宽带和低误差特性，在实验中改变发射信号和回波信号的工作频率，在不同工作频率下对 DFS 的估计误差进行了测试。首先，将发射信号的频率设置为 6GHz，回波信号的频率从 5.9999GHz 以 20kHz 为步进变化到 6.0001GHz，以模拟频率为−100kHz 到 100kHz 的 DFS。如图 10.7（a）所示，在该工作频率下，本系统的测量误差范围为−5～2Hz。随后依次将发射信号的频率设置为 10GHz、20GHz、30GHz 和 40GHz，且对频率为−100kHz 到 100kHz 的 DFS 进行了测量，结果如图 10.7（b）～（e）所示。在该频率范围内，DFS 测量的最大误差小于 8Hz。然后将发射信号的载波频率由 6GHz 以 2GHz 为步进变化到 40GHz，根据相应的发射信号频率设置回波信号频率，将 DFS 值设置为 1MHz，利用本系统对 DFS 进行了测量，测量最大误差随发射信号载频变化的函数如图 10.8 所示，测量误差范围为-7～8Hz。本系统的测量误差是由系统噪声、两个信号发生器的频率不同步、有限的采样率和采样时间导致的。如果发射信号和回波信号由同一个信号发生器产生，可以降低由于频率不同步导致的误差。同时，还可以提高 ADC 的采样率和采样时间，进一步提高测量分辨率，减少测量误差。理论上，本系统的测量误差和分辨率可以达到 1Hz 甚至更低。

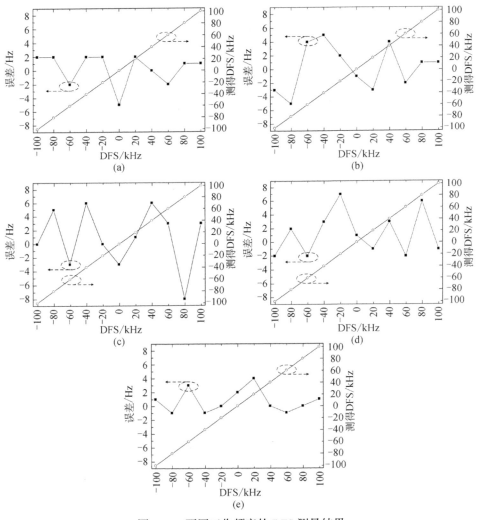

图 10.7　不同工作频率的 DFS 测量结果

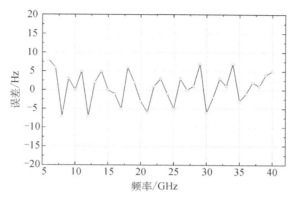

图 10.8 测量最大误差随工作频率变化曲线

实验中对回波信号功率的动态范围进行了测量,我们将发射信号的频率分别设置为 10GHz,20GHz,30GHz 和 40GHz,将模拟的 DFS 值固定为 1MHz,将回波信号的功率从−50dBm 变化到 5dBm,得到测量误差曲线和电谱如图 10.9 所示。当回波信号功率在−30dBm 到 5dBm 范围之间时,最大测量误差稳定在 8Hz 左右。当发射信号功率低于−40dBm 时,测量误差大幅度增加到 100Hz,计算得到的频谱明显恶化。从图 10.9 可以看出,回波信号的功率在−40dBm 到 5dBm 之间时,测量误差在 20Hz 以下。当回波信号的功率低于−40dBm 时,由于信噪比的降低,测量误差会大幅度降低。

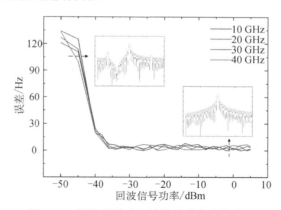

图 10.9 测量误差随回波信号功率变化曲线

实验中对未经过平衡探测和经过平衡探测所得到的中频信号的频谱进行了测试和比较,将频率为 20GHz,功率为 5dBm 的单音 RF 信号作为发射信号驱动 X-MZM,使用的频率为 20.1GHz 和 20.11GHz,功率为 0dBm 的双音 RF 信号驱动 Y-MZM 作为回波信号。分别对使用单个 PD 和 BPD 后的 DFS 信号进行分析。

首先只将 PBS 的一个输出端口连接到一个 PD 上，由频谱分析仪（Rohde & Schwarz，FSQ40）测得 DFS 信号的频谱如图 10.10（a）所示。两个 DFS 信号的功率为−30.33dBm，三阶交调失真（third-order intermodulation distortion，IMD3）信号的功率为−65.36dBm，二阶交调失真（second-order intermodulation distortion，IMD2）信号的功率为−38.18dBm。IMD2 的功率仅比 DFS 信号低 7.85dB，它可能会对 DFS 信号产生干扰，影响 DFS 的测量精度，造成虚预警。然后将 PBS 的两个输出端口同时连接到 BPD，并在 PBS 之前对 PC 进行调整以抑制 IMD2。平衡探测后输出的 DFS 信号频谱如图 10.10（b）所示，可以观察到 IMD2 的功率为−72.9dBm，经过平衡探测后，IMD2 被抑制了 34.72dB 左右。

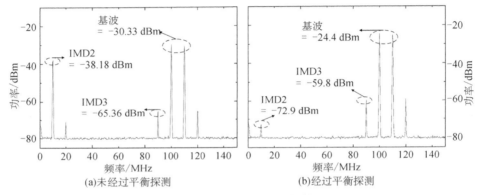

图 10.10　DFS 信号的频谱

平衡探测同时对直流偏置有很好的抑制效果，实验中对平衡探测对直流偏置的抑制进行了测量，在上一步实验的基础上，使用频率为 20.0001GHz，功率为 0dBm 的单音信号作为回波信号来代替双音信号。通过示波器分别对单个 PD 或 BPD 所输出的 DFS 信号（100kHz）的波形图进行了测量，其结果如图 10.11 所示，平衡探测后，直流偏移从 17.20mV 被抑制到 0.01mV。

3）对比分析

本小节提出了基于偏振复用调制和 I/Q 平衡探测的微波 DFS 测量方案。在提出的 DFS 测量方案中，微波光子技术的应用使方案在带宽和抗电磁干扰方面具有很大的优势。由图 10.8 所示，本系统的工作频率范围可高达 6~40GHz，且测量得到的 DSF 误差低于 8Hz。此外，由实验结果图 10.10 和图 10.11 可以看出，采用平衡探测后，直流项和偶阶项得到了很好的抑制。

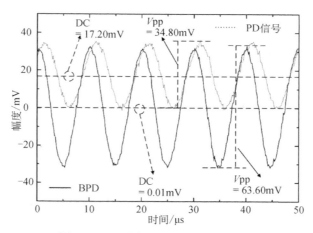

图 10.11　平衡探测前后 DFS 信号波形

　　将本方案与其他文献所报道的微波光子 DFS 测量方案从工作频率范围、测量精度、优点和局限性方面进行了比较，结果如表 10.1 所示。本方案由于使用全光实现方法，拥有较好的频率可调谐性。而在方案[12]，[13]，[19]中，高非线性光纤、DWDM 或电子耦合器的使用均会限制系统的工作带宽。本方案中工作频率的下限由光滤波器的截止频率决定，工作频率的上限由调制器带宽决定。

表 10.1　几种光子微波 DFS 测量的性能比较

方案	工作频段	误差	优势	限制
本方案	5～40GHz	≤8Hz	超带宽和平衡探测	系统稳定性
文献[12]	10～40GHz	≤4.3 %	频率映射	系统复杂和低分辨率
文献[13]	10～40GHz	≤5×10^{-6} Hz	高分辨率和系统简单	带宽限制
文献[14]	5～40GHz	≤12Hz	超带宽和系统简单	低增益和系统稳定性
文献[19]	10～18GHz	≤5×10^{-6} Hz	高精度	频率依赖性

　　本小节所提出的微波光子 DFS 测量系统还存在一些问题。在实验中，经过长时间的运行，系统的性能会明显下降。导致系统不稳定的主要原因是调制器四个工作点的偏置漂移和光信号偏振状态对环境的敏感性。为了提高本系统的实用性，可对本系统增加自动控制功能。两个子调制器的偏置漂移可以通过使用商用调制器偏置控制器[18]进行补偿。在 PBS 之前使用电控偏振控制器（electric polarization controller，EPC）来代替手动控制的 PC，从而实现实时自动偏振控制[17]。

10.2　多普勒频移模拟

多普勒频移模拟广泛应用于雷达目标模拟器中，是雷达测量系统的有效工具，可避免复杂、昂贵、耗时的现场测试，另外它也广泛应用于电子对抗系统。雷达系统发射连续或脉冲电磁波信号，经探测目标反射的回波信号被雷达接收，通过处理分析雷达发射信号和接收信号各参量（延迟、频率、幅度、相位等）的差异，从而判断出雷达探测目标的距离、速度、雷达散射截面（radar cross section，RCS）甚至成像等信息。因此通过操控雷达信号的各参量信息，复现新的回波波形，则可实现雷达目标的模拟。如果对雷达信号施加多普勒频移补偿，则可对雷达目标的径向速度进行模拟，同时通过光偏振角度来调整雷达回波信号的功率，进而模拟雷达目标的相对 RCS。

对雷达信号引入多普勒频移的本质是将雷达信号的频率叠加或减去多普勒频率，即对宽带雷达信号进行单边带上变频或下变频。雷达发射信号表示为 $V_{RF}\sin\left[2\pi f_{RF}t+\varphi(t)\right]$，对其进行变频得到的符合要求的多普勒信号可以表示为 $V_{RF}\sin\left[2\pi(f_{RF}\pm f_d)t+\varphi(t)\right]$，其中 V_{RF}、f_{RF} 和 $\varphi(t)$ 分别是雷达信号的幅度、中心频率和相位，频率差 f_d 则为多普勒频移 $f_d=\pm 2v/\lambda$，λ 为雷达波长，即可以模拟出雷达径向速度为 v 的运动目标。

目前大多微波光子变频主要针对的是射频收发机的双边带频率变换，无法应用于多普勒频移。虽然可通过滤波方法将其中一个混频结果滤除，得到和频或差频，但超宽带雷达信号的瞬时带宽可达 GHz 量级，而需要的多普勒频移量一般为 Hz 到 MHz 量级，雷达信号的多普勒上频移和下频移会产生混叠，难以通过滤波方式有效滤除，因此双边带变频滤波方法不适用于雷达信号的多普勒频移。目前报道的能够实现多普勒频移的方法包括：光纤色散时频映射、声光移频、微波光子 I/Q 混频。

2018 年，暨南大学与达尔文大学研究团队提出基于色散时频映射的多普勒频移方法[20]，如图 10.12（a）所示，射频信号对线性调频光源进行单边带调制，经过光纤色散处理，将时间拉伸（或压缩）转化为光谱展宽（或压缩），光电探测后实现射频信号频率的增大（或减小）。由于时间拉伸和压缩不产生额外的频率分量，因此该多普勒频移方法的频谱纯度较高。但该方法中多普勒频移的大小取决于光纤色散值（光纤长度），因此调谐性差，不能满足雷达目标动态模拟的需求。

利用声光频移效应可以实现光频率的连续调控，但由于声光调制器工作带宽受限，如何对宽带雷达信号产生多普勒频移是个难题。2019 年底，中国科学院上海光学精密机械研究所和中国电子科技集团公司第五一研究所研究团队提出基于双声光频移调谐的多普勒频移架构[21]，如图 10.12（b）所示，单载波激光功分两路，一路被射频信号通过双平行马赫-曾德尔调制器（dual parallel Mach Zehnder modulator，DPMZM）单边带调制，然后被声光频移 f_1，另一路被声光频移 f_2，重新合路后光电探测得到多普勒频移量为 f_1-f_2 的射频信号，频移量可以通过 f_1 或 f_2 任意调谐。该方法简单灵活、杂散抑制较好，但并行光路的非稳定相干导致射频信号相位不稳，且对于多目标雷达信号多普勒频移可能面临混叠问题。

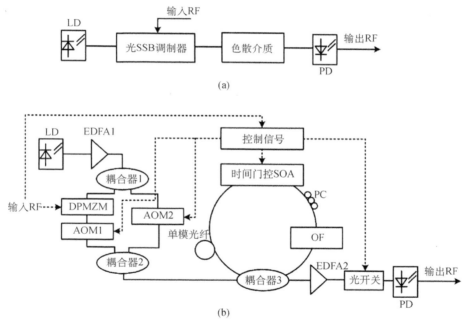

图 10.12　两种光子学多普勒频移实现方案

类似传统基于微波 I/Q 混频的多普勒频移模拟器，构造微波光子 I/Q 混频器，将雷达信号与多普勒频移分量进行单边带上变频，从而实现对雷达信号的多普勒频移。微波光子 I/Q 混频结合了光子双通道混频和移相技术，根据 I/Q 通道正交相位的实现方法可分为电移相[22]、色散移相[23]、光子移相[5,18,24-30] 三类。2014 年之前报道的微波光子 I/Q 混频系统主要以电移相和色散移相为主。由于电移相和色散移相方法依赖工作频率，难以实现宽频带相位的一致性，无法体现微波光子技术的带宽优势。2015 至 2019 年涌现出多种全光 I/Q 下变频方法，包括南京航空航天大学和北京邮电大学提出的光正交混合方法[24,25]，北京邮电大学提出的双波长复用方法[26]，西南交通大学提出的相位偏振级联调制方法[27]，达尔文大学和空军工程大学提出的偏振复用调制方法[28,29]，西安电子科技大学和西北工业大学研究团队提出的双通道偏振调控方法[18,30]等。这些微波光子 I/Q 下变频主要应用于镜像抑制变频[24,27-29]、矢量信号直接解调[18,25,30]以及多普勒频移测量[5]。然而与传统微波 I/Q 混频器不同，微波光子技术光电转换的不可逆特性导致以上方法无法实现微波光子 I/Q 上变频，进而无法应用于雷达信号的多普勒频移。2016 年，南京航空航天大学研究团队提出基于 DPMZM 偏压调谐的微波光子单边带上变频系统[31]，同年该研究团队利用 PDM-DPMZM 和宽带正交耦合器，实现了等效单边带矢量调制[32]。在第 9 章提出的双通道上变频的方法[33]，本振双路上变频并通过调节偏压点使两个通道相位正交，可同时实现单边带上变频和矢量信号调制。随后利用 PDM-DPMZM 和平衡探测进一步改进方案，在避免宽带耦合器的同时，通过偏振控制结合平衡探测，抑制偶次失真和共模噪声，提高了信号质量[34]。但截至目前报道的这些方案主要用于信号上变频和矢量信号调制，并未对多普勒频移模拟的应用进行研究和验证。

10.2.1 基于微波光子 I/Q 混频的多普勒频移模拟

本节利用微波光子 I/Q 混频，构造了一个宽带、低杂散的多普勒频移模拟系统，并对其进行了原理分析、实验验证。该方案采用 PDM-DPMZM 实现多普勒分量和雷达信号的单边带上变频，从而实现多普勒分量对宽带雷达信号的移频，移频大小由多普勒频率分量决定，方向由 I/Q 通道相位决定，因此既可以模拟多普勒频移大小，又可以模拟方向。同时处理后的雷达回波信号幅度可以调节，可用于实现目标 RCS 的模拟。

1）方案原理

基于微波光子 I/Q 混频的多普勒频移器原理如图 10.13 所示，主要由直接数字频率合成器（direct digital synthesizer，DDS）、激光源、PDM-DPMZM、EDFA、光滤波器、PC、起偏器和 PD 组成。

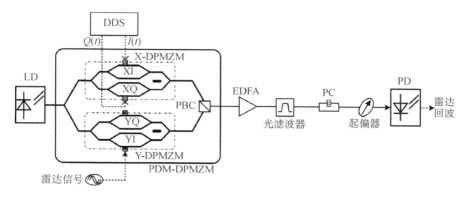

图 10.13　基于微波光子 I/Q 混频的多普勒频移器原理

PDM-DPMZM 由一个光分路器、两个并行的 DPMZM（X-DPMZM 和 Y-DPMZM）和一个偏振合束器（polarization beam combiner，PBC）组成，其中 X-DPMZM 内部包含两个并联的子调制器 XI 和 XQ，Y-DPMZM 内部包含两个并联的子调制器 YI 和 YQ。X-DPMZM 和 Y-DPMZM 输出的光信号共同输入 PBC 实现偏振复用，偏振复用信号从 PDM-DPMZM 调制器输出。DDS 的两个输出端口分别通过电缆连接 XI 和 XQ 的射频端口，待处理的雷达 RF 信号通过电缆连接到 YI 的射频端口，YQ 射频端口空载。

激光源输出光载波信号表示为 $E_c(t)=E_0\exp(j2\pi f_c t)$，其中 E_c 为光载波的光场幅度，f_c 为光载波的频率。该光载波信号在 PDM-DPMZM 中分为四路，分别送入设置在最小点的 XI、XQ、YI 和 YQ 子调制器。DDS 产生的两路相位正交的多普勒频率分量分别表示为 $I(t)=A\sin(2\pi f_d t)$ 和 $Q(t)=A\cos(2\pi f_d t)$，其中 A 为多普勒频率分量的幅度，f_d 为多普勒频率。这两个正交信号分别在子调制器 XI 和 XQ 中对光载波进行调制。通过设置 XI 和 XQ 的直流偏压，使 XI 和 XQ 均工作在最小点。XI 和 XQ 子调制器输出的光信号可分别表示为

$$E_{XI}(t)=\frac{1}{2}jE_c(t)\sin\left[m_A\sin(2\pi f_d t)\right]\qquad(10\text{-}12)$$

$$E_{XQ}(t)=\frac{1}{2}jE_c(t)\sin\left[m_A\cos(2\pi f_d t)\right]\qquad(10\text{-}13)$$

其中，$m_A=\pi A/(2V_\pi)$ 为调制指数，V_π 为调制器半波电压。

通过设置 X-DPMZM 主调制器工作在 90° 正交点，对 XI 和 XQ 两个子调制器输出信号引入相位差 90°，实现两个多普勒频移分量的 I/Q 光调制，则输出 X-DPMZM 的光信号表示为

$$E_X(t) = \frac{1}{\sqrt{2}}\Big[E_{XI}(t) + jE_{XQ}(t) \Big]$$

$$= \frac{1}{2\sqrt{2}} E_c(t)\Big[j\sin\big[m_A \sin(2\pi f_d t) \big] - \sin\big[m_A \cos(2\pi f_d t) \big] \Big]$$

（10-14）

雷达信号表示为 $V_{RF}\sin\big[2\pi f_{RF}t + \varphi(t) \big]$，其中 V_{RF} 和 f_{RF} 分别是雷达信号的幅度和中心频率，$\varphi(t)$ 为雷达信号的相位。雷达信号输入 YI 的射频端口，YQ 射频端口空载。通过设置 YI 和 YQ 的直流偏压，使 YI 和 YQ 均工作在最小传输点，则 Y-DPMZM 输出

$$E_Y(t) = \frac{1}{4\sqrt{2}} E_c(t)\Big\{ \exp\big\{ jm_B \sin\big[2\pi f_{RF}t + j\varphi(t) \big] \big\}$$

$$- \exp\big\{ -jm_B \sin\big[2\pi f_{RF}t + j\varphi(t) \big] \big\} \Big\}$$

$$\approx \frac{1}{4\sqrt{2}} E_c(t) m_B \Big\{ \exp\big[j2\pi f_{RF}t + j\varphi(t) \big]$$

$$- \exp\big[-j2\pi f_{RF}t - j\varphi(t) \big] \Big\}$$

（10-15）

其中 $m_B = \pi V_{RF} / (2V_\pi)$ 为雷达信号的调制指数。

X-DPMZM 和 Y-DPMZM 输出的光信号偏振复用后输出 PDM-DPMZM，然后用光滤波器滤除 RF 调制的负一阶边带，剩下 I/Q 调制的光信号和 RF 调制的上边带。此时偏振复用信号包含的 X 分量不变，Y 分量分别为

$$E_{Y\_OF}(t) = \frac{1}{4\sqrt{2}} E_c(t) m_B \exp\big[j2\pi f_{RF}t + j\varphi(t) \big]$$

（10-16）

滤波后的偏振复用信号经过 PC 进入起偏器。通过 PC 调整光偏振角使偏振复用光与起偏器的角度差为 α，也可通过 PC 调整光的方位角使两个偏振分量的相位差为 δ，则起偏器输出的光信号表示为

$$E_{pol}(t) = E_X(t)\cos\alpha + E_{Y\_OF}(t)\sin\alpha\exp(j\delta)$$

（10-17）

起偏器输出的光信号进入 PD 光电探测，PD 输出的射频信号电流表示为

$$i_{RF}(t) = \eta\big| E_{pol}(t) \big|^2_{f_{RF}}$$

$$= \frac{\eta E_c^2}{8} m_B \sin\alpha\cos\alpha\Big\{ \sin\big[m_A \sin(2\pi f_d t) \big]\sin\big[2\pi f_{RF}t + \varphi(t) \big]$$

$$- \sin\big[m_A \cos(2\pi f_d t) \big]\cos\big[2\pi f_{RF}t + \varphi(t) \big] \Big\}$$

（10-18）

$$\approx -\frac{\eta E_c^2}{16} m_A m_B \sin(2\alpha)\cos\big[2\pi(f_{RF} + f_d)t + \varphi(t) + \delta \big]$$

即得到所需的经过多普勒频移+f_d 的雷达回波信号。从上式可以看出，雷达回波信号的幅度可以通过光偏振角 α 进行调节，进而实现雷达目标 RCS 的仿真。

2）实验结果与分析

按照原理图 10.12 所示连接各器件和仪器。激光源输出波长为 193.457THz、功率为 17dBm 的光波。光载波发送到 PDM-DPMZM（富士通，FTM7977HQA），插入损耗为 10dB，半波电压为 3.5V，消光比大于 22dB，对雷达信号进行 I/Q 上变频。I/Q 信号和雷达信号分别由任意函数发生器和矢量信号源产生，任意函数发生器设置为双输出通道，最高频率为 25MHz，矢量信号源输出频率最高为 20GHz。系统中的 EDFA 设置为自动增益控制模式，固定输出功率为 19dBm，噪声系数为 4.5dB，接着通过中心波长为 193.465THz，通带带宽为 22GHz 的带通滤波器。在实验中 PD 型号为 BPDV2150R，带宽为 50GHz，响应度为 0.6A/W。最后通过带宽为 40GHz 的频谱仪对 PD 后的电信号进行分析。

设置任意函数发生器产生双通道的正弦信号，两信号功率均为 5dBm、频率均为 25MHz，相位差为 90°。设置矢量信号源产生宽带射频信号，中心频率为 15GHz，信号带宽为 20MHz，频谱类型为高斯型，功率为 10dBm。调节直流源电压，使 XI、XQ、YI、YQ 工作在最小点，X-DPMZM 工作在+90°正交点（正移频状态）。光滤波器前后的光谱如图 10.14 所示。经过光滤波器，−1 阶光学边带和残余载波被很好地抑制。

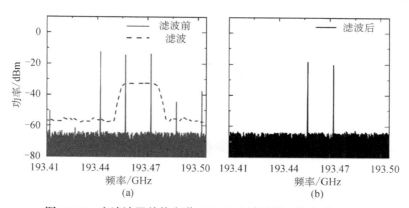

图 10.14　光滤波器前的光谱（a）和光滤波器后的光谱（b）

通过调节 PC，使偏振复用信号以 45°进入起偏器，此时 PD 输出的多普勒频移信号（中心频率为 15GHz+25MHz）频谱功率达到最大值。以 5MHz 为步进，依次降低任意函数发生器产生的双通道正弦信号频率为 20MHz、15MHz、10MHz 和 5MHz，通过频谱仪测试输出 PD 的信号频谱，接着将 X-DPMZM 的正交点设置为−90°（负移频），重复以上步骤，测得负移频 5~25MHz 后的信号如图 10.15 所示。频谱仪显示移频范围从−25MHz 到+25MHz，多普勒频移后的频谱质量较好，对附近杂散失真的抑制比在 30dB 以上。

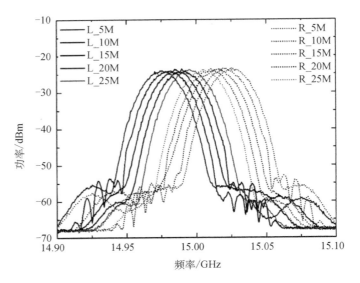

图 10.15　载频 15GHz 的宽带信号经过多普勒频移后的频谱

矢量信号源将宽带射频信号中心频率更改为 20GHz，重复上述步骤，测得移频范围从−25MHz 到+25MHz 后的多普勒频移频谱如图 10.16 所示。杂散失真抑制比仍旧在 30dB 以上，得到的多普勒频移信号质量很好。

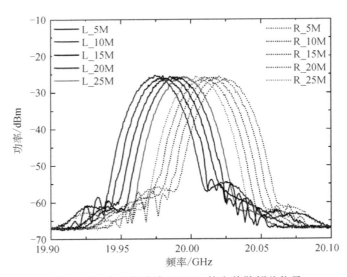

图 10.16　中心频率为 20GHz 的多普勒频移信号

　　矢量信号源将宽带射频信号中心频率更改为 15GHz，通过任意函数发生器将双通道正弦信号频率更改为 25GHz，调节直流源电压，使 X-DPMZM 工作在+90°正交点（正移频状态），在 PD 后产生 15.025GHz 的多普勒频移信号。在此基础上调节 PC，更改偏振角度从而调节多普勒频移信号功率，如图 10.17 所示，多普勒频移信号功率以 2dB 为步进，从−6dBm 下降到−16dBm。这表明该方案不仅能够实现多普勒频移，还具有功率调谐的功能，与理论推导相吻合。

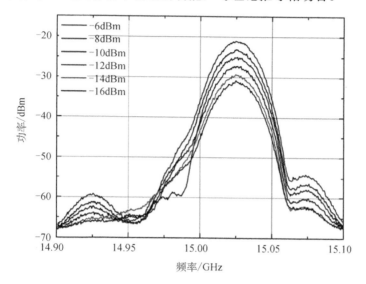

图 10.17　通过 PC 调节得到的不同功率的多普勒频移信号频谱

　　综上，该研究方案可实现宽带雷达目标宽工作频段、大频移范围、低杂散失真的多普勒频移模拟，并可通过光偏振角实现雷达回波信号功率的调谐以模拟雷达目标 RCS。

10.3　本 章 小 结

　　本章重点分析了微波光子混频技术在多普勒频移测量与模拟中的应用。

　　（1）本章首先提出了一种基于偏振复用调制和 I/Q 平衡探测的微波光子 DFS 测量方案，并进行了实验验证。由于该方案使用全光信号处理设计，所提出的 DFS 测量方案拥有从 6GHz 到 40GHz 的工作频率范围。采用偏振光控制的平衡探测，很好地抑制了直流偏移和偶阶失真。在实验中对工作频率为 6～40GHz，DFS 频率范围为−100～100KHz 的射频信号进行了 DFS 测量，DFS 测量误差小于

8Hz。

（2）本章另外提出了一种基于微波光子I/Q混频的多普勒频移模拟器，并进行了实验验证。通过PDM-DPMZM器件构建微波光子I/Q混频器，将雷达信号与多普勒频移分量进行了单边带上变频，从而实现雷达信号的多普勒频移模拟。通过实验验证了该雷达目标多普勒频移模拟器具有带宽大、多普勒频移范围广、杂散抑制能力高的特点。

由于上述优点，本章提出的基于微波光子混频的多普勒频移测量和模拟方案在未来的宽带电子系统（如多普勒雷达、卫星通信或电子对抗）中具有潜在的应用价值。

参 考 文 献

[1]Pan S L，Zhu D，Liu S F，et al. Satellite payloads pay off[J]. Microwave Magazine，IEEE，2015，16（8）：61-73.

[2]Schleher D C. Electronic Warfare in the Information Age[M]. Boston：Artech House，1999.

[3]Chen V C，Li F，Ho S S，et al. Micro-doppler effect in radar：phenomenon，model，and simulation study[J]. IEEE Transactions on Aerospace and Electronic Systems，2006，42（1）：2-21.

[4]Capmany J，Novak D. Microwave photonics combines two worlds[J]. Nature Photonics，2007，1：319-330.

[5]Zou X H，Lu B，Pan W，et al. Photonics for microwave measurements[J]. Laser Photonics Review，2016，10（5）：711-734.

[6]Pan S L，Yao J P. Photonics-based broadband microwave measurement[J]. Journal of Lightwave Technology，2017，35（16）：3498-3513.

[7]Zou X H，Li W Z，Lu B，et al. Photonic approach to wide-frequency-range high-resolution microwave/millimeter-wave Doppler frequency shift estimation[J]. IEEE Transactions on Microwave Theory and Techniques，2015，63（4）：1421-1430.

[8]Emami H，Hajihashemi M，Alavi S E. Improved sensitivity RF photonics Doppler frequency measurement system[J]. IEEE Photonics Journal，2016，8（5）：5501308.

[9]Emami H，Hajihashemi M，Alavi S E. Standalone microwave photonics doppler shift estimation system[J]. Journal of Lightwave Technology，2016，34（15）：3596-3602.

[10]Lu B，Pan W，Zou X H，et al. Wideband Doppler frequency shift measurement and direction ambiguity resolution using optical frequency shift and optical heterodyning[J]. Optics Letters，2015，40（10）：2321-2324.

[11] Lu B, Pan W, Zou X H, et al. Wideband microwave doppler frequency shift measurement and direction discrimination using photonic I/Q detection[J]. Journal of Lightwave Technology, 2016, 34 (20): 4639-4645.

[12] Emami H, Hajihashemi M, Alavi S E, et al. Simultaneous echo power and doppler frequency measurement system based on microwave photonics technology[J]. IEEE Transactions on Instrumentation and Measurement, 2017, 66 (3): 508-513.

[13] Chen W, Wen A J, Li X Y, et al. Wideband doppler frequency shift measurement and direction discrimination based on a DPMZM[J]. IEEE Photonics Journal, 2017, 9 (2): 1-8.

[14] Zhang F Z, Shi J Z, Pan S L. Photonics-based wideband doppler frequency shift measurement by in-phase and quadrature detection[J]. Electronics Letters, 2018, 54 (11): 708-710.

[15] Zou X H, Zou F, Cao Z Z, et al. A multifunctional photonic integrated circuit for diverse microwave signal generation, transmission, and processing[J]. Laser & Photonics Reviews, 2019, 13 (6): 1800240.

[16] Chen Y, Zhang W F, Liu J X, Yao J. On-chip two-step microwave frequency measurement with high accuracy and ultra-wide bandwidth using add-drop micro-disk resonators[J]. Optics Letters, 2019, 44 (10): 2402-2405.

[17] Gao Y S, Wen A J, Jiang W, et al. All-optical and broadband microwave fundamental/sub-harmonic I/Q down-converters[J]. Optics Express, 2018, 26 (6): 7336-7350.

[18] Gao Y S, Wen A J, Zhang W, et al. Ultra-wideband photonic microwave I/Q mixer for zero-IF receiver[J]. IEEE Transactions on Microwave Theory & Techniques, 2017, 65(11): 4513-4525.

[19] Li X Y, Wen A J, Chen W, et al. Photonic Doppler frequency shift measurement based on a dual-polarization modulator[J]. Applied Optics, 2017, 56 (8): 2084-2089.

[20] Zheng R, Kong Y, Chan E H W, et al. Photonics based microwave frequency shifter for doppler shift compensation in high-speed railways[C]. Conference on Lasers and Electro-Optics/Pacific Rim, 2018.

[21] Ding Z D, Yang F, Zhao J J, et al. Photonic high-fidelity storage and Doppler frequency shift of broadband RF pulse signals[J]. Optics Express, 2019, 27 (23): 34359-34369.

[22] Pagán V R, Murphy T E. Electro-optic millimeter-wave harmonic downconversion and vector demodulation using cascaded phase modulation and optical filtering[J]. Optics Letters, 2015, 40 (11): 2481-2484.

[23] Emami H, Sarkhosh N, Bui L A, et al. Wideband RF photonic in-phase and quadrature-phase generation[J]. Optics Letters, 2008, 33 (2): 98-100.

[24] Zhu D, Hu X P, Chen W J, et al. Photonics-enabled simultaneous self-interference cancellation and image-reject mixing[J]. Optics Letters, 2019, 44 (22): 5541-5544.

[25] Li J Q, Xiao J, Song X, et al. Full-band direct-conversion receiver with enhanced port isolation and I/Q phase balance using microwave photonic I/Q mixer[J]. Chinese Optics Letters, 2017, 15 (1): 66-69.

[26] Jiang T W, Wu R H, Yu S, et al. Microwave photonic phase-tunable mixer[J]. Optics Express, 2017, 25 (4): 4519-4527.

[27] Li P X, Pan W, Zou X H, et al. Image-free microwave photonic down-conversion approach for fiber-optic antenna remoting[J]. IEEE Journal of Quantum Electronics, 2017, 53(4): 9100208.

[28] Zhang J, Chan E H W, Wang X, et al. High conversion efficiency photonic microwave mixer with image rejection capability[J]. IEEE Photonics Journal, 2016, 8 (4): 3900411.

[29] Lin T, Zhao S H, Zhu Z H, et al. Microwave photonic image rejection mixer based on a DP-QPSK modulator[J]. Journal of Modern Optics, 2017, 64 (17): 1699-1707.

[30] Gao Y S, Wen A J, Tu Z Y, et al. Simultaneously photonic frequency downconversion, multichannel phase shifting, and IQ demodulation for wideband microwave signals[J]. Optics Letters, 2016, 41 (19): 4484-4487.

[31] Tang Z Z, Pan S L. A filter-free photonic microwave single sideband mixer[J]. IEEE Microwave and Wireless Components Letters, 2016, 26 (1): 67-69.

[32] Huang L, Tang Z Z, Xiang P, et al. Photonic generation of equivalent single sideband vector signals for RoF systems[J]. IEEE Photonics Technology Letters, 2016, 28 (22): 2633-2636.

[33] Gao Y S, Wen A J, Jiang W, et al. Wideband photonic microwave SSB up-converter and I/Q modulator[J]. Journal of Lightwave Technology, 2017, 35 (18): 4023-4032.

[34] Gao Y S, Wen A J, Jiang W, et al. Fundamental/subharmonic photonic microwave I/Q up-converter for single sideband and vector signal generation[J]. IEEE Transactions on Microwave Theory and Techniques, 2018, 66 (9): 4282-4292.

编　后　记

　　《博士后文库》是汇集自然科学领域博士后研究人员优秀学术成果的系列丛书。《博士后文库》致力于打造专属于博士后学术创新的旗舰品牌，营造博士后百花齐放的学术氛围，提升博士后优秀成果的学术和社会影响力。

　　《博士后文库》出版资助工作开展以来，得到了全国博士后管委会办公室、中国博士后科学基金会、中国科学院、科学出版社等有关单位领导的大力支持，众多热心博士后事业的专家学者给予积极的建议，工作人员做了大量艰苦细致的工作。在此，我们一并表示感谢！

《博士后文库》编委会